循序渐进 Spark 大数据应用开发

柳伟卫 / 著

清华大学出版社
北京

内 容 简 介

本书结合作者一线开发实践，循序渐进地介绍了新版 Apache Spark 3.x 的开发技术。全书共 10 章，第 1 章和第 2 章主要介绍 Spark 的基本概念、安装，并演示如何编写最简单的 Spark 程序。第 3 章深入探讨了 Spark 的核心组件 RDD。第 4 章讲解了 Spark 集群管理，帮助读者理解任务提交与执行的基本原理。第 5 章介绍了 Spark SQL，这是处理结构化数据的基础工具。第 6 章展示了 Spark Web UI，通过界面化的方式了解 Spark 集群运行状况。第 7 章和第 8 章分别介绍了 Spark 流式数据处理框架 Spark Streaming 和 Structured Streaming。第 9 章和第 10 章则分别介绍了业界流行的机器学习和图计算处理框架 MLlib 和 GraphX。书中各章节还提供了丰富的实战案例和上机练习题，以便读者在学习的同时进行实际操作，迅速提升动手能力。

本书技术先进，案例丰富，适合对 Spark 大数据应用感兴趣的学生、大数据开发人员及架构师使用，也可作为培训机构和高校大数据课程的教学用书。

图书在版编目（CIP）数据

循序渐进 Spark 大数据应用开发 / 柳伟卫著.
北京 : 清华大学出版社, 2024. 10. -- ISBN 978-7-302-67520-4

Ⅰ. TP274

中国国家版本馆 CIP 数据核字第 2024038FS9 号

责任编辑：王金柱
封面设计：王 翔
责任校对：闫秀华
责任印制：刘海龙

出版发行：清华大学出版社
网　　址：https://www.tup.com.cn，https://www.wqxuetang.com
地　　址：北京清华大学学研大厦 A 座　　**邮　　编**：100084
社 总 机：010-83470000　　**邮　　购**：010-62786544
投稿与读者服务：010-62776969，c-service@tup.tsinghua.edu.cn
质量反馈：010-62772015，zhiliang@tup.tsinghua.edu.cn
印 装 者：定州启航印刷有限公司
经　　销：全国新华书店
开　　本：190mm×260mm　　**印　　张**：18.25　　**字　　数**：493 千字
版　　次：2024 年 11 月第 1 版　　**印　　次**：2024 年 11 月第 1 次印刷
定　　价：89.00 元

产品编号：107448-01

前　言

写作背景

笔者在华为技术有限公司担任架构师期间，主导过MetaERP项目高级调度系统计算引擎的自研。在这期间，笔者大规模使用了Spark平台作为分布式计算的底座，因此积累了大量Spark的使用经验。同时，笔者在业余时间撰写和分享了大量有关Spark的技术博客，这些技术博客都被汇总到了开源电子书《跟老卫学Apache Spark开发》。《跟老卫学Apache Spark开发》是一本Spark应用开发的开源学习教程，主要介绍如何从0开始开发Spark应用。

本书在《跟老卫学Apache Spark开发》的基础上做了补充和完善，加入了大量当前Spark的新特性以及案例，希望帮助读者轻松入门Spark。

内容介绍

本书章节安排按照从易到难的方式，循序渐进。本书共10章，各章内容简要介绍如下：

第1～2章主要介绍Spark的基本概念、安装，并介绍如何编写最为简单的Spark程序。实战部分通过一个简单的词频统计任务，带领读者从初始化应用、创建Spark应用程序、准备数据文件到运行程序，一步一步了解Spark的基本使用方法。

第3章详细介绍Spark核心组件之一——弹性分布式数据集（RDD）的基本概念、操作及其编程模型，内容涵盖从RDD的定义和特性，到其创建、操作以及持久化等多个方面。

第4章详细介绍Spark集群管理，包括集群的启动、任务提交、高可用性方案以及使用YARN集群进行资源管理，重点是理解Spark任务提交和执行的基本原理。

第5章详细介绍Spark SQL的基本概念、工作原理以及如何使用Dataset和DataFrame进行数据处理，内容涵盖从基础概念到实际操作的多个方面，包括数据源读取、数据转换、数据导出等。

第6章详细介绍Spark Web UI的功能和使用方法，帮助用户通过界面化的方式来了解Spark集群的运行状况。

第7章详细介绍Spark Streaming的基本概念、操作方法以及性能优化技巧，帮助读者掌握实时数据处理技术。

第8章详细介绍Structured Streaming的基本概念、操作方法以及与Kafka的集成，帮助读者掌握结构化流数据处理技术。

第9章重点介绍MLlib的基本概念、API以及机器学习流水线的构建，帮助读者掌握使用Spark进行机器学习的方法。

第10章主要介绍GraphX的基本概念、属性图的构建以及分区优化，帮助读者掌握使用Spark进行图计算的方法。

此外，本书各章还安排了丰富的实战案例和上机练习题，便于读者巩固知识，边学边练，快速提升操作技能。

本书所采用的技术及相关版本

技术的版本是非常重要的，因为不同版本之间存在兼容性问题，而且不同版本的软件所对应的功能也是不同的。本书所列出的技术在版本上相对较新，都是经过笔者大量测试的。这样读者在自行编写代码时，可以参考本书所列出的版本，从而避免版本兼容性所产生的问题。建议读者将相关开发环境设置得跟本书一致，或者不低于本书所列的配置。

本书使用的Spark及相关工具的版本配置如下：

- Spark 3.5.1
- Scala 2.12.18
- OpenJDK 64-Bit Server VM, Java 17.0.11
- Apache Maven Shade Plugin 3.5.3
- H2 2.2.224

配套资源

本书提供配书源码和PPT课件，用微信扫描以下二维码可免费下载：

读者对象

本书的读者对象主要包括以下几类：

- 对 Spark 大数据应用感兴趣的大数据、计算机科学或相关专业的学生。
- 想了解 Spark 3.x 版本新特性的大数据开发人员。
- 负责设计和规划大数据解决方案的架构师。
- 培训机构和高校大数据相关专业的教师。

致谢

感谢清华大学出版社的各位工作人员为本书的出版所做的努力。

感谢家人对笔者的理解和支持。由于撰写本书，笔者牺牲了很多陪伴家人的时间。

感谢关心和支持笔者的朋友、读者、网友。

柳伟卫

2024年8月

目　　录

第 1 章

Spark概述

Spark是一个开源的分布式计算系统，以其高效性、易用性和强大的生态系统支持在大数据领域获得了广泛的应用。本章将介绍Spark的历史发展、主要组件、数据类型、使用场景以及与Hadoop的关系和区别，为读者提供一个简要的Spark概述，帮助理解其在大数据处理中的重要地位和作用。

1.1 Spark 简介

Apache Spark（下文简称Spark）是一个多语言引擎，用于单节点机器或集群上的数据工程、数据科学和机器学习任务。Spark擅长大规模数据的统一分析处理。它提供了Java、Scala、Python和R等语言的高级API，以及支持通用执行图的优化引擎。此外，它还支持一套丰富的高级工具，包括用于SQL和结构化数据处理的Spark SQL、用于Pandas工作负载的Pandas API、用于机器学习的MLlib、用于图形处理的GraphX以及用于增量计算和流处理的Structured Streaming。

Spark的发展历程可以追溯到其诞生以来的多个重要阶段。接下来，我们将概述Spark的主要发展历程。

1.1.1 诞生与初始阶段

Spark于2009年在美国加州大学伯克利分校的AMP（Algorithms, Machines, and People）实验室诞生，作为一个研究性项目开始。它的初衷是为了解决Hadoop MapReduce在迭代计算和交互式数据分析等方面的不足，提供一个更加快速、灵活和高效的大数据处理框架。如图1-1所示，Spark具有支持循环数据流和内存计算的先进的DAG执行引擎，所以比Hadoop MapReduce在内存计算方面快100倍，在硬盘计算方面快10倍。

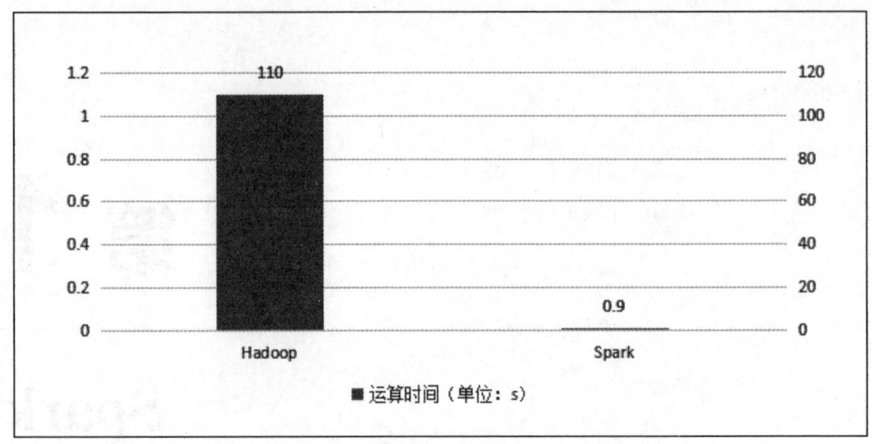

图 1-1　Spark 与 Hadoop MapReduce 计算对比

1.1.2　开源与社区建设

在2010年，Spark通过BSD许可协议被开源发布。这一开放性的决定使得更多的开发者和组织能够参与到Spark的开发和使用中来，从而推动了其生态系统的不断壮大。

Spark的生态系统非常庞大和完善，包括多个组件和工具，如Spark SQL、Spark Streaming、Spark MLlib、GraphX等。这些组件和工具共同构成了Spark的生态系统，为开发者提供了强大的支持和帮助。同时，Spark还有一个庞大的社区支持体系，包括各种论坛、邮件列表、教程和文档等。这些资源为开发者提供了丰富的学习和交流机会，使得他们能够更好地掌握和使用Spark。

Spark还与其他第三方开源项目保持紧密的联系，包括Hadoop、HBase、Mesos、YARN等。图1-2展示了Spark与其他第三方开源项目的关系。

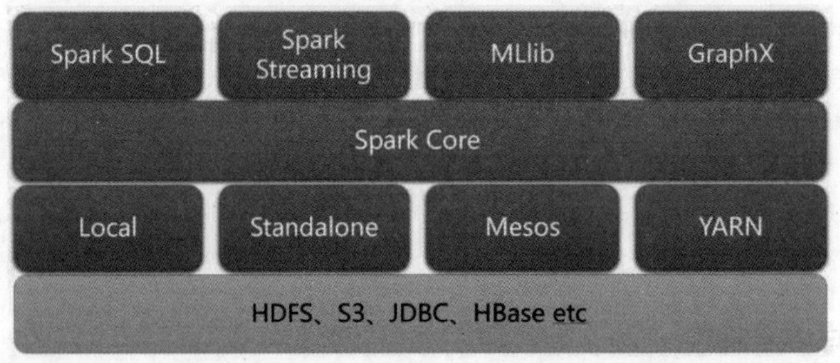

图 1-2　Spark 与其他第三方开源项目的关系

1.1.3　成为顶级项目

2013年，Spark捐赠给Apache软件基金会，并切换了开源协议至Apache 2.0。在Apache基金会的支持下，Spark得到了更广泛的关注和更快速的发展。

2014年2月，Spark成为Apache的顶级项目，标志着其在大数据处理领域的重要地位得到了业界的广泛认可。同年11月，Spark的母公司Databricks团队在国际著名的Sort Benchmark全球数据排序大赛中，使用Spark刷新了数据排序的世界纪录，进一步证明了Spark在处理大规模数据时的强大性能。

如图1-3所示是Sort Benchmark全球数据排序大赛官网（http://sortbenchmark.org）所公布的2014年全球大数据排序性能评测大赛结果，其中Spark刷新了数据排序的世界纪录。

图 1-3　Spark 刷新了数据排序的世界纪录

1.1.4　版本更新

在版本更新方面，Spark也保持着快速的发展节奏。

1. Spark 1.0

Spark 1.0包含以下特性：

- 引入了内存计算的理念，解决了中间结果落盘导致的效率低下问题。在理想状况下，性能可达到MapReduce的100倍。
- 支持丰富的API，支持多种编程语言，如Python、Scala、Java、R等，代码量减少5倍以上，并且受众群体更广。
- 提供一站式的解决方案，同时支持离线、微批、图计算和机器学习。
- 支持多部署模式：Standalone、Cluster等。

但也带来了大量的内存管理问题，将MapReduce的磁盘IO性能瓶颈转变为CPU性能瓶颈。Spark SQL的支持主要依赖于Shark，而Shark对Hive的依赖太大，在进行版本升级时需要考虑多方的兼容性。

2. Spark 2.0

Spark 2.0包含以下特性：

- 引入了对Structured Streaming的支持，这是Spark Streaming的演进版本，提供了可容错、高吞吐量的流处理。

- 改进了Dataset API，提供了更强大、更灵活的数据处理功能。
- 增强了与Hadoop生态系统的集成，包括与HDFS、Hive、HBase等的更好集成。
- 改进了内存管理和垃圾回收机制，提高了性能和稳定性。

3. Spark 3.0

Spark 3.0包含以下特性：

- 引入了Adaptive Query Execution（AQE）功能，可以根据运行时统计信息动态调整查询计划，以优化性能。如图1-4所示，启用AQE功能之后，性能提高了8倍。

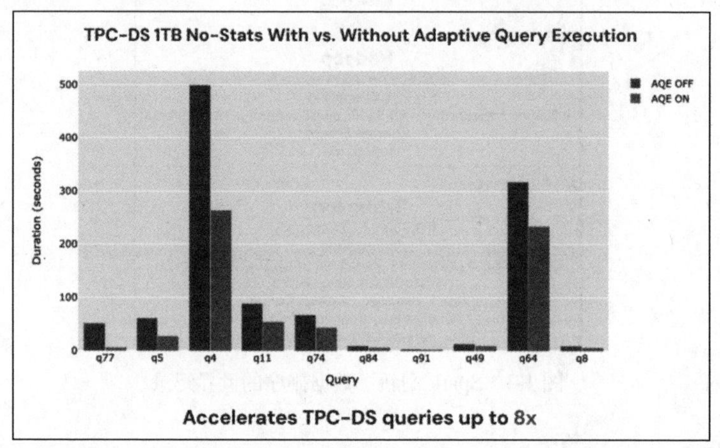

图1-4 启用AQE功能之后性能提高了8倍

- 增强了Pandas UDF（User-Defined Function，用户定义函数）的支持，使得在Spark中使用Pandas API变得更加容易。
- 改进了与Kubernetes的集成，提供了更好的容器化部署和管理功能。
- 增强了机器学习和图计算功能，包括新的算法和更高效的执行引擎。

随着Spark的不断发展，新版本还会不断引入新的特性和改进。因此，为了充分利用Spark的功能并获得最佳性能，建议读者始终使用新版本的Spark。同时，也需要注意新版本可能带来的兼容性问题，确保在升级之前进行充分的测试和验证。

1.2 Spark组成

Spark由多个核心组件库组成，如Spark Core（提供了DAG分布式内存计算框架）、Spark SQL（提供了交互式查询API）、Spark Streaming（用于实时流处理）、Spark ML（机器学习API）以及Spark GraphX（用于图形计算）等。这些组件和库共同构建了一个一体化、多元化的大数据处理体系，使得Spark在处理任何规模的数据时都能在性能和扩展性上表现出色，如图1-5所示。

本节将介绍Spark的主要组成部分。

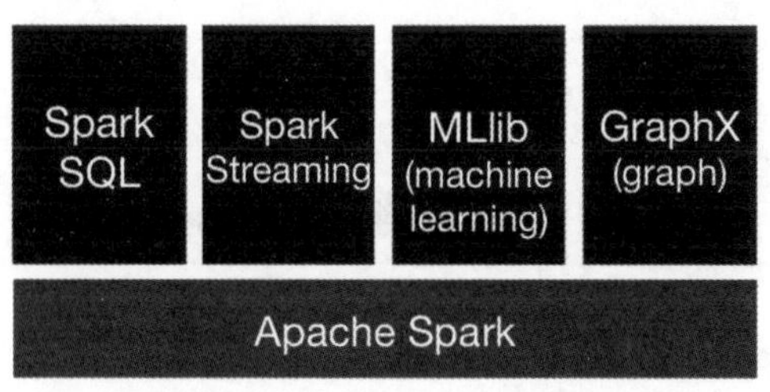

图 1-5　Spark 包含的核心组件

1.2.1　Spark Core

Spark Core是Spark的基础，它提供了分布式计算环境的核心功能。它包括任务调度、内存管理、错误恢复以及与存储系统的交互等关键模块。

Spark Core实现了弹性分布式数据集（Resilient Distributed Dataset，RDD），这是Spark中进行数据并行处理的基础数据结构。RDD允许用户将数据分布在集群中的多个节点上，并在这些节点上并行地执行操作。

在Spark 3中，Spark Core还包括一些性能优化和错误恢复方面的改进，以提供更高效和可靠的数据处理能力。

1.2.2　集群管理器

集群管理器是Spark中用于管理集群资源的组件。它负责分配和调度集群中的计算资源，以确保Spark应用程序能够高效、稳定地运行。Spark支持多种集群管理器，包括Standalone、Apache Mesos、Apache Hadoop YARN以及Kubernetes等。

集群管理器的主要职责说明如下：

- 资源管理：集群管理器负责管理和调度集群中的计算资源，包括CPU、内存、磁盘等。
- 任务调度：集群管理器根据Spark应用程序的需求，将任务分配给合适的节点执行。
- 监控和故障恢复：集群管理器可以监控集群的运行状态，并在节点出现故障时自动进行故障恢复。

1.2.3　Spark UI

Spark UI是Spark中用于监控和管理Spark应用程序的Web界面。它提供了丰富的可视化工具和仪表板，可以帮助用户实时了解Spark应用程序的运行状态、性能瓶颈和资源使用情况。

Spark UI的主要功能说明如下：

- 作业监控：Spark UI可以显示Spark应用程序中所有作业的执行情况，包括作业的执行进度、执行时间、资源使用情况等。
- 任务监控：Spark UI可以显示每个任务的详细信息，包括任务的执行状态、输入和输出数据的大小、执行时间等。
- 资源监控：Spark UI可以显示集群中各个节点的资源使用情况，包括CPU、内存、磁盘等的使用情况。

1.2.4 Spark SQL

Spark SQL是Spark用于处理结构化数据的组件。它允许用户使用SQL语言来查询和分析存储在Spark中的数据。

Spark SQL通过引入DataFrame和Dataset这两个新的数据结构，提供了比RDD更强大和灵活的数据处理能力。DataFrame和Dataset提供了类型安全、列存储和优化的查询执行计划等功能，使得Spark SQL在处理结构化数据时更加高效和方便。

在Spark 3中，Spark SQL引入了一些新的特性和优化，如自适应查询执行（Adaptive Query Execution，AQE）和动态分区合并等，以进一步提高查询性能和系统的灵活性。

1.2.5 Spark Streaming

Spark Streaming是Spark用于处理实时数据的组件。它允许用户从各种数据源（如Kafka、Flume、Twitter等）获取实时数据流，并在Spark集群上对这些数据流进行实时处理和分析。

Spark Streaming通过使用微批处理模型，将实时数据流划分为小批次，并在每个批次上执行数据处理操作，实现了对实时数据的高效处理。

在Spark 3中，Spark Streaming继续保持其高可扩展性和容错性，并支持更多的数据源和输出格式。

1.2.6 Structured Streaming

Structured Streaming是Spark中用于处理实时数据流的组件。它提供了一个可扩展、容错性强的流数据处理框架，可以像处理静态批处理数据集一样处理实时数据流。Structured Streaming通过将流视为一个无边界的表，并在这个表上执行连续的查询来实现对实时数据的处理。

Structured Streaming的主要特点说明如下：

- 高效性：Structured Streaming利用Spark的分布式计算框架，可以在多台机器上并行处理数据流，大大提高了处理速度。
- 容错性：Structured Streaming具有强大的容错能力，可以在处理过程中自动恢复丢失的数据，以确保数据的完整性和准确性。
- 易用性：Structured Streaming提供了丰富的API和工具，支持多种数据源和输出格式，使得用户可以轻松地构建实时数据处理应用。

1.2.7 MLlib

MLlib是Spark的机器学习库，它提供了大量的机器学习算法和工具，用于在Spark集群上进行分布式机器学习训练。

MLlib支持各种常见的机器学习算法，如分类、回归、聚类、协同过滤等，并提供了丰富的API和工具，使得用户能够轻松地构建和训练机器学习模型。

在Spark 3中，MLlib引入了一些新的算法和优化，如深度学习支持、模型评估和选择等，以进一步提高机器学习模型的性能和准确性。

1.2.8 GraphX

GraphX是Spark的图计算库，它提供了对图数据进行分布式处理的能力。

GraphX支持各种图算法和计算任务，如图遍历、图划分、最短路径计算等，并提供了丰富的API和工具，使得用户能够轻松地构建和执行图计算任务。

在Spark 3中，GraphX继续优化其性能和扩展性，并支持更多的图算法和计算任务。

1.2.9 其他

Spark还包含其他产品，包括SparkR、PySpark和Spark Security。

- SparkR是Spark对R语言的支持，它允许R语言用户在Spark上进行大规模数据处理和分析。SparkR提供了与Spark SQL和Spark MLlib等组件的集成，使得R语言用户可以充分利用Spark的并行处理能力和丰富的算法库。
- PySpark是Spark对Python语言的支持，它允许Python开发者使用Python语言编写Spark应用程序。PySpark提供了丰富的API和工具，使得Python开发者可以轻松地构建、调试和运行Spark应用程序。
- Spark Security是Spark中用于保障数据安全的组件，它提供了一系列安全特性和机制，以确保Spark应用程序在运行过程中能够保护数据的安全性和隐私性。

1.3 Spark 数据类型

要详细描述Spark包含的数据类型，需要首先了解Spark的基本架构和数据处理模型。Spark是一个专为大规模数据处理而设计的快速通用计算引擎，其核心是一个弹性分布式数据集（Resilient Distributed Dataset，RDD）的抽象。RDD是Spark中进行数据处理的基本单位，它表示一个不可变、可分区、里面的元素可并行计算的集合。

然而，除RDD外，Spark还提供了其他的数据类型来支持更复杂的数据处理和分析任务。接下来，我们对Spark中包含的数据类型进行详细描述。

1.3.1 RDD

RDD是Spark中最基本的数据类型，它是一个只读的、可分区的数据集。RDD中的数据可以分布在集群的不同节点上，并且可以在多次计算之间重用。RDD提供了丰富的API来支持各种数据操作，包括transformation（转换）和action（行动）两种类型。transformation操作会生成新的RDD，而action操作则会触发实际的数据计算并返回结果。

RDD中的数据可以是任意类型，包括基本数据类型（如整数、浮点数等）、自定义类型

（如Java或Scala中定义的类）以及组合类型（如元组、列表等）。由于RDD是不可变的，因此一旦创建就不能修改其元素。但是，可以通过转换操作生成新的RDD来反映数据的变化。

1.3.2 DataFrame

DataFrame是Spark SQL中引入的一种新的数据类型，它提供了一个类似二维数据表的结构来存储数据。DataFrame中的数据是以列存储的，这意味着每一列数据都是紧密地存储在一起的，而不是像传统数据库那样以行为单位存储。这种列存储方式使得Spark能够更高效地处理和分析大规模数据集。

DataFrame提供了丰富的API来支持各种数据操作和分析任务，包括选择、过滤、聚合、排序等操作。此外，DataFrame还支持与多种数据源进行交互，如Hive、Cassandra、JDBC等。DataFrame的API采用Scala、Java和Python等多种语言编写，使得用户可以使用自己熟悉的语言来编写Spark SQL查询。

1.3.3 Dataset

Dataset是Spark 1.6版本引入的一种新的数据类型，它是DataFrame的一个扩展版本，允许用户以强类型的方式操作数据。Dataset提供了类似RDD的API来支持各种数据操作和分析任务，但与RDD不同的是，Dataset中的数据是带有Schema元信息的。这使得Dataset能够提供更高效的数据处理和查询性能，并且能够支持更复杂的数据分析任务。

Dataset的Schema元信息描述了数据的结构和类型，这使得Spark能够在编译时检查数据类型是否正确，并在运行时提供更高效的数据处理性能。此外，Dataset还支持使用lambda函数进行复杂的数据操作和分析任务，这使得用户能够更灵活地处理和分析数据。

1.3.4 数值类型

在Spark SQL和DataFrame中，支持多种数值类型来存储和处理数值数据。这些数值类型包括ByteType、ShortType、IntegerType、LongType、FloatType和DoubleType等。每种类型都表示不同范围和精度的数值数据，以满足不同场景的需求。

例如，ByteType表示1字节有符号整数，其数字范围为−128～127；ShortType表示2字节有符号整数，其数字范围为-32768～32767；IntegerType表示4字节有符号整数，其数字范围为−2147483648 ～ 2147483647； LongType 表示 8 字节有符号整数，其数字范围为−9223372036854775808～9223372036854775807。FloatType和DoubleType分别表示4字节单精度浮点数和8字节双精度浮点数。

1.3.5 字符串类型

除数值类型外，Spark还支持字符串类型来存储和处理文本数据。在Spark SQL和DataFrame中，可以使用StringType来表示字符串类型的数据。StringType可以存储任意长度的文本数据，并支持各种字符串操作和分析任务。

1.3.6　日期和时间类型

为了支持日期和时间数据的处理和分析任务，Spark还提供了多种日期和时间类型。这些类型包括TimestampType（表示时间戳）、DateType（表示日期）、CalendarIntervalType（表示日历间隔）等。这些类型使得用户能够更方便地处理和分析与时间相关的数据。

1.3.7　复杂类型

除上述基本类型外，Spark还支持一些复杂类型来存储和处理更复杂的数据结构。这些类型包括StructType（表示结构化类型）、ArrayType（表示数组类型）、MapType（表示映射类型）等。这些类型使得用户能够更灵活地表示和处理各种复杂的数据结构。

综上所述，Spark提供了丰富的数据类型来支持各种数据处理和分析任务。从基本的RDD到复杂的Dataset和DataFrame，以及包括数值、字符串、日期和时间在内的多种数据类型，这些数据结构为用户提供了灵活多样的数据表示和处理方法。这使得Spark能够更高效地处理和分析大规模数据集，并支持各种复杂的数据分析任务。

1.4　Spark 的使用场景

在大数据时代，数据的规模和复杂度不断增加，对数据处理和分析的需求也日益迫切。传统的数据处理工具和方法已经无法满足这种需求。因此，需要一种更加高效、灵活和可扩展的数据处理框架。Spark作为一种基于内存计算的大数据并行计算框架，以其卓越的性能和广泛的应用场景，成为大数据领域的佼佼者。Spark生态系统包含多个核心组件，如Spark Core、Spark SQL、Spark Streaming和MLlib等，这些组件提供了丰富的数据处理和分析功能，能够满足各种场景的需求。

1.4.1　批处理

Spark在批处理领域具有广泛的应用场景。它可以处理大规模的数据集，并提供了丰富的数据处理和转换功能，适用于各种批处理任务，如数据清洗、ETL（Extract-Transform-Load，数据抽取、转换和加载）、数据分析等。通过Spark的RDD和DataFrame API，用户可以轻松地对数据进行处理和分析，以实现高效的数据处理流程。

例如，在金融行业中，银行可以使用Spark来分析客户的消费行为，识别潜在的风险和欺诈行为。通过Spark的批处理功能，银行可以快速地处理和分析大量的交易数据，以提取有用的信息和特征，建立风险评估模型，从而更好地了解客户需求和市场动态。

1.4.2　实时流处理

随着实时数据流的不断增加，对实时数据处理和分析的需求也越来越迫切。Spark的流处理模块Spark Streaming可以实时处理数据流，并提供了低延迟的处理能力，适用于实时推荐、实时分析、日志处理等应用场景。通过Spark Streaming，用户可以实时地接收和处理数据流，对数据进行实时分析和处理，实现快速响应和决策。

例如，在电商行业中，电商平台可以使用Spark Streaming来实时分析用户的购买行为和浏览记录，以提供个性化的商品推荐和促销活动。通过实时流处理，电商平台可以快速地获取用户的行为数据，提取有用的特征和信息，构建实时推荐系统，提高用户满意度和销售额。

1.4.3　分布式文件系统

Spark可以与分布式文件系统（如HDFS）集成，直接读取和处理分布式文件系统中的数据。这使得Spark能够处理和分析大规模数据集，提高了数据处理的效率和可扩展性。通过与分布式文件系统的集成，Spark可以充分利用分布式存储系统的优势，实现了数据的并行读取和处理，从而提高了数据处理的速度和性能。

例如，在制造业中，制造企业可以使用Spark来分析生产数据，提高生产效率和产品质量。通过将生产数据存储在分布式文件系统中，制造企业可以利用Spark的分布式计算能力，对生产数据进行并行处理和分析，提取有用的信息和特征，构建生产数据分析模型，从而实现对生产过程的实时监控和优化。

1.4.4　机器学习

MLlib是Spark的机器学习算法库，它提供了大量的机器学习算法和工具，包括分类、回归、聚类、协同过滤等。这些算法可以应用于各种场景的数据分析和预测任务。通过Spark MLlib，用户可以轻松地构建和训练机器学习模型，实现对数据的深度分析和挖掘。

例如，在医疗行业中，医疗机构可以使用Spark MLlib来分析患者的病例数据，发现疾病的发展趋势和风险因素。通过机器学习算法，医疗机构可以构建预测模型，预测患者未来的健康状况和疾病风险，从而制定更加个性化的治疗方案和预防措施。

1.4.5　图计算

Spark的GraphX库可以用于处理和分析图数据，如社交网络、物联网设备连接等。通过GraphX库，用户可以构建图模型，实现图的遍历、查询和分析等操作。图计算在处理社交网络、推荐系统等领域具有广泛的应用场景。

例如，在社交网络中，用户可以使用Spark GraphX来分析用户之间的关系和互动行为，发现潜在的朋友关系和兴趣点。通过图计算算法，用户可以构建社交网络模型，实现好友的推荐和社交关系的挖掘，提高社交网络的活跃度和用户参与度。

综上，Spark作为一种基于内存计算的大数据并行计算框架，具有高效的数据处理能力和广泛的应用场景。它不仅可以用于批处理、实时流处理、分布式文件系统等领域的数据处理和分析任务，还可以用于机器学习和图计算等领域的数据挖掘和分析任务。随着大数据技术的不断发展和应用场景的不断扩展，Spark将会在未来的大数据领域发挥更加重要的作用。

1.5　Spark 与 Hadoop 的联系与区别

在大数据和云计算的浪潮中，Hadoop和Spark无疑是最为热门的两个开源技术框架。Hadoop以其分布式存储和计算的能力，成为大数据处理的基石；而Spark则以其内存计算、快速迭代和实时处理的能力，为大数据处理带来了新的可能性。本节将详细探讨Spark与Hadoop之间的关系，包括它们的原理、组成、优缺点以及在实际应用中的配合使用，以期为读者提供全面而深入的理解。

1.5.1　Hadoop概述

Hadoop是一个由Apache基金会开发的分布式系统基础架构，它允许使用简单的编程模型在大量计算机集群中对海量数据进行分布式处理。Hadoop的核心组件包括HDFS（Hadoop Distributed File System）和MapReduce。HDFS是一个分布式文件系统，它将大文件分割成多个小文件块并存储在集群中的不同节点上，从而实现数据的分布式存储。MapReduce则是一个编程模型，它将大数据处理任务划分为Map阶段和Reduce阶段，通过并行处理的方式实现数据的快速处理。

Hadoop的优点在于其高可靠性、高扩展性和高容错性。它通过将数据存储在多个节点上，实现了数据的冗余备份，从而保证了数据的可靠性。同时，Hadoop可以通过增加节点的方式轻松扩展集群规模，以满足不断增长的数据处理需求。此外，Hadoop还具有良好的容错性，能够在节点故障时自动进行数据迁移和恢复。

然而，Hadoop也存在一些缺点。首先，由于MapReduce的编程模型较为烦琐，需要用户自行编写Map和Reduce函数，因此开发难度较大。其次，Hadoop主要面向批量处理任务，对于实时处理任务的支持较弱。最后，Hadoop在处理迭代式计算任务时效率较低，因为每次迭代都需要将数据从磁盘读入内存，然后将结果写回磁盘。

1.5.2　Spark的优缺点

Spark的优点在于其高效性、易用性和灵活性。首先，由于Spark采用了内存计算的方式，因此可以大大提高数据处理的速度。然后，Spark提供了丰富的API和编程接口，使得用户可以更加便捷地进行数据处理和分析。最后，Spark还支持多种数据源和计算模式，可以灵活地应对各种数据处理需求。

然而，Spark也存在一些缺点。首先，由于Spark需要将数据加载到内存中进行处理，因此对于内存资源的需求较高。然后，虽然Spark支持实时处理任务，但是在处理大规模数据流时仍然存在一定的挑战。最后，由于Spark是一个相对年轻的框架，因此在稳定性和生态系统方面还有待进一步完善。

1.5.3 Spark与Hadoop的关系

Spark与Hadoop之间的关系可以概括为互补和融合两个方面。

1. 互补关系

Hadoop和Spark在大数据处理领域具有不同的优势和适用场景。Hadoop擅长处理大规模数据的批量处理任务，如离线分析、数据挖掘等。而Spark则更擅长处理实时数据流和迭代式计算任务，如实时分析、机器学习等。因此，在实际应用中，用户可以根据具体需求选择合适的框架进行处理。同时，由于Spark可以运行在Hadoop集群上并充分利用Hadoop的资源管理器（如YARN）进行资源分配和管理，因此用户可以在Hadoop集群上同时运行Hadoop和Spark任务以实现优势互补。

2. 融合关系

随着大数据技术的不断发展，Hadoop和Spark之间的融合趋势越来越明显。一方面，许多Hadoop生态系统中的组件和工具已经开始支持Spark作为计算引擎进行数据处理和分析。例如，Hive、Pig等工具都提供了与Spark的集成接口，使得用户可以在这些工具中使用Spark进行计算。另一方面，Spark也在不断地扩展自己的生态系统并加强对Hadoop的支持。例如，Spark SQL可以读取存储在HDFS中的Parquet和ORC格式的数据文件，Spark Streaming可以接收来自Kafka等消息队列的数据流并进行实时处理，MLlib也提供了与Hadoop生态系统中的机器学习库（如Mahout）的集成接口。

此外，还有一些项目如Apache Beam和Apache Flink等也在尝试将Hadoop和Spark进行更深层次的融合，以实现更高效的数据处理和分析能力。这些项目通过提供统一的编程模型和API，使得用户可以在不同的计算引擎之间无缝切换并充分利用各个引擎的优势进行数据处理和分析。

综上，Hadoop和Spark作为大数据处理领域的两大主流框架，在各自的领域内都具有显著的优势和广泛的应用场景。通过互补和融合的方式，可以充分发挥它们各自的优势并实现更高效的数据处理和分析能力。

1.6 本章小结

本章首先回顾了Spark的发展历程，从其诞生到成为Apache基金会的顶级项目，强大的生态系统和社区支持，再到不断的版本更新和功能扩展，展示了Spark如何成长为大数据处理的重要工具。接着，详细介绍了Spark的主要组成部分，包括Spark Core、Spark SQL、MLlib、GraphX、Spark Streaming等，以及Spark的数据类型和典型的使用场景。最后，通过比较Spark与Hadoop的联系与区别，进一步明确了Spark在大数据生态系统中的定位和价值。

本章内容不仅为初学者提供了入门知识，也为读者进一步学习Spark技术和应用打下基础。

第 2 章

Spark安装及初体验

本章将介绍如何安装和初步体验Spark大数据应用开发。首先，我们将学习如何下载并安装Spark，包括普通安装和通过Docker镜像安装的方法。接着，我们将了解如何使用Spark Shell，包括Scala的Shell和其他语言的Shell。然后，我们将通过一个实战项目来学习如何使用Spark进行词频统计。最后，我们将详细解析Spark应用程序的日志信息。

2.1 下载并安装 Spark

本节介绍如何下载并安装Spark。

2.1.1 普通安装

普通安装是最常见的安装方式，在官方下载安装包，进行配置即可。以下为普通安装的步骤。

1. 下载 Spark

访问Spark的官方网站：https://spark.apache.org/downloads.html，如图2-1所示，找到需要的版本（在这个例子中是3.5.1版本）并下载预构建的二进制包（通常是.tgz或.zip文件，取决于你的操作系统）。如果使用的是Linux或macOS系统，可以下载.tgz文件；如果使用的是Windows系统，可以下载.zip文件。

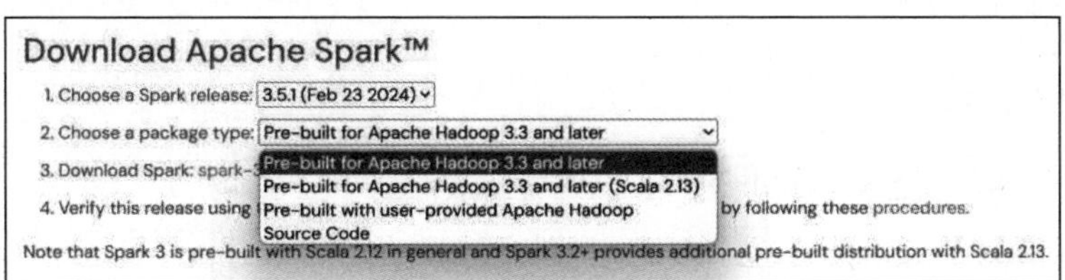

图 2-1 下载页面

在图2-1的下载页面中，Choose a package type指的是选择适合你的安装环境和需求的Spark软件包类型。Spark提供了多种预构建和源码类型的软件包，以满足不同用户的需求。

具体来说，可以选择的包类型说明如下。

- Pre-built for Apache Hadoop x.y and later：这是基于特定Hadoop版本的预先编译版。例如，Pre-built for Apache Hadoop 3.3 and later就是基于Hadoop 3.3或更高版本的预先编译版。需要确保你的环境中已经安装了Hadoop 3.3或更高版本，以便能够正确运行该安装包。
- Pre-built for Apache Hadoop x.y and later (Scala x.y)：这个描述在前者的基础上，进一步指定了Scala的版本需求。例如，Pre-built for Apache Hadoop 3.3 and later (Scala 2.13)说明该安装包不仅为Hadoop 3.3及以后版本预编译好，而且是用Scala 2.13版本预编译的。因此，需要确保你的环境中同时安装了Hadoop 3.3或更高版本和Scala 2.13版本，以便能够正常运行该安装包。Spark 3通常是使用Scala 2.12预构建的，Spark 3.2+使用Scala 2.13提供了额外的预构建发行版。
- Pre-built with user-provided Apache Hadoop：这是一个Hadoop free版，它可以与任意Hadoop版本一起使用。这种类型的包提供了与Hadoop的兼容性，但需要自己提供Hadoop库。
- Source code：这是Spark的源代码，需要自行编译才能使用。这通常适用于那些需要定制Spark或对其内部机制有深入了解的用户。

根据你的具体情况和需求，选择合适的包类型。如果只是想在本地环境中快速体验Spark，并且已经安装了与预构建包相匹配的Hadoop版本，那么Pre-built for Hadoop x.x and later可能是最简单的选择。如果需要定制Spark或对其内部机制有深入了解，那么源代码包可能更适合你。

下载Spark之后，解压下载的文件到指定的目录。

2. 配置环境变量

将Spark的bin目录添加到你的PATH环境变量中。如果是Linux或macOS操作系统，则可以通过编辑Shell配置文件（如.bashrc或.zshrc）来实现这一点。

例如，在.bashrc中添加以下行：

```
export SPARK_HOME=/path/to/spark-3.5.1-bin-hadoop3.2
export PATH=$PATH:$SPARK_HOME/bin
```

然后，运行source ~/.bashrc来使更改生效。

如果是Windows操作系统，则在“系统属性”的“环境变量”部分添加一个新的系统变量SPARK_HOME，其值为Spark安装目录的路径。然后，编辑Path变量并添加%SPARK_HOME%。

3. 启动集群服务器

通过以下命令来启动Standalone集群的主节点服务器：

```
start-master.sh
```

正常启动后，主节点服务器将会打印出<spark://HOST:PORT>这样的URL，以便工作节点来连接。也可以在主节点服务器的Web界面看到这个URL，Web界面默认网址是http://localhost:8080。

2.1.2　通过Docker镜像安装

通过Docker镜像安装Spark是一个相对简单且高效的方法，它允许开发者在隔离的环境中快速部署和测试Spark。下面将详细描述使用Docker镜像安装Spark的步骤，并解释其中的关键概念和注意事项。

1. 理解 Docker 和 Docker 镜像

Docker是一个开源的容器化平台，它允许开发者将应用程序及其依赖项打包到一个可移植的容器中，并在任何Docker环境中运行。Docker镜像是一个轻量级的、可执行的独立软件包，它包含运行应用程序所需的一切：代码、运行时、系统工具、库和配置。

2. 查找 Spark Docker 镜像

首先，在Docker Hub或其他Docker镜像仓库中查找Spark的官方或社区维护的Docker镜像。这些镜像可能已经预先配置了与Hadoop、Scala等组件的兼容性，因此可以直接使用它们来部署Spark集群。

3. 安装 Docker

如果还没有安装Docker，需要先在你的机器上安装Docker。安装过程因操作系统而异，但通常包括下载Docker安装包、运行安装程序并按照提示进行操作。安装完成后，需要确保Docker服务正常运行。

4. 拉取 Spark Docker 镜像

一旦找到了合适的Spark Docker镜像，便可以使用Docker命令行工具来拉取它。例如，如果找到了一个名为apache/spark:3.5.1的镜像，可以使用以下命令来拉取它：

```
docker pull apache/spark:3.5.1
```

这个命令会从Docker Hub下载并安装指定的Spark Docker镜像。

5. 运行 Spark 容器

拉取镜像后，可以使用Docker命令行工具来运行Spark容器。但是，由于Spark是一个分布式计算框架，通常需要多个容器来组成一个集群。因此，可能需要使用Docker Compose或其他容器编排工具来管理多个容器。

以下是一个简单的示例，展示如何使用Docker命令行工具运行一个单独的Spark主节点容器：

```
docker run -it --name spark-master \
  -p 7077:7077 -p 8080:8080 \
  -e "SPARK_CONF_DIR=/conf" \
  -e "SPARK_LOCAL_IP=127.0.0.1" \
  -v /path/to/your/spark-conf:/conf \
  apache/spark:3.5.1 spark-class org.apache.spark.deploy.master.Master
```

以上命令会启动一个名为spark-master的容器，并将容器的7077和8080端口映射到宿主机的相应端口。它还设置了一些环境变量，并将宿主机的/path/to/your/spark-conf自定义目录挂载到容器的/conf目录，以便可以自定义Spark的配置文件。

6. 配置 Spark 集群（可选）

如果需要部署一个完整的Spark集群，包括多个工作节点和从节点，则需要使用Docker Compose或其他容器编排工具来定义和管理这些容器。可以编写一个Docker Compose文件来描述集群架构和配置，然后使用Docker Compose命令行工具来启动和停止集群。

以下是一个简单的Docker Compose文件示例，用于设置包含一个Spark Master节点和两个Spark Worker节点的集群：

```
services:
  spark-master-1:
    image: bitnami/spark:3.5.1          # 可替换为适合自己环境的Spark镜像
    environment:
      - TZ=Asia/Shanghai                # 配置程序默认时区为上海（中国标准时间）
      - SPARK_MODE=master               # Spark集群模式为master
    ports:
      - '8080:8080'                     # Spark Web UI
      - '7077:7077'                     # Spark Master端口
    volumes:
      - /data/spark/share/app:/opt/bitnami/spark/app # 存放应用的目录，所有节点都能共
享访问
  spark-worker-1:
    image: bitnami/spark:3.5.1
    environment:
      - TZ=Asia/Shanghai                # 配置程序默认时区为上海（中国标准时间）
      - SPARK_MODE=worker               # Spark集群模式为worker
      - SPARK_MASTER_URL=spark://spark-master-1:7077       # master的URL
      - SPARK_WORKER_MEMORY=1G          # 分配给Worker的内存大小
      - SPARK_WORKER_CORES=1            # 分配给Worker的CPU核心数
    volumes:
      - /data/spark/share/app:/opt/bitnami/spark/app
  spark-worker-2:
    image: bitnami/spark:3.5.1
    environment:
      - TZ=Asia/Shanghai
      - SPARK_MODE=worker
      - SPARK_MASTER_URL=spark://spark-master-1:7077
      - SPARK_WORKER_MEMORY=1G
      - SPARK_WORKER_CORES=1
    volumes:
      - /data/spark/share/app:/opt/bitnami/spark/app
```

在上述配置中：

请将bitnami/spark:3.5.1替换为实际的Spark Master和Worker镜像名称和标签。

根据项目实际的环境和需求，可以调整CPU核心数（SPARK_WORKER_CORES）和内存大小（SPARK_WORKER_MEMORY）等配置。

volumes用于配置多个节点共享同一个目录。这个目录一般用于放置自己开发的Spark应用程序或数据文件。如果希望应用输出文件，则需要对该目录进行授权，例如sudo chmod -R 777 /data/spark/share。

注意，上面只是一个基本的示例，用于演示如何使用Docker Compose来描述Spark集群。在实际应用中，可以根据具体的需求和环境进行更多的配置和定制。

2.1.3 验证安装

一旦Spark容器或集群已经运行起来，可以使用Spark的命令行工具（如spark-shell）或编写Spark应用程序来测试和验证安装是否成功。

例如，打开一个新的命令行窗口，并运行以下命令来验证Spark是否已正确安装：

```
spark-shell
```

如果一切正常，可以看到控制台会输出Spark的欢迎信息和一些版本信息，代码如下：

```
$ spark-shell
Setting default log level to "WARN".
To adjust logging level use sc.setLogLevel(newLevel). For SparkR, use setLogLevel(newLevel).
24/05/08 07:53:26 WARN NativeCodeLoader: Unable to load native-hadoop library for your platform... using builtin-java classes where applicable
Spark context Web UI available at http://313c7a702976:4040
Spark context available as 'sc' (master = local[*], app id = local-1715154806551).
Spark session available as 'spark'.
Welcome to
      ____              __
     / __/__  ___ _____/ /__
    _\ \/ _ \/ _ `/ __/  '_/
   /___/ .__/\_,_/_/ /_/\_\   version 3.5.1
      /_/

Using Scala version 2.12.18 (OpenJDK 64-Bit Server VM, Java 17.0.11)
Type in expressions to have them evaluated.
Type :help for more information.

scala>
```

然后开始使用Spark的交互式Shell。

也可以通过连接到Spark主节点的Web UI界面（http://主节点IP:8080/）来查看集群的状态和详细信息，如图2-2所示。

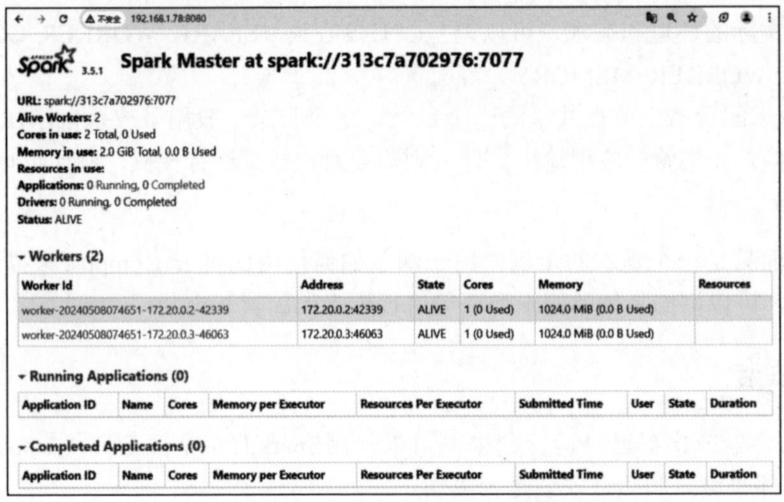

图 2-2 通过 Web 界面查看集群

2.2 通过 Shell 使用 Spark

Spark的Shell提供了一种学习API的简单方法，以及一种交互式分析数据的强大工具，它可以在Scala、R或Python中使用。本节主要介绍如何通过Shell的方式来使用Spark。

2.2.1 使用Scala的Shell

Scala的Shell是Spark安装包中自带的，因此可以通过在Spark中运行以下命令来直接启动Scala的Shell：

```
spark-shell
```

Spark的核心抽象是Dataset分布式数据集合。Dataset可以从Hadoop支持的输入格式（如HDFS文件）创建，也可以通过转换现有的数据集来创建。例如，从Spark源目录的README.md文件的文本中创建一个新的Dataset：

```
scala> val textFile = spark.read.textFile("README.md")  // 从文件创建一个Dataset
textFile: org.apache.spark.sql.Dataset[String] = [value: string]
```

可以通过调用一些操作直接从Dataset中获取值，也可以转换Dataset以获取新值：

```
scala> textFile.count()       // Dataset中的项目数
res0: Long = 125              // 不同的Spark版本，README.md可能会变化，因此输出可能不同

scala> textFile.first()       // Dataset中的第一个项目
res1: String = # Apache Spark
```

现在将这个Dataset转换为一个新的Dataset。调用filter来返回一个新的Dataset，其中包含文件中项目的子集：

```
// 包含Spark字样的行
scala> val linesWithSpark = textFile.filter(line => line.contains("Spark"))
linesWithSpark: org.apache.spark.sql.Dataset[String] = [value: string]
```

可以将转换（transformation）和行动（action）组合在一起使用：

```
// 包含Spark字样的行数
scala> textFile.filter(line => line.contains("Spark")).count()
res3: Long = 20
```

2.2.2 使用其他语言的Shell

如果要使用Python的Shell，执行下面的命令：

```
pyspark
```

如果要使用R的Shell，执行下面的命令：

```
sparkR shell
```

各个语言的使用方式各不相同，请自行查阅相关文档，这里不再详细展开。如无特殊说明，本书后续使用Shell的示例，主要是指Scala的Shell。

2.3 实战：通过 Spark 进行词频统计

本节将演示如何编写Spark应用来实现词频统计的功能。

想要实现Spark应用程序的开发，可以使用Scala、Java或Python等编程语言来实现。这取决于个人的喜好，选择你擅长的语言即可。

本书所有示例主要采用Scala或Java语言来编写。本节示例是通过Java语言来编写的。

2.3.1 初始化应用

本例将使用Maven来管理应用。该应用pom.xml文件的内容如下：

```
<project xmlns="http://maven.apache.org/POM/4.0.0"
    xmlns:xsi="http://www.w3.org/2001/XMLSchema-instance"
    xsi:schemaLocation="http://maven.apache.org/POM/4.0.0
http://maven.apache.org/xsd/maven-4.0.0.xsd">
    <modelVersion>4.0.0</modelVersion>
    <groupId>com.waylau.spark</groupId>
    <artifactId>spark-java-samples</artifactId>
    <version>1.0.0</version>
    <name>spark-java-samples</name>
    <packaging>jar</packaging>
    <organization>
        <name>waylau.com</name>
        <url>https://waylau.com</url>
```

```
    </organization>

    <properties>
        <maven.compiler.source>17</maven.compiler.source>
        <maven.compiler.target>17</maven.compiler.target>
        <scala.version>2.13</scala.version>
        <spark.version>3.5.1</spark.version>
    </properties>
    <dependencies>
        <!-- Spark dependency -->
        <dependency>
            <groupId>org.apache.spark</groupId>
            <artifactId>spark-sql_${scala.version}</artifactId>
            <version>${spark.version}</version>
            <scope>provided</scope>
        </dependency>
    </dependencies>

</project>
```

应用编译完成之后，会生成一个名为spark-java-samples-1.0.0.jar的JAR文件。需要注意的是，Spark的依赖使用了provided，这意味着Spark依赖项不需要捆绑到应用程序JAR中，因为它们是由集群管理器在运行时提供的。

2.3.2　创建Spark应用程序

创建一个实现词频统计功能的应用JavaWordCountSample，代码如下：

```
package com.waylau.spark.java.samples.rdd;

import java.util.Arrays;
import java.util.List;
import java.util.regex.Pattern;

import org.apache.spark.api.java.JavaPairRDD;
import org.apache.spark.api.java.JavaRDD;
import org.apache.spark.sql.SparkSession;

import scala.Tuple2;

/**
 * Java Word Count sample
 *
 * @author <a href="https://waylau.com">Way Lau</a>
 * @since 2024-05-28
 */
public class JavaWordCountSample {
    private static final Pattern SPACE = Pattern.compile(" ");

    public static void main(String[] args) throws Exception {
        // 判断输入参数
        if (args.length < 1) {
```

```
            System.err.println("Usage: JavaWordCount <file>");
            System.exit(1);
        }
        // 初始化SparkSession
        SparkSession sparkSession = SparkSession
                .builder()
                // 设置应用名称
                .appName("JavaWordCountSample")
                .getOrCreate();

        // 读取文件内容，并将其转换为RDD结构的文本
        JavaRDD<String> lines = sparkSession.read().textFile(args[0]).javaRDD();

        // 将文本行按照空格作为分隔，转换成一个单词列表
        JavaRDD<String> words = lines.flatMap(s -> Arrays.asList(SPACE.split(s)).
iterator());

        // 将列表中的每个单词作为键、1作为值创建JavaPairRDD
        JavaPairRDD<String, Integer> ones = words.mapToPair(s -> new Tuple2<>(s, 1));

        // 将相同键的值进行累加，从而得出每个单词出现的次数，即词频
        JavaPairRDD<String, Integer> counts = ones.reduceByKey((i1, i2) -> i1 + i2);

        // 收集结果，并打印
        List<Tuple2<String, Integer>> output = counts.collect();
        for (Tuple2<?, ?> tuple : output) {
            System.out.println(tuple._1() + ": " + tuple._2());
        }

        // 关闭SparkSession
        sparkSession.stop();
    }
}
```

上述代码是一个采用Java编写的Spark程序，实现了典型的“词频统计”功能。

- SparkSession.builder()用于初始化SparkSession。SparkSession为用户提供了一个统一的切入点来使用Spark的各项功能。
- sparkSession.read().textFile(args[0]).javaRDD()方法用于读取文件内容，并将其转换为RDD结构的文 本行。
- lines.flatMap(s -> Arrays.asList(SPACE.split(s)).iterator())将文本行按照空格作为分隔，转换成一个单词列表。
- words.mapToPair(s -> new Tuple2<>(s, 1))将列表中的每个单词作为键、1作为值创建JavaPairRDD。
- ones.reduceByKey((i1, i2) -> i1 + i2)将相同键的值进行累加，从而得出了每个单词出现的次数，即词频。
- counts.collect()将结果收集并转换为List，最终将List的元素逐一打印出来。

应用程序执行完成之后，需要调用SparkSession的stop()方法来关闭与Spark集群的连接。

2.3.3 准备数据文件

准备一份数据文件提供给JavaWordCountSample程序使用。数据文件JavaWordCountData.txt的内容如下：

```
You say that you love rain
but you open your umbrella when it rains
You say that you love the sun
but you find a shadow spot when the sun shines
You say that you love the wind
But you close your windows when wind blows
This is why I am afraid
You say that you love me too
```

2.3.4 运行程序

可以通过执行spark-submit命令来提交运行任务给Spark集群执行，命令如下：

```
spark-submit --class com.waylau.spark.java.samples.rdd.JavaWordCountSample
spark-java-samples-1.0.0.jar JavaWordCountData.txt
```

命令说明：

- com.waylau.spark.java.samples.rdd.JavaWordCountSample为应用的主入口。
- spark-java-samples-1.0.0.jar为应用程序的编译文件。
- JavaWordCountData.txt作为应用程序的入参，也就是我们要统计的词频的文件。

最终，JavaWordCountSample程序词频统计的结果如下：

```
find: 1
spot: 1
it: 1
is: 1
But: 1
you: 7
shines: 1
shadow: 1
afraid: 1
rain: 1
that: 4
a: 1
am: 1
You: 4
say: 4
love: 4
when: 3
I: 1
wind: 2
This: 1
rains: 1
```

```
    why: 1
    umbrella: 1
    blows: 1
    but: 2
    close: 1
    sun: 2
    too: 1
    windows: 1
    open: 1
    your: 2
    me: 1
    the: 3
```

2.4　日志信息详解

当使用spark-submit提交一个Spark任务时，控制台通常会打印一些日志信息，这些日志信息对于了解任务的状态、进度以及任何潜在的问题都非常重要。

本节以2.3节的JavaWordCountSample应用程序日志信息为例，分析日志信息各个部分的含义。

2.4.1　启动信息

以下是启动信息：

```
    spark-submit --class com.waylau.spark.java.samples.rdd.JavaWordCountSample
spark-java-samples-1.0.0.jar JavaWordCountData.txt
    24/05/09 17:43:43 INFO SparkContext: Running Spark version 3.5.1
    24/05/09 17:43:43 INFO SparkContext: OS info Linux, 5.15.0-102-generic, amd64
    24/05/09 17:43:43 INFO SparkContext: Java version 17.0.11
    24/05/09 17:43:43 INFO ResourceUtils: ==========================================
    24/05/09 17:43:43 INFO ResourceUtils: No custom resources configured for
spark.driver.
    24/05/09 17:43:43 INFO ResourceUtils: ===========================================
    24/05/09 17:43:43 INFO SparkContext: Submitted application: JavaWordCountSample
    24/05/09 17:43:43 INFO ResourceProfile: Default ResourceProfile created,
executor resources: Map(cores -> name: cores, amount: 1, script: , vendor: , memory
-> name: memory, amount: 1024, script: , vendor: , offHeap -> name: offHeap, amount:
0, script: , vendor: ), task resources: Map(cpus -> name: cpus, amount: 1.0)
    24/05/09 17:43:43 INFO ResourceProfile: Limiting resource is cpu
    24/05/09 17:43:43 INFO ResourceProfileManager: Added ResourceProfile id: 0
    24/05/09 17:43:43 INFO SecurityManager: Changing view acls to: spark
    24/05/09 17:43:43 INFO SecurityManager: Changing modify acls to: spark
    24/05/09 17:43:43 INFO SecurityManager: Changing view acls groups to:
    24/05/09 17:43:43 INFO SecurityManager: Changing modify acls groups to:
    24/05/09 17:43:43 INFO SecurityManager: SecurityManager: authentication disabled;
ui acls disabled; users with view permissions: spark; groups with view permissions:
```

```
EMPTY; users with modify permissions: spark; groups with modify permissions: EMPTY
    24/05/09 17:43:43 WARN NativeCodeLoader: Unable to load native-hadoop library
for your platform... using builtin-java classes where applicable
    24/05/09 17:43:43 INFO Utils: Successfully started service 'sparkDriver' on port
43637.
    24/05/09 17:43:43 INFO SparkEnv: Registering MapOutputTracker
    24/05/09 17:43:43 INFO SparkEnv: Registering BlockManagerMaster
    24/05/09 17:43:43 INFO BlockManagerMasterEndpoint: Using
org.apache.spark.storage.DefaultTopologyMapper for getting topology information
    24/05/09 17:43:43 INFO BlockManagerMasterEndpoint: BlockManagerMasterEndpoint up
    24/05/09 17:43:43 INFO SparkEnv: Registering BlockManagerMasterHeartbeat
    24/05/09 17:43:43 INFO DiskBlockManager: Created local directory at
/tmp/blockmgr-8ae729d2-e649-492a-8526-638aab4b76d3
    24/05/09 17:43:43 INFO MemoryStore: MemoryStore started with capacity 434.4 MiB
    24/05/09 17:43:43 INFO SparkEnv: Registering OutputCommitCoordinator
    24/05/09 17:43:43 INFO JettyUtils: Start Jetty 0.0.0.0:4040 for SparkUI
    24/05/09 17:43:43 INFO Utils: Successfully started service 'SparkUI' on port
4040.
    24/05/09 17:43:43 INFO SparkContext: Added JAR file:/opt/bitnami/spark/app/
spark-java-samples-1.0.0.jar at spark://a1f1ab698757:43637/jars/spark-java-samples-
1.0.0.jar with timestamp 1715247823082
    24/05/09 17:43:43 INFO Executor: Starting executor ID driver on host
a1f1ab698757
    24/05/09 17:43:43 INFO Executor: OS info Linux, 5.15.0-102-generic, amd64
    24/05/09 17:43:43 INFO Executor: Java version 17.0.11
    24/05/09 17:43:43 INFO Executor: Starting executor with user classpath
(userClassPathFirst = false): ''
    24/05/09 17:43:43 INFO Executor: Created or updated repl class loader
org.apache.spark.util.MutableURLClassLoader@7da31a40 for default.
    24/05/09 17:43:43 INFO Executor: Fetching spark://a1f1ab698757:43637/jars/spark-
java-samples-1.0.0.jar with timestamp 1715247823082
    24/05/09 17:43:43 INFO TransportClientFactory: Successfully created connection
to a1f1ab698757/172.21.0.3:43637 after 11 ms (0 ms spent in bootstraps)
    24/05/09 17:43:43 INFO Utils: Fetching spark://a1f1ab698757:43637/jars/spark-
java-samples-1.0.0.jar to /tmp/spark-7d8a9959-3e3e-49d8-b8a6-7d81da884952/userFiles-
f8dd5950-a7c6-427a-aade-26912ccd27d1/fetchFileTemp18242138582296137888.tmp
    24/05/09 17:43:43 INFO Executor: Adding file:/tmp/spark-7d8a9959-3e3e-49d8-b8a6-
7d81da884952/userFiles-f8dd5950-a7c6-427a-aade-26912ccd27d1/spark-java-samples-
1.0.0.jar to class loader default
```

上述信息显示了Spark应用程序是如何启动的，包括使用的Spark版本、主节点URL（例如spark://master:7077或yarn）、应用程序名称以及任何传递给Spark应用程序的参数。以下是一些关键信息的解释。

- spark-submit：这是用于提交Spark作业的命令行工具。
- --class com.waylau.spark.java.samples.rdd.JavaWordCountSample：指定了要运行的类，即JavaWordCountSample，这是一个简单的单词计数示例。
- spark-java-samples-1.0.0.jar：这是包含要运行的类的JAR文件。
- JavaWordCountData.txt：这是作为输入数据的文件，该文件将被读取并进行处理。

- Running Spark version 3.5.1：显示正在运行的Spark版本号。
- OS info Linux, 5.15.0-102-generic, amd64：显示操作系统信息，包括Linux发行版和架构。
- Java version 17.0.11：显示正在使用的Java虚拟机的版本。
- ResourceProfileManager：显示资源配置文件管理器的配置信息。
- SecurityManager：显示安全管理器的配置信息，包括身份验证、UI访问权限等。
- NativeCodeLoader：显示无法加载本地Hadoop库的信息，因此使用内置的Java类。
- SparkEnv：显示Spark环境的配置信息，包括注册的服务和组件。
- Executor：显示执行器（Executor）的配置信息，包括主机名、操作系统、Java版本等。
- TransportClientFactory：显示与驱动程序建立连接的信息。
- Fetching spark://…/jars/…：显示从驱动程序节点获取JAR文件的信息。

这些信息有助于了解Spark应用程序的配置和运行环境，以及在出现问题时进行故障排除。

2.4.2　资源分配、Spark上下文初始化

以下是资源分配、Spark上下文初始化信息：

```
    24/05/09 17:43:43 INFO Utils: Successfully started service
'org.apache.spark.network.netty.NettyBlockTransferService' on port 37251.
    24/05/09 17:43:43 INFO NettyBlockTransferService: Server created on
a1f1ab698757:37251
    24/05/09 17:43:43 INFO BlockManager: Using
org.apache.spark.storage.RandomBlockReplicationPolicy for block replication policy
    24/05/09 17:43:43 INFO BlockManagerMaster: Registering BlockManager
BlockManagerId(driver, a1f1ab698757, 37251, None)
    24/05/09 17:43:43 INFO BlockManagerMasterEndpoint: Registering block manager
a1f1ab698757:37251 with 434.4 MiB RAM, BlockManagerId(driver, a1f1ab698757, 37251,
None)
    24/05/09 17:43:43 INFO BlockManagerMaster: Registered BlockManager
BlockManagerId(driver, a1f1ab698757, 37251, None)
    24/05/09 17:43:43 INFO BlockManager: Initialized BlockManager:
BlockManagerId(driver, a1f1ab698757, 37251, None)
    24/05/09 17:43:43 INFO SharedState: Setting hive.metastore.warehouse.dir ('null')
to the value of spark.sql.warehouse.dir.
    24/05/09 17:43:43 INFO SharedState: Warehouse path is
'file:/opt/bitnami/spark/app/spark-warehouse'.
    24/05/09 17:43:44 INFO InMemoryFileIndex: It took 16 ms to list leaf files for 1
paths.
    24/05/09 17:43:44 INFO FileSourceStrategy: Pushed Filters:
    24/05/09 17:43:44 INFO FileSourceStrategy: Post-Scan Filters:
    24/05/09 17:43:44 INFO MemoryStore: Block broadcast_0 stored as values in memory
(estimated size 199.4 KiB, free 434.2 MiB)
    24/05/09 17:43:45 INFO MemoryStore: Block broadcast_0_piece0 stored as bytes in
memory (estimated size 34.3 KiB, free 434.2 MiB)
```

上述信息显示了为Spark应用程序分配的执行器的数量、内存核心数以及Spark上下文初始化的信息。下面逐条解释这些信息。

- Successfully started service 'org.apache.spark.network.netty.NettyBlockTransferService' on port 37251：这条信息表示Spark成功启动了一个服务，该服务用于在Spark节点之间传输数据块。这个服务运行在37251端口上。
- Server created on a1f1ab698757:37251：这表示NettyBlockTransferService服务器已经在指定的IP地址（a1f1ab698757）和端口（37251）上创建。
- Using org.apache.spark.storage.RandomBlockReplicationPolicy for block replication policy：这条信息说明Spark使用随机复制策略来管理数据块的复制。
- Registering BlockManager BlockManagerId(driver, a1f1ab698757, 37251, None)：这表示Spark正在注册一个BlockManager，它是负责管理Spark内存和磁盘存储资源的组件。这里注册的是驱动程序的BlockManager。
- Registering block manager a1f1ab698757:37251 with 434.4 MiB RAM：这条信息显示了注册的BlockManager拥有434.4 MiB的RAM内存。
- Initialized BlockManager：表示BlockManager已经初始化完成。
- Setting hive.metastore.warehouse.dir ('null') to the value of spark.sql.warehouse.dir：这表示Spark正在设置Hive元数据仓库目录的路径。
- Warehouse path is 'file:/opt/bitnami/spark/app/spark-warehouse'：显示了Spark仓库的路径，这是存储Hive表数据的目录。
- It took 16 ms to list leaf files for 1 paths：这表示列出1个路径下的叶子文件花费了16毫秒。
- Pushed Filters和Post-Scan Filters：这些是Spark SQL优化的一部分，表示在扫描数据前和扫描数据后应用的过滤器。
- Block broadcast_0 stored as values in memory (estimated size 199.4 KiB, free 434.2 MiB)：表示广播变量（broadcast_0）已经存储到内存中，估计大小为199.4 KiB，当前还有434.2 MiB内存可用。
- Block broadcast_0_piece0 stored as bytes in memory (estimated size 34.3 KiB, free 434.2 MiB)：这表示广播变量的一个片段（piece0），也已经存储到内存中，估计大小为34.3 KiB。

这些信息对于理解Spark应用程序的资源使用情况和初始化过程非常有用，特别是在调试和性能优化时。

2.4.3 任务进度和状态

以下是任务进度和状态信息：

```
    24/05/09 17:43:45 INFO BlockManagerInfo: Added broadcast_0_piece0 in memory on
a1f1ab698757:37251 (size: 34.3 KiB, free: 434.4 MiB)
    24/05/09 17:43:45 INFO SparkContext: Created broadcast 0 from javaRDD at
JavaWordCountSample.java:37
    24/05/09 17:43:45 INFO FileSourceScanExec: Planning scan with bin packing, max
size: 4194304 bytes, open cost is considered as scanning 4194304 bytes.
    24/05/09 17:43:45 INFO SparkContext: Starting job: collect at
JavaWordCountSample.java:49
```

```
24/05/09 17:43:45 INFO DAGScheduler: Registering RDD 6 (mapToPair at JavaWordCountSample.java:43) as input to shuffle 0
24/05/09 17:43:45 INFO DAGScheduler: Got job 0 (collect at JavaWordCountSample.java:49) with 1 output partitions
24/05/09 17:43:45 INFO DAGScheduler: Final stage: ResultStage 1 (collect at JavaWordCountSample.java:49)
24/05/09 17:43:45 INFO DAGScheduler: Parents of final stage: List(ShuffleMapStage 0)
24/05/09 17:43:45 INFO DAGScheduler: Missing parents: List(ShuffleMapStage 0)
24/05/09 17:43:45 INFO DAGScheduler: Submitting ShuffleMapStage 0 (MapPartitionsRDD[6] at mapToPair at JavaWordCountSample.java:43), which has no missing parents
24/05/09 17:43:45 INFO MemoryStore: Block broadcast_1 stored as values in memory (estimated size 25.5 KiB, free 434.1 MiB)
24/05/09 17:43:45 INFO MemoryStore: Block broadcast_1_piece0 stored as bytes in memory (estimated size 11.7 KiB, free 434.1 MiB)
24/05/09 17:43:45 INFO BlockManagerInfo: Added broadcast_1_piece0 in memory on a1f1ab698757:37251 (size: 11.7 KiB, free: 434.4 MiB)
24/05/09 17:43:45 INFO SparkContext: Created broadcast 1 from broadcast at DAGScheduler.scala:1585
24/05/09 17:43:45 INFO DAGScheduler: Submitting 1 missing tasks from ShuffleMapStage 0 (MapPartitionsRDD[6] at mapToPair at JavaWordCountSample.java:43) (first 15 tasks are for partitions Vector(0))
24/05/09 17:43:45 INFO TaskSchedulerImpl: Adding task set 0.0 with 1 tasks resource profile 0
24/05/09 17:43:45 INFO TaskSetManager: Starting task 0.0 in stage 0.0 (TID 0) (a1f1ab698757, executor driver, partition 0, PROCESS_LOCAL, 8405 bytes)
24/05/09 17:43:45 INFO Executor: Running task 0.0 in stage 0.0 (TID 0)
24/05/09 17:43:45 INFO CodeGenerator: Code generated in 70.114838 ms
24/05/09 17:43:45 INFO FileScanRDD: Reading File path: file:///opt/bitnami/spark/app/JavaWordCountData.txt, range: 0-278, partition values: [empty row]
24/05/09 17:43:45 INFO CodeGenerator: Code generated in 4.980294 ms
24/05/09 17:43:45 INFO Executor: Finished task 0.0 in stage 0.0 (TID 0). 1848 bytes result sent to driver
24/05/09 17:43:45 INFO TaskSetManager: Finished task 0.0 in stage 0.0 (TID 0) in 205 ms on a1f1ab698757 (executor driver) (1/1)
24/05/09 17:43:45 INFO TaskSchedulerImpl: Removed TaskSet 0.0, whose tasks have all completed, from pool
24/05/09 17:43:45 INFO DAGScheduler: ShuffleMapStage 0 (mapToPair at JavaWordCountSample.java:43) finished in 0.270 s
24/05/09 17:43:45 INFO DAGScheduler: looking for newly runnable stages
24/05/09 17:43:45 INFO DAGScheduler: running: Set()
24/05/09 17:43:45 INFO DAGScheduler: waiting: Set(ResultStage 1)
24/05/09 17:43:45 INFO DAGScheduler: failed: Set()
24/05/09 17:43:45 INFO DAGScheduler: Submitting ResultStage 1 (ShuffledRDD[7] at reduceByKey at JavaWordCountSample.java:46), which has no missing parents
24/05/09 17:43:45 INFO MemoryStore: Block broadcast_2 stored as values in memory (estimated size 5.3 KiB, free 434.1 MiB)
24/05/09 17:43:45 INFO MemoryStore: Block broadcast_2_piece0 stored as bytes in memory (estimated size 3.0 KiB, free 434.1 MiB)
```

```
    24/05/09 17:43:45 INFO BlockManagerInfo: Added broadcast_2_piece0 in memory on
a1f1ab698757:37251 (size: 3.0 KiB, free: 434.4 MiB)
    24/05/09 17:43:45 INFO SparkContext: Created broadcast 2 from broadcast at
DAGScheduler.scala:1585
    24/05/09 17:43:45 INFO DAGScheduler: Submitting 1 missing tasks from ResultStage
1 (ShuffledRDD[7] at reduceByKey at JavaWordCountSample.java:46) (first 15 tasks are
for partitions Vector(0))
    24/05/09 17:43:45 INFO TaskSchedulerImpl: Adding task set 1.0 with 1 tasks
resource profile 0
    24/05/09 17:43:45 INFO TaskSetManager: Starting task 0.0 in stage 1.0 (TID 1)
(a1f1ab698757, executor driver, partition 0, NODE_LOCAL, 7620 bytes)
    24/05/09 17:43:45 INFO Executor: Running task 0.0 in stage 1.0 (TID 1)
    24/05/09 17:43:45 INFO ShuffleBlockFetcherIterator: Getting 1 (405.0 B) non-
empty blocks including 1 (405.0 B) local and 0 (0.0 B) host-local and 0 (0.0 B)
push-merged-local and 0 (0.0 B) remote blocks
    24/05/09 17:43:45 INFO ShuffleBlockFetcherIterator: Started 0 remote fetches in
4 ms
    24/05/09 17:43:45 INFO Executor: Finished task 0.0 in stage 1.0 (TID 1). 2446
bytes result sent to driver
    24/05/09 17:43:45 INFO TaskSetManager: Finished task 0.0 in stage 1.0 (TID 1) in
31 ms on a1f1ab698757 (executor driver) (1/1)
    24/05/09 17:43:45 INFO TaskSchedulerImpl: Removed TaskSet 1.0, whose tasks have
all completed, from pool
    24/05/09 17:43:45 INFO DAGScheduler: ResultStage 1 (collect at
JavaWordCountSample.java:49) finished in 0.037 s
    24/05/09 17:43:45 INFO DAGScheduler: Job 0 is finished. Cancelling potential
speculative or zombie tasks for this job
    24/05/09 17:43:45 INFO TaskSchedulerImpl: Killing all running tasks in stage 1:
Stage finished
    24/05/09 17:43:45 INFO DAGScheduler: Job 0 finished: collect at
JavaWordCountSample.java:49, took 0.334758 s
```

在任务执行过程中，会打印有关任务进度和状态的信息。例如，当任务开始时，当任务被调度到执行器上，以及当任务完成时。以下是上述信息关键部分的解释。

- INFO BlockManagerInfo：Added broadcast_0_piece0 in memory on a1f1ab698757:37251(size: 34.3 KiB, free: 434.4 MiB)：这表示在节点a1f1ab698757的端口37251上，广播变量broadcast_0的一个片段（大小为34.3 KiB）已经存储到内存中，剩余可用内存为434.4 MiB。
- INFO SparkContext：Starting job：collect at JavaWordCountSample.java:49：这表示Spark作业已经开始执行，目标是收集数据，该目标位于JavaWordCountSample.java文件的第49行。
- INFO DAGScheduler: Final stage：ResultStage 1 (collect at JavaWordCountSample.java:49)：这表示DAG调度器确定了最终阶段是ResultStage 1，它负责收集数据，与上面的目标相同。
- INFO TaskSchedulerImpl：Removed TaskSet 1.0, whose tasks have all completed, from pool：这表示任务集TaskSet 1.0中的所有任务已经完成，因此它已从任务池中移除。
- INFO DAGScheduler: Job 0 finished：collect at JavaWordCountSample.java:49, took 0.334758 s：这表示作业0已完成，执行时间为0.334758秒。

2.4.4 应用程序日志

除Spark本身的日志外，Spark应用程序可能还会打印自己的日志信息。这些日志信息将与Spark的日志混合在一起，但通常可以通过日志消息的内容或模式来区分它们。

以下是应用程序日志信息：

```
find: 1
spot: 1
it: 1
is: 1
But: 1
you: 7
shines: 1
shadow: 1
afraid: 1
rain: 1
that: 4
a: 1
am: 1
You: 4
say: 4
love: 4
when: 3
I: 1
wind: 2
This: 1
rains: 1
why: 1
umbrella: 1
blows: 1
but: 2
close: 1
sun: 2
too: 1
windows: 1
open: 1
your: 2
me: 1
the: 3
```

2.4.5 完成信息

当Spark应用程序成功完成或由于某种原因失败时，控制台日志将包含有关最终状态的信息。这可能包括成功完成的指示、失败的原因以及任何相关的堆栈跟踪。

以下是完成信息：

```
24/05/09 17:43:45 INFO SparkContext: SparkContext is stopping with exitCode 0.
24/05/09 17:43:45 INFO SparkUI: Stopped Spark web UI at http://a1f1ab698757:4040
```

```
    24/05/09 17:43:45 INFO MapOutputTrackerMasterEndpoint:
MapOutputTrackerMasterEndpoint stopped!
    24/05/09 17:43:45 INFO MemoryStore: MemoryStore cleared
    24/05/09 17:43:45 INFO BlockManager: BlockManager stopped
    24/05/09 17:43:45 INFO BlockManagerMaster: BlockManagerMaster stopped
    24/05/09 17:43:45 INFO OutputCommitCoordinator$OutputCommitCoordinatorEndpoint:
OutputCommitCoordinator stopped!
    24/05/09 17:43:45 INFO SparkContext: Successfully stopped SparkContext
    24/05/09 17:43:45 INFO ShutdownHookManager: Shutdown hook called
    24/05/09 17:43:45 INFO ShutdownHookManager: Deleting directory /tmp/spark-
6bf5814c-de75-4b3a-bb55-46dcbc45583c
    24/05/09 17:43:45 INFO ShutdownHookManager: Deleting directory /tmp/spark-
7d8a9959-3e3e-49d8-b8a6-7d81da884952
```

上述信息的具体解释如下。

- 24/05/09 17:43:45 INFO SparkContext: SparkContext is stopping with exitCode 0.：这表示SparkContext正在停止，退出代码为0，通常表示正常退出。
- 24/05/09 17:43:45 INFO SparkUI: Stopped Spark web UI at http://a1f1ab698757:4040：这表示Spark的Web用户界面已经停止，可以通过访问指定的URL（http://a1f1ab698757:4040）来查看。
- 24/05/09 17:43:45 INFO MapOutputTrackerMasterEndpoint: MapOutputTrackerMasterEndpoint stopped!：这表示MapOutputTrackerMasterEndpoint已经停止。
- 24/05/09 17:43:45 INFO MemoryStore: MemoryStore cleared：这表示内存存储已经被清空。
- 24/05/09 17:43:45 INFO BlockManager: BlockManager stopped：这表示BlockManager已经停止。
- 24/05/09 17:43:45 INFO BlockManagerMaster: BlockManagerMaster stopped：这表示Block-ManagerMaster已经停止。
- 24/05/09 17:43:45 INFO OutputCommitCoordinator$OutputCommitCoordinatorEndpoint: Output-CommitCoordinator stopped!：这表示OutputCommitCoordinator已经停止。
- 24/05/09 17:43:45 INFO SparkContext: Successfully stopped SparkContext：这表示SparkContext已经成功停止。
- 24/05/09 17:43:45 INFO ShutdownHookManager: Shutdown hook called：这表示调用了关闭钩子。
- 24/05/09 17:43:45 INFO ShutdownHookManager: Deleting directory /tmp/spark-6bf5814c-de75-4b3a-bb55-46dcbc45583c：这表示删除了一个临时目录，该目录可能是Spark应用程序运行时创建的。
- 24/05/09 17:43:45 INFO ShutdownHookManager: Deleting directory /tmp/spark-7d8a9959-3e3e-49d8-b8a6-7d81da884952：这表示删除了另一个临时目录，同样可能是Spark应用程序运行时创建的。

要充分利用spark-submit的控制台日志，建议将日志保存到文件中以便后续分析，并使用适当的日志级别来过滤掉不必要的信息。此外，熟悉Spark的日志结构和常见的日志模式将有助于更快地识别和解决问题。

2.5 动 手 练 习

练习 1：安装和配置 Spark

1）任务要求

在Windows环境下安装Spark。

2） 操作步骤

（1）下载Spark安装包。

访问Spark官网（https://spark.apache.org/downloads.html），选择合适的版本和预构建包。例如，选择Spark 3.5.1版本的预构建包。

（2）解压安装包。

下载完成后，将预构建包解压到一个合适的目录，例如C:\spark。

（3）配置环境变量。

① 右击“计算机”或“此电脑”，选择“属性”选项。

② 单击“高级系统设置”。

③ 在“系统属性”窗口中，单击“环境变量”按钮。

④ 在“系统变量”区域，单击“新建”按钮，创建一个名为SPARK_HOME的新变量，值为Spark解压后的目录（例如C:\spark）。

⑤ 找到名为Path的系统变量，单击“编辑”按钮。

⑥ 在“变量值”文本框中，添加%SPARK_HOME%\bin（确保路径之间用分号分隔）。

⑦ 单击“确定”按钮保存更改。

（4）测试Spark是否安装成功。

打开命令提示符（cmd）。

输入spark-shell，按Enter键。

如果看到类似图2-3的输出，说明Spark已成功安装并运行。

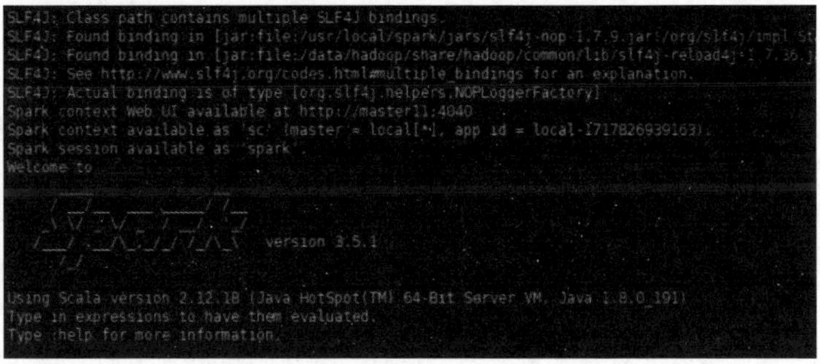

图 2-3　执行 spark-shell 命令后的输出结果

3）小结

本练习，我们已经在Windows环境下成功安装了Spark，现在可以使用Spark Shell，或者编写Scala、Java、Python等语言的程序来处理大数据任务。

练习 2：使用 Spark 读取 CSV 文件并显示前 5 行

1）任务要求

使用Spark读取一个CSV文件，并显示前5行。

2）操作步骤

（1）创建一个名为ReadCSV的Java项目。

（2）添加Spark依赖到项目中。

3）参考代码

```
// 导入org.apache.spark.sql.Dataset类，用于处理分布式数据集
import org.apache.spark.sql.Dataset;
// 导入org.apache.spark.sql.Row类，用于表示一行数据
import org.apache.spark.sql.Row;
// 导入org.apache.spark.sql.SparkSession类，用于创建和管理Spark应用程序的入口点
import org.apache.spark.sql.SparkSession;

public class ReadCSV {
    public static void main(String[] args) {
        // 创建SparkSession，用于与Spark集群进行交互
        SparkSession spark = SparkSession.builder()
            .appName("ReadCSV")          // 设置应用程序名称
            .master("local[*]")          // 设置运行模式为本地模式，使用所有可用的处理器核心
            .getOrCreate();              // 获取或创建一个新的SparkSession实例

        // 读取CSV文件，其中包含表头信息
        Dataset<Row> df = spark.read().option("header", "true").
csv("path/to/your/csvfile.csv");

        // 显示数据集的前5行数据
        df.show(5);

        // 关闭SparkSession，释放资源
        spark.stop();
    }
}
```

代码说明：

- 导入所需的类：导入了SparkSession、Dataset和Row类，这些类是Apache Spark SQL库的一部分，用于处理结构化数据。
- 创建一个名为ReadCSV的公共类，并在其中定义一个main方法，这是Java程序的入口点。
- 在main方法中，首先创建一个SparkSession对象。通过调用SparkSession.builder()方法来构建一个新的SparkSession，设置应用程序的名称为ReadCSV，并指定运行模式为本地模式（local[*]），这意味着它将在本地机器上运行，并使用所有可用的处理器核心。最后，调用getOrCreate()方法来获取或创建一个新的SparkSession实例。

- 使用SparkSession对象的read()方法读取CSV文件。通过调用option("header", "true")方法来告诉Spark，CSV文件的第一行包含列名。然后调用csv()方法并传入CSV文件的路径（"path/to/your/csvfile.csv"）来读取文件内容，并将其存储在一个Dataset对象中。
- 调用Dataset对象的show(5)方法来显示数据集中的前5行数据。
- 最后，调用SparkSession对象的stop()方法来关闭SparkSession，释放资源。

练习 3：使用 Spark 创建不同类型的数据结构

1）任务要求

使用Spark创建不同类型的数据结构，如SparkSession、RDD、DataFrame和Dataset。

2）操作步骤

（1）创建SparkSession。

```
// 导入org.apache.spark.sql包下的SparkSession类
import org.apache.spark.sql.SparkSession;

// 创建一个名为DataTypeExample的Spark应用程序，并获取或创建一个新的SparkSession实例
SparkSession spark =
SparkSession.builder().appName("DataTypeExample").getOrCreate();
```

说明　创建了一个名为DataTypeExample的SparkSession，用于后续的数据操作。

（2）创建RDD。

```
// 创建一个整型数组data，包含5个元素
int[] data = {1, 2, 3, 4, 5};

// 使用Spark的parallelize方法将数组转换为RDD（弹性分布式数据集），并将结果赋值给rdd变量
// Arrays.asList(data)将数组转换为列表，以便parallelize方法可以处理
RDD<Integer> rdd = spark.parallelize(Arrays.asList(data));
```

说明　将一个整数数组转换为RDD，RDD是Spark的基本数据结构，用于分布式数据处理。

（3）创建DataFrame。

```
// 将数组转换为List<Integer>，以便后续创建DataFrame
List<Integer> dataList = Arrays.stream(data).boxed().collect(Collectors.toList());

// 使用Spark创建一个包含整数类型的DataFrame
Dataset<Row> df = spark.createDataFrame(dataList, Integer.class);

// 重命名DataFrame中的列名为number
df = df.withColumnRenamed("value", "number");
```

说明　将整数列表转换为DataFrame，DataFrame是一个以命名列的形式组织的数据结构，类似于关系数据库中的表。

（4）创建Dataset。

```
// 导入所需的类
import org.apache.spark.sql.Encoders;
import java.util.Arrays;

// 定义一个名为Number的case class，包含一个整数值
case class Number(value: Integer);

// 创建一个Encoder对象，用于将Number类的实例序列化为二进制格式
Encoder<Number> numberEncoder = Encoders.bean(Number.class);

// 使用Spark创建一个Dataset<Number>，其中包含由data数组转换而来的Number对象
Dataset<Number> ds =
spark.createDataset(Arrays.stream(data).mapToObj(Number::new), numberEncoder);
```

说明　将整数数组转换为自定义类型的Dataset，Dataset是一个强类型的分布式数据集，可以提供编译时类型安全。

练习 4：通过 Spark 进行词频统计

1）任务要求

用Spark进行词频统计。

2）操作步骤

（1）初始化应用。
（2）创建Spark应用程序。
（3）准备数据文件。
（4）运行程序。

3）参考代码

```
import org.apache.spark.SparkConf;
import org.apache.spark.api.java.JavaRDD;
import org.apache.spark.api.java.JavaSparkContext;
import org.apache.spark.api.java.function.FlatMapFunction;
import org.apache.spark.api.java.function.Function2;
import org.apache.spark.api.java.function.PairFunction;
import scala.Tuple2;

import java.util.Arrays;
import java.util.Iterator;
import java.util.List;

public class WordCount {
    public static void main(String[] args) {
        // 1. 初始化应用
        SparkConf conf = new
SparkConf().setAppName("WordCount").setMaster("local");
        JavaSparkContext sc = new JavaSparkContext(conf);

        // 2. 创建Spark应用程序
```

```
        // 3. 准备数据文件
        String inputFile = "input.txt"; // 假设输入的文件名为input.txt，内容为需要进行
词频统计的文本
        JavaRDD<String> lines = sc.textFile(inputFile);

        // 4. 运行程序
        // 切分每一行成单词
        JavaRDD<String> words = lines.flatMap(new FlatMapFunction<String,
String>() {
            @Override
            public Iterator<String> call(String line) throws Exception {
                return Arrays.asList(line.split(" ")).iterator();
            }
        });

        // 将每个单词映射为一个(key, value)对，其中key是单词，value是1
        JavaPairRDD<String, Integer> pairs = words.mapToPair(new
PairFunction<String, String, Integer>() {
            @Override
            public Tuple2<String, Integer> call(String word) throws Exception {
                return new Tuple2<>(word, 1);
            }
        });

        // 对所有相同的key进行value的累加
        JavaPairRDD<String, Integer> counts = pairs.reduceByKey(new
Function2<Integer, Integer, Integer>() {
            @Override
            public Integer call(Integer a, Integer b) throws Exception {
                return a + b;
            }
        });

        // 输出结果
        counts.saveAsTextFile("output"); // 假设输出目录为output，输出文件名为part-
00000等

        // 关闭Spark上下文
        sc.close();
    }
}
```

4）小结

本练习实现了一个简单的词频统计程序。首先，初始化了一个Spark应用程序，并读取了输入文件。然后，将每一行切分成单词，并将每个单词映射为一个键－值对（key为单词，value为1）。接着，使用reduceByKey函数对所有相同的key进行value的累加。最后，将结果保存到输出文件中，并关闭Spark上下文。

2.6　本章小结

本章主要介绍了Spark的安装以及对Spark的初步体验。Spark的安装可以分为普通安装以及通过Docker镜像安装。对于快速试用Spark，建议采用Docker镜像安装的方式。可以通过Shell的方式来使用Spark，也可以自己编写程序通过spark-submit来提交Spark任务。最后，对日志信息进行了详细的介绍。熟悉Spark的日志结构和常见日志模式有助于更快地识别和解决问题。通过本章的学习，我们已经掌握了Spark的基本安装和使用，为后续的深入学习打下了基础。

第 3 章

RDD基础编程

本章将深入探讨Apache Spark的核心概念之一——弹性分布式数据集（RDD）。RDD是Spark的基本数据结构，它提供了一种分布式的数据抽象，使得我们可以在大规模集群上进行并行计算。本章将介绍RDD的基本概念、特性、操作以及如何创建和操作RDD。此外，还将学习如何使用transformation和action操作来处理数据，以及如何利用惰性求值和持久化优化性能。最后，将了解如何在Spark中使用键—值对数据结构和共享变量。

3.1 了解 RDD 的基本概念

Spark中的RDD是Spark的核心抽象之一，它提供了一种不可变、分布式、容错的数据集合。RDD允许用户显式地将数据存储在集群中，以便在多个节点上进行并行操作。每个Spark应用程序都由一个驱动程序（Driver Program）组成，该驱动程序运行用户的主函数，并在群集上执行各种并行操作。有关驱动程序的运行原理，会在第4章详细介绍。

本节将详细阐述Spark RDD的基本概念，包括其定义、特性、操作、依赖关系、容错机制等。

3.1.1 RDD的定义

RDD是Spark中的一个核心概念，它代表一个不可变、可分区、其中的元素可并行计算的集合。RDD是分布式数据的一个抽象概念，提供了对数据的操作接口，但并不存储数据本身。实际上，RDD是通过一系列的transformation操作（转换）和action操作（行动）来定义和计算的。

在Spark产生之前，业界并不缺乏大数据处理工具，例如Hadoop、Pregel和Dryad等。这些工具的共同之处是，不同计算阶段之间会重用中间结果，即一个阶段的输出结果会作为下一个阶段的输入。但是，目前Hadoop的MapReduce框架都是把中间结果写入HDFS中，带来了大量的数据复制、磁盘IO和序列化开销。虽然Pregel等图计算框架也是将结果保存在内存中，但是这些框架只能支持一些特定的计算模式，并没有提供一种通用的数据抽象。因此，RDD就是为了满足这种需求而出现的，它提供了一个抽象的数据架构，使用者不必担心底层数据的分布式特性，只需将具体的应用逻辑表达为一系列转换处理，不同RDD之间的转换操作形成依赖关系，可以实现管道化，从而避免了中间结果的存储，极大地降低了数据复制、磁盘IO和序列化开销。

3.1.2 RDD的特性

RDD的特性如下。

- 不可变性：RDD是不可变的，一旦创建就不能被修改。这意味着一旦一个RDD被定义，其数据内容和结构就不能再被改变。然而，可以通过对RDD进行转换操作来生成新的RDD。
- 分布式：RDD中的数据是分布式的，存储在集群中的多个节点上。这使得RDD能够处理大规模数据集，并充分利用集群的计算资源。
- 可分区：RDD中的数据被划分为多个分区（Partition），每个分区可以在集群中的一个节点上进行处理。这种分区策略使得RDD的并行处理变得容易且高效。
- 可并行计算：由于RDD是可分区的，因此可以对其中的每个分区进行并行计算。这使得Spark能够充分利用集群的计算资源，加速数据处理速度。
- 容错性：Spark通过RDD的依赖关系（Dependency）来实现容错。当某个节点上的数据丢失或计算失败时，Spark可以根据RDD的依赖关系重新计算丢失的数据，确保计算的正确性。

3.1.3 RDD的操作

RDD支持两种类型的操作：transformation（转换）操作和action（行动）操作。

- transformation操作：transformation操作会生成一个新的RDD，但并不会立即计算结果。常见的transformation操作包括map、flatMap、filter、union、join等。这些操作都是惰性的（Lazy），即它们不会立即执行，而是等待action操作触发时才进行计算。
- action操作：action操作会触发Spark作业的执行，并返回结果给驱动程序。常见的行动操作包括reduce、collect、count、save等。

3.1.4 RDD的依赖关系

RDD之间的依赖关系是通过transformation操作建立的。每个RDD都保存了对其父RDD的引用以及一个由父RDD计算出当前RDD的函数。这种依赖关系有两种类型：窄依赖（Narrow Dependency）和宽依赖（Wide Dependency）。

- 窄依赖：窄依赖是指每个父RDD的分区最多被子RDD的一个分区使用。窄依赖的RDD之间的transformation操作是高效的，因为只需要扫描父RDD的一小部分数据。常见的窄依赖操作包括map、filter、union等。
- 宽依赖：宽依赖是指子RDD的分区依赖于父RDD的多个分区或多个父RDD的分区。宽依赖的RDD之间的transformation操作通常是低效的，因为需要扫描父RDD的所有数据。常见的宽依赖操作包括groupBy、join等。

如图3-1所示，map产生窄依赖，而join则产生宽依赖（除非父RDD被哈希分区）。

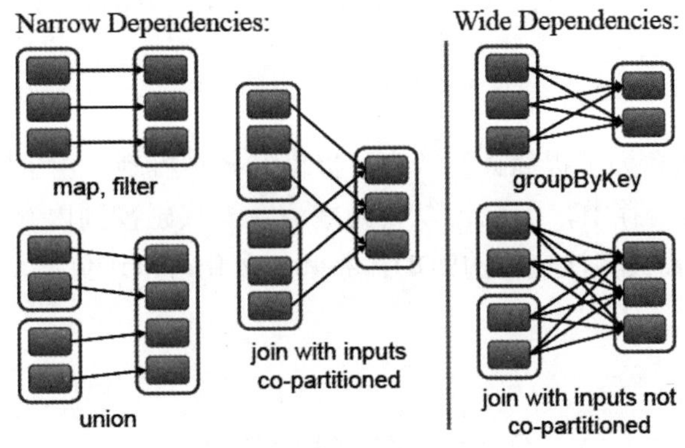

图 3-1　map 产生窄依赖，而 join 则产生宽依赖

区分窄依赖和宽依赖在Spark中非常重要。窄依赖允许在单个集群节点上以流水线（Pipeline）方式处理所有父分区的数据，例如，连续应用map和filter操作；而宽依赖则需要先计算所有父分区的数据，然后在节点间进行混洗（Shuffle），这与MapReduce的过程类似。此外，窄依赖在处理节点失效时更为高效，只需重新计算丢失的RDD分区的父分区，且不同节点可以并行进行计算。对于宽依赖，如果一个节点失效，可能会导致该RDD的所有祖先分区丢失，从而需要整个依赖关系的血缘图（Lineage）重新计算。

如图3-2所示是另一个窄依赖和宽依赖的例子（方框表示RDD，实心矩形表示分区）。

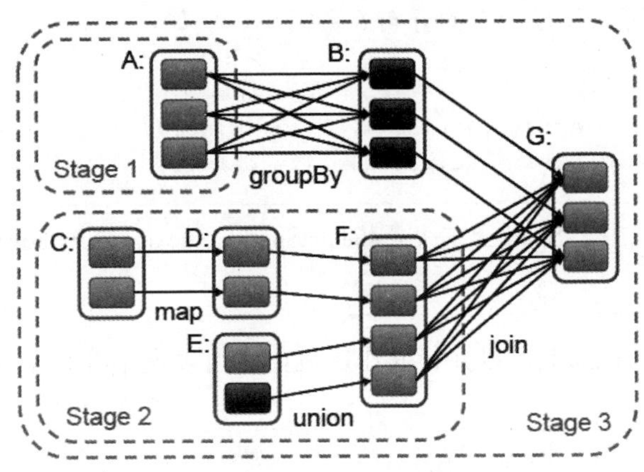

图 3-2　另一个窄依赖和宽依赖的例子

3.1.5　RDD的容错机制

Spark通过RDD的依赖关系来实现容错。当某个节点上的数据丢失或计算失败时，Spark可以根据RDD的依赖关系重新计算丢失的数据。具体来说，当Spark执行一个行动操作时，它会构建一个有向无环图（Directed Acyclic Graph，DAG）来描述RDD之间的依赖关系。然后，Spark使用这个DAG来调度任务的执行，并跟踪每个任务的状态。

如果某个任务失败，Spark会检查该任务所在的RDD的依赖关系，并找到需要重新计算的数据分区。然后，Spark会重新调度这些分区的计算任务，以确保整个作业的完成。由于RDD是不可变的，因此重新计算的数据分区不会影响已经计算完成的其他分区。

3.1.6 RDD的持久化

RDD的持久化是Spark为了提高计算效率而提供的一种机制。由于Spark是基于内存计算的框架，将RDD持久化在内存中，因此可以大大减少数据从磁盘到内存的读取时间，从而提高计算速度。此外，对于需要多次使用的RDD，将其持久化可以避免重复计算，进一步提高计算效率。

3.2 创建RDD

Spark RDD是一个可以并行操作的容错元素集合。有两种方式可以创建RDD：一是并行化驱动程序中的现有集合；二是引用外部存储系统中的数据集，如共享文件系统、HDFS、HBase或任何提供Hadoop InputFormat的数据源。本节详细介绍这两种方式。

3.2.1 并行化集合

并行化集合是通过在驱动程序的现有集合中调用Spark上下文的并行化方法来创建的。集合的元素被复制以形成可以并行操作的分布式数据集。例如，以下是创建一个包含数字1～5的并行集合的方法：

```
List<Integer> data = Arrays.asList(1, 2, 3, 4, 5);
JavaRDD<Integer> distData = sc.parallelize(data);
```

提示 在Java语言中，Spark上下文是指JavaSparkContext；在Python或Scala语言中，Spark上下文是指SparkContext。

一旦创建，RDD distData就可以并行操作。例如，可以调用distData.reduce方法来将列表中的元素相加，代码如下：

```
distData.reduce((a, b) -> a + b)
```

并行集合的一个关键参数是分区数，它决定了数据集将被分割成多少部分。在Spark中，每个分区将对应集群中的一个任务。通常，建议为集群中的每个CPU核心分配2到4个分区。Spark能够根据集群的规模自动推断合适的分区数，但用户也可以通过指定分区数来手动设置，例如使用sc.parallelize(data, 10)将数据并行化到10个分区。

3.2.2 读取外部数据集

Spark可以从Hadoop支持的任何存储源创建RDD，包括本地文件系统、HDFS、Cassandra、HBase、Amazon S3等。Spark支持文本文件、SequenceFile和任何其他Hadoop InputFormat。

文本文件RDD可以使用SparkContext的textFile方法创建。此方法用于获取文件的URI（计算机上的本地路径，或hdfs://、s3a://等URI），并将其作为行集合读取，示例如下：

```
JavaRDD<String> distFile = sc.textFile("data.txt");
```

创建distFile后，数据集操作就可以对其进行操作。例如，使用map和reduce操作将所有行的大小相加，代码如下：

```
distFile.map(s -> s.length()).reduce((a, b) -> a + b);
```

使用Spark读取文件的一些注意事项：如果使用本地文件系统上的路径，则该文件必须在worker节点上的同一路径上可访问。为确保这一点，可以将文件复制到所有worker节点，或者使用网络文件系统实现文件共享。

Spark的所有基于文件的输入方法，包括textFile，都支持在目录、压缩文件和通配符上运行。例如，可以使用以下三种方法：

```
textFile("/my/directory")
textFile("/my/directory/*.txt")
textFile("/my/directory/*.gz")
```

textFile方法还采用可选的第二个参数来指定文件的分区数。默认情况下，Spark为文件的每个块创建一个分区（在HDFS中，块默认为128MB），但也可以通过传递更大的值来要求更大数量的分区。请注意，分区不能少于块。

3.3　操作 RDD

正如前文介绍的，RDD支持两种类型的操作：transformation操作和action操作。其中，transformation操作是从现有数据集创建新的数据集，而action操作是在数据集上进行运算后，向驱动程序返回值。例如，map是一种transformation操作，它将每个数据集元素传递给一个函数，并返回表示结果的新RDD。另外，reduce是一种使用某些函数聚合RDD的所有元素并将最终结果返回驱动程序的action操作。

图3-3展示了RDD的操作流程。

在Spark的世界里，所有transformation操作都遵循惰性执行原则，它们并不急于立即计算结果，而是仅仅记录下对基础数据集（例如文件）所应用的操作。这种策略使得Spark能够在真正需要结果时才触发计算过程，从而实现资源的高效利用。以map操作为例，其结果数据集通常用于后续的reduce操作，而Spark只会将reduce的最终结果发送回驱动程序，而非整个庞大的映射数据集。

默认情况下，每次在transformation操作后的RDD上执行action（行动）操作时，Spark都可能重新计算该RDD。但是，通过使用persist或cache方法，可以将RDD持久化到内存中，这样，当再次需要这些数据时，Spark能够迅速地从内存中检索，而不是重新计算。此外，Spark还提供了将RDD持久化到磁盘或跨节点复制的选项，进一步优化了性能和资源管理。这种智能的持久化策略，确保了Spark在处理大规模数据时的灵活性和高效性。

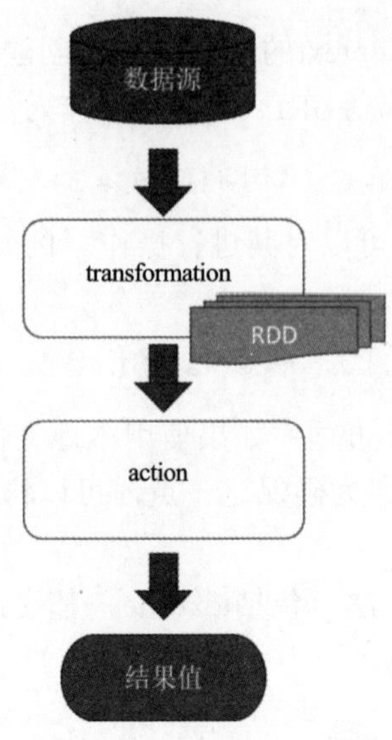

图 3-3　RDD 的操作流程

3.4　实战：transformation 操作

本节通过几个示例来了解transformation操作的用法和含义。本节展示的示例，均可以在源码JavaRddBasicOperationTransformationSample.java中找到。可以通过以下命令来执行示例：

```
spark-submit --class com.waylau.spark.java.samples.rdd.
JavaRddBasicOperationTransformationSample spark-java-samples-1.0.0.jar
```

该命令允许将Spark应用程序作为一个作业提交给Spark集群进行执行。

命令说明：

- --class：这个选项用来指定Java或Scala应用程序的 main 类的完全限定名。在这个例子中，com.waylau.spark.java.samples.rdd.JavaRddBasicOperationTransformationSample是Java应用程序的main类的名称，这个类包含Spark作业的入口点。
- spark-java-samples-1.0.0.jar：这是包含Spark应用程序的JAR文件的路径。当用户构建Spark应用程序时，所有的依赖和应用程序代码会被打包成一个JAR文件。这个JAR文件随后被提交给Spark集群执行。

spark-submit是Apache Spark的一个命令行工具，用于提交Spark应用程序。上述命令的作用是告诉Spark系统，使用指定的JAR文件中的main类来启动一个Spark作业。这个命令通常在命令行中执行，可能是在一个已经配置了Spark环境的机器上。

3.4.1　map

在Spark中，map是一个非常重要的转换（transformation）操作，它应用于弹性分布式数据集（RDD）或数据帧（DataFrame）上。map操作允许用户对数据集中的每个元素应用一个函数，并返回一个新的数据集，例如用于将一个RDD中的每个元素通过指定的函数转换成另一个RDD。

map通常用于数据清洗、转换字段、提取信息等场景。例如，可以使用map来提取一个字符串数组中的特定字段，或者将一个数字转换为它的平方。

在创建RDD前，首先要构建Spark上下文，示例如下：

```
// 构建一个包含Spark应用程序信息的SparkConf对象
SparkConf conf = new SparkConf()
        .setAppName("JavaRddBasicOperationTransformationSample")    // 设置应用名称
        .setMaster("local[4]");                                      // 本地4核运行

// 创建一个JavaSparkContext对象，告诉Spark如何访问群集
JavaSparkContext sparkContext = new JavaSparkContext(conf);
```

接着通过Spark上下文来创建RDD，示例如下：

```
// 创建一个包含字符串的JavaRDD
List<String> bookList = Arrays.asList("分布式系统常用技术及案例分析",
        "Spring Boot 企业级应用开发实战",
        "Spring Cloud 微服务架构开发实战",
        "Spring 5 开发大全",
        "Cloud Native 分布式架构原理与实践",
        "Java核心编程",
        "轻量级Java EE企业应用开发实战",
        "鸿蒙HarmonyOS应用开发入门");
JavaRDD<String> bookRDD = sparkContext.parallelize(bookList);

// map转换用于将一个RDD中的每个元素通过指定的函数转换成另一个RDD
JavaRDD<Integer> bookLengths = bookRDD.map(s -> s.length());

// collect动作获取结果并打印
List<Integer> bookLengthsList = bookLengths.collect();
for (Integer bookLength : bookLengthsList) {
    System.out.println(bookLength);
}
```

上述示例通过map将文件从RDD bookRDD转换为表示行字符数的RDD bookLengths。最终，通过collect动作将RDD bookLengths转换为List并打印出列表中的每个元素。

最终，bookLengths的打印结果如下：

```
14
21
22
13
23
8
18
17
```

当然，为了及时释放最终资源，在应用执行完成之后，需要调用stop方法，代码如下：

```
// 关闭JavaSparkContext
sparkContext.close();
```

3.4.2　filter

filter允许用户根据指定的条件来选择数据集中的元素，生成一个新的数据集，其中只包含满足条件的元素。通常将filter用于数据清洗和数据子集的提取。例如，可以使用filter来选择年龄大于某个特定值的所有用户记录，或者选择特定日期之后的所有交易记录。

例如，使用filter操作生成过滤后的新RDD：

```
// 创建一个包含字符串的JavaRDD，包括一些空字符串
List<String> bookWithEmptyList = Arrays.asList("分布式系统常用技术及案例分析",
        "",
        "Spring Cloud 微服务架构开发实战",
        "Spring 5 开发大全",
        null,
        "Java核心编程",
        "轻量级Java EE企业应用开发实战",
        "鸿蒙HarmonyOS应用开发入门");
JavaRDD<String> bookWithEmptyRDD = sparkContext.parallelize(bookWithEmptyList);

// 使用filter操作过滤出非空的字符串
JavaRDD<String> nonEmptyLinesRDD = bookWithEmptyRDD.filter(line -> line != null
&& !line.isEmpty());

// 收集结果并打印
List<String> nonEmptyLines = nonEmptyLinesRDD.collect();
for (String line : nonEmptyLines) {
   System.out.println(line);
}
```

上述示例通过使用filter操作过滤出非空的字符串。

最终，nonEmptyLines的打印结果如下：

```
分布式系统常用技术及案例分析
Spring Cloud 微服务架构开发实战
Spring 5 开发大全
Java核心编程
轻量级Java EE企业应用开发实战
鸿蒙HarmonyOS应用开发入门
```

filter操作和map操作的区别是，map会对数据集中的每个元素应用一个函数，并返回一个新的元素，而filter操作则是根据函数的返回值来决定是否保留元素的。

3.4.3　flatMap

flatMap转换类似于map，但每个输入项都可以映射到0个或多个输出项。示例如下：

```
// 创建一个包含单词列表的RDD
List<List<String>> fruitList = Arrays.asList(
        Arrays.asList("apple", "banana"),
        Arrays.asList("orange", "grape"),
        Arrays.asList("kiwi")
);

JavaRDD<List<String>> rddFruitList = sparkContext.parallelize(fruitList);

// 使用 flatMap 将每个列表的单词转换为一个 RDD
JavaRDD<String> flatMapRDD = rddFruitList.flatMap(list -> list.iterator());

// collect动作获取结果并打印
List<String> fruitReusltList = flatMapRDD.collect();
for (String fruit : fruitReusltList) {
    System.out.println(fruit);
}
```

上述示例通过flatMap将包含每个列表的RDD rddFruitList都转换为一个RDD flatMapRDD。

最终，fruitReusltList的打印结果如下：

```
apple
banana
orange
grape
kiwi
```

3.4.4 sample

sample操作用于从一个RDD随机抽取一部分数据。这在处理大数据集时非常有用，因为它允许用户快速获取一个较小的样本集来进行测试或分析。示例如下：

```
// 创建一个包含整数的JavaRDD
List<Integer> integerList = Arrays.asList(1, 2, 3, 4, 5, 6, 7, 8, 9, 10);
JavaRDD<Integer> numbersRDD = sparkContext.parallelize(integerList);
// 使用sample操作随机抽取一部分数据，这里抽取30%的数据
// 使用false作为第二个参数表示不使用替换（即无放回抽样）
// 如果第二个参数设置为true，则表示使用替换（即有放回抽样）
JavaRDD<Integer> sampledRDD = numbersRDD.sample(false, 0.3, 12345); // 12345是随
机种子

// 收集结果并打印
List<Integer> sampledNumbers = sampledRDD.collect();
for (Integer number : sampledNumbers) {
    System.out.println(number);
}
```

在这个示例中，首先创建了一个包含整数的JavaRDD。然后，使用sample操作从这个RDD中随机抽取了30%的数据。注意，sample方法有以下三个参数：

- 第一个参数是一个布尔值，表示是否使用替换（即是否进行有放回抽样）。如果为false，则进行无放回抽样；如果为true，则进行有放回抽样。

- 第二个参数是抽取的比例，即要抽取的样本大小占原始RDD的比例。这个值应该介于0和1之间。
- 第三个参数是一个随机种子，用于控制随机数的生成。如果使用相同的随机种子，那么每次运行程序时抽取的样本都会相同（假设原始RDD没有变化）。如果不提供随机种子，那么Spark会使用一个默认的随机种子。

最终，sampledNumbers的打印结果如下：

```
1
5
7
9
```

3.4.5 union

对于RDD的合并，通常使用union。示例如下：

```
// 创建两个List，每个List包含一些整数
List<Integer> data1 = Arrays.asList(1, 2, 3);
List<Integer> data2 = Arrays.asList(4, 5, 6);

// 将List转换为JavaRDD
JavaRDD<Integer> rdd1 = sparkContext.parallelize(data1);
JavaRDD<Integer> rdd2 = sparkContext.parallelize(data2);

// 使用union操作合并两个RDD
JavaRDD<Integer> unionedRDD = rdd1.union(rdd2);

// 收集结果并打印
List<Integer> unionedData = unionedRDD.collect();
for (Integer number : unionedData) {
    System.out.println(number);
}
```

在上面的示例中，创建了两个包含整数的JavaRDD。然后，使用union将这两个RDD合并成一个新的RDD。

合并后的RDD包含两个原始RDD中的所有元素，并且这些元素在合并后的RDD中的顺序可能与原始RDD中的顺序不同，因为Spark可能会对数据重新分区和重新排序以进行并行处理。最后，收集并打印合并后的RDD中的数据。unionedData的打印结果如下：

```
1
2
3
4
5
6
```

3.4.6 distinct

distinct操作通常用于消除RDD中的重复项。示例如下：

```
    // 创建一个包含重复元素的列表
    List<Integer> duplicatedIntegerList = Arrays.asList(1, 2, 2, 3, 4, 4, 5, 5, 5);
    // 将列表转换为RDD
    JavaRDD<Integer> duplicatedIntegerRDD =
sparkContext.parallelize(duplicatedIntegerList);
    // 对RDD执行distinct操作，以消除重复项
    JavaRDD<Integer> distinctRDD = duplicatedIntegerRDD.distinct();
    // 收集结果并打印
    List<Integer> distinctIntegerList = distinctRDD.collect();
    for (Integer number : distinctIntegerList) {
       System.out.println(number);
    }
```

在这个示例中，首先创建一个包含重复元素的列表。接着，使用parallelize()方法将列表转换为RDD，并使用distinct()方法来消除重复项。最后，使用collect()方法将结果从RDD收集回驱动程序，并打印它们，打印结果如下：

```
    4
    1
    5
    2
    3
```

3.4.7 groupByKey

groupByKey操作用于将具有相同键的值组合在一起。示例如下：

```
    // 创建一个包含键-值对的列表
    List<Tuple2<String, Integer>> tuple2List = Arrays.asList(new Tuple2<>("A", 1),
new Tuple2<>("B", 2),
       new Tuple2<>("A", 3), new Tuple2<>("C", 4), new Tuple2<>("B", 5));
    // 将列表转换为JavaPairRDD
    JavaPairRDD<String, Integer> pairRDD = sparkContext.parallelizePairs(tuple2List);
    // 使用groupByKey()操作按键进行分组
    JavaPairRDD<String, Iterable<Integer>> groupedRDD = pairRDD.groupByKey();
    // 转换分组后的数据为列表形式以便查看（注意：在实际应用中可能不需要这样做）
    JavaRDD<String> resultRDD = groupedRDD.map(pair -> {
       StringBuilder sb = new StringBuilder();
       sb.append(pair._1()).append(": [");
       for (Integer value : pair._2()) {
          sb.append(value).append(", ");
       }
       if (pair._2().iterator().hasNext()) {
          // 移除最后一个逗号和空格
          sb.setLength(sb.length() - 2);
       }
       sb.append("]");
       return sb.toString();
```

```
});

// 收集结果并打印
List<String> results = resultRDD.collect();
for (String result : results) {
   System.out.println(result);
}
```

在这个示例中，首先创建了一个包含键－值对的列表，其中键是字符串，值是整数。然后，使用parallelizePairs()方法将列表转换为JavaPairRDD。JavaPairRDD代表键－值对的RDD。接着，调用groupByKey()方法，该方法返回一个新的JavaPairRDD，其中每个键与包含该键所有值的可迭代对象相关联。

最后，使用map()操作来转换分组后的数据，以便以字符串形式查看结果。使用collect()方法将结果从RDD收集回驱动程序，并打印它们，打印结果如下：

```
A: [1, 3]
B: [2, 5]
C: [4]
```

3.5 实战：action 操作

本节通过几个示例来了解action操作的用法和含义。本节所展示的示例，均可以在源码JavaRddBasicOperationActionSample.java中找到。可以通过以下命令来执行示例：

```
spark-submit --class com.waylau.spark.java.samples.rdd.
JavaRddBasicOperationActionSample spark-java-samples-1.0.0.jar
```

3.5.1 collect

collect操作用于将RDD的所有元素收集并返回为一个集合List，在前面的章节中也涉及比较多。示例如下：

```
// 创建一个包含字符串的JavaRDD
List<String> bookList = Arrays.asList("分布式系统常用技术及案例分析",
        "Spring Boot 企业级应用开发实战",
        "Spring Cloud 微服务架构开发实战",
        "Spring 5 开发大全",
        "Cloud Native 分布式架构原理与实践",
        "Java核心编程",
        "轻量级Java EE企业应用开发实战",
        "鸿蒙HarmonyOS应用开发入门");
JavaRDD<String> bookRDD = sparkContext.parallelize(bookList);

// map转换用于将一个RDD中的每个元素通过指定的函数转换成另一个RDD
JavaRDD<Integer> bookLengths = bookRDD.map(s -> s.length());

// collect动作获取结果并打印
List<Integer> bookLengthsList = bookLengths.collect();
```

```
for (Integer bookLength : bookLengthsList) {
    System.out.println(bookLength);
}
```

上述示例通过map操作将文件从RDD bookRDD转换为表示行字符数的RDD bookLengths。最终，通过collect操作将RDD bookLengths转换为List并打印出列表中的每个元素。

最终，bookLengths的打印结果如下：

```
14
21
22
13
23
8
18
17
```

3.5.2　reduce

reduce操作是一个常见的聚合操作，用于将RDD中的所有元素聚合成单个值。示例如下：

```
// 创建一个包含一些整数的列表
List<Integer> numbers = Arrays.asList(1, 2, 3, 4, 5, 6, 7, 8, 9, 10);
// 将列表转换为JavaRDD
JavaRDD<Integer> rdd = sparkContext.parallelize(numbers);
// 使用reduce操作计算所有数字的总和
Integer sum = rdd.reduce(Integer::sum);
// 打印结果
System.out.println(sum);
```

上述示例使用reduce操作计算所有数字的总和。

最终，sum打印结果如下：

```
55
```

3.5.3　count

count操作用于计算RDD中的元素数量。示例如下：

```
// 创建一个包含一些字符串的列表
List<String> fruitList = Arrays.asList("apple", "banana", "cherry", "date",
"elderberry");
// 将列表转换为JavaRDD
JavaRDD<String> fruitRdd = sparkContext.parallelize(fruitList);
// 使用count操作计算RDD中的元素数量
long count = fruitRdd.count();
// 打印结果
System.out.println(count);
```

上述示例通过使用count操作计算RDD中的元素数量。

最终，count打印结果如下：

```
5
```

3.5.4 first

first操作通常用于从RDD中获取第一个元素。示例如下：

```
// 创建一个包含整数的JavaRDD
List<Integer> integerList = Arrays.asList(1, 2, 3, 4, 5, 6, 7, 8, 9, 10);
JavaRDD<Integer> numbersRDD = sparkContext.parallelize(integerList);

// 使用first操作获取RDD中的第一个元素
Integer firstNumber = numbersRDD.first();

// 打印结果
System.out.println(firstNumber);
```

上述示例通过使用first操作获取RDD中的第一个元素。

最终，firstNumber的打印结果如下：

```
1
```

3.5.5 take

take操作是RDD上的一个常用方法，用于从RDD中取出前n个元素。示例如下：

```
// 创建一个包含字符串的JavaRDD
List<String> bookList = Arrays.asList("分布式系统常用技术及案例分析",
        "Spring Boot 企业级应用开发实战",
        "Spring Cloud 微服务架构开发实战",
        "Spring 5 开发大全",
        "Cloud Native 分布式架构原理与实践",
        "Java核心编程",
        "轻量级Java EE企业应用开发实战",
        "鸿蒙HarmonyOS应用开发入门");
JavaRDD<String> bookRDD = sparkContext.parallelize(bookList);

// 使用take操作取出前3个元素
List<String> firstThreebookList = bookRDD.take(3);

// 打印结果
for (String book : firstThreebookList) {
    System.out.println(book);
}
```

在上面的示例中，使用take操作从RDD中取出前3个元素，并将它们存储在一个列表中。

最终，firstThreebookList的打印结果如下：

```
分布式系统常用技术及案例分析
Spring Boot 企业级应用开发实战
Spring Cloud 微服务架构开发实战
```

3.5.6　foreach

foreach是一个RDD上的操作，它允许用户对RDD中的每个元素执行一个操作，但不返回任何结果。示例如下：

```
// 创建一个包含字符串的JavaRDD
List<String> bookList = Arrays.asList("分布式系统常用技术及案例分析",
        "Spring Boot 企业级应用开发实战",
        "Spring Cloud 微服务架构开发实战",
        "Spring 5 开发大全",
        "Cloud Native 分布式架构原理与实践",
        "Java核心编程",
        "轻量级Java EE企业应用开发实战",
        "鸿蒙HarmonyOS应用开发入门");
JavaRDD<String> bookRDD = sparkContext.parallelize(bookList);

// 使用foreach操作打印每本书
bookRDD.foreach(book -> System.out.println(book));
```

在这个示例中，使用foreach操作打印每本书，打印结果如下：

```
Cloud Native 分布式架构原理与实
Spring Cloud 微服务架构开发实
Spring 5 开发大全
轻量级Java EE企业应用开发实战
Java核心编程
鸿蒙HarmonyOS应用开发入门
分布式系统常用技术及案例分析
Spring Boot 企业级应用开发实战
```

3.5.7　saveAsTextFile

saveAsTextFile会将RDD保存为文本文件。示例如下：

```
// 创建一个包含字符串的JavaRDD
List<String> bookList = Arrays.asList("分布式系统常用技术及案例分析",
        "Spring Boot 企业级应用开发实战",
        "Spring Cloud 微服务架构开发实战",
        "Spring 5 开发大全",
        "Cloud Native 分布式架构原理与实践",
        "Java核心编程",
        "轻量级Java EE企业应用开发实战",
        "鸿蒙HarmonyOS应用开发入门");
JavaRDD<String> bookRDD = sparkContext.parallelize(bookList);

// 使用saveAsTextFile方法将RDD保存为文本文件
// saveAsTextFile会创建一个目录，文件将保存在该目录下，每个分区一个文件
String outputPath = "output/textBookRDD"; // 指定输出目录
bookRDD.saveAsTextFile(outputPath);
```

在这个示例中，使用saveAsTextFile方法将RDD保存为文本文件。

输出目录的文件结构如下：

```
ls -1 output/textBookRDD/
part-00000
part-00001
part-00002
part-00003
_SUCCESS
```

3.6 惰性求值

Spark的惰性求值（Lazy Evaluation）是Spark编程模型中的一个核心概念，尤其是在处理RDD时。惰性求值意味着，当对RDD执行transformation操作（如map、flatMap、filter等）时，这些操作并不会立即执行，而是被Spark记录下来，形成一个操作的有向无环图。只有当执行action操作（如collect、count、saveAsTextFile等）时，Spark才会从输入数据开始，按照有向无环图中定义的transformation操作顺序，实际计算得到结果。

惰性求值带来了以下几个主要的好处。

- 优化：由于Spark记录了所有的transformation操作，它可以在实际执行之前对这些操作进行优化，例如合并一些可以合并的操作，减少数据在节点之间的传输等。
- 容错：如果某个节点在执行过程中失败，Spark可以利用RDD的谱系图（Lineage Graph）来重新计算丢失的分区，而不需要重新计算整个RDD。
- 延迟执行：在某些情况下，可能并不真正需要执行某个RDD上的所有操作。通过惰性求值，可以定义一系列的transformation操作，但只有在真正需要结果时，这些操作才会被执行。

然而，惰性求值也带来了一些需要注意的问题。

- 理解有向无环图：为了有效地利用惰性求值，需要理解RDD操作是如何形成有向无环图的，以及这些操作是如何影响性能的。
- 避免过大的有向无环图：如果有向无环图过大，那么优化和执行这个有向无环图可能会变得非常耗时。因此，可能需要定期将中间结果写入外部存储（如HDFS），以减少有向无环图的大小。
- 内存管理：由于Spark在执行transformation操作时并不真正处理数据，因此它可能会使用大量的内存来存储这些操作。如果内存不足，可能会导致性能下降或程序崩溃。

总的来说，惰性求值是Spark实现大规模数据处理和计算优化的关键机制之一。但是，为了有效地利用它，需要对Spark的编程模型和内存管理有深入的理解。

3.7　函数式编程

Spark提供了多种编程接口，其中最核心且常用的是基于函数式编程的RDD API。

RDD是Spark中的基本数据结构，它表示一个不可变、可分区、其中的元素可并行计算的集合。RDD的操作是函数式的，因为它支持高阶函数（即函数作为参数或返回值的函数）。

函数式编程在RDD中的体现如下。

- 不可变性：RDD一旦被创建，就不能被修改。这保证了并行计算的正确性，因为不需要担心数据在并行计算过程中被其他线程修改。
- transformation操作：RDD支持一系列的transformation操作，如map、flatMap、filter等。这些操作都是函数式的，因为它们接收一个函数作为参数，并应用这个函数到RDD的每个元素上。
- 惰性求值：transformation操作是惰性的，即它们不会立即执行。相反，它们会创建一个新的RDD，表示应用transformation操作后的结果。只有当执行一个action操作时，Spark才会计算RDD的值。
- 容错性：由于RDD的不可变性和transformation操作的确定性，Spark可以很容易地重新计算丢失的数据分区，从而实现容错性。
- lambda函数：Spark支持Lambda表达式来简洁地编写函数。

3.8　持　久　化

在Apache Spark中，RDD的持久化（也称为缓存）是一个重要的概念，它允许用户将RDD存储在内存中，以便在后续的计算中重用，从而加快数据处理速度。

3.8.1　RDD持久化的基本概念

RDD的持久化是Spark为了提高计算效率而提供的一种机制。由于Spark是基于内存计算的框架，将RDD持久化到内存中可以大大减少数据从磁盘到内存的读取时间，从而提高计算速度。此外，对于需要多次使用的RDD，将其持久化可以避免重复计算，进一步提高计算效率。

持久化有以下优势。

- 提高性能：通过将RDD的数据持久化到内存中，可以避免重复计算同一份数据，从而提高计算效率。
- 减少数据丢失风险：将数据持久化到磁盘中可以避免在计算过程中数据丢失的风险，以保证数据的完整性。
- 优化内存使用：持久化机制可以控制RDD在内存中的存储级别，可以根据实际情况选择是否需要持久化数据，从而优化内存使用。

- 支持容错性：持久化机制可以确保在计算过程中发生故障时，可以通过重新计算来恢复数据，以保证计算的正确性。

3.8.2 RDD持久化的方法

RDD的持久化可以通过cache()或persist()方法来实现。这两个方法的作用是将RDD标记为持久化，但并不会立即进行持久化操作。实际上，持久化操作会在遇到第一个action操作时触发。这是因为Spark采用了延迟执行的策略，只有在遇到action操作时才会真正开始计算。

dcache()方法是最简单的持久化方法，它使用默认的存储级别（StorageLevel.MEMORY_ONLY）将数据保存在内存中。如果内存不足以容纳所有数据，那么部分数据可能会被丢弃。

apersist()方法允许用户指定存储级别，以便更灵活地控制数据的存储位置和方式。Spark提供了多种存储级别，包括MEMORY_ONLY、MEMORY_AND_DISK、DISK_ONLY等。用户可以根据需要选择合适的存储级别。

3.8.3 RDD持久化的存储级别

Spark提供了多种存储级别，用于控制RDD的持久化行为。这些存储级别决定了数据在内存中的存储方式、是否溢写到磁盘以及数据的序列化方式等。以下是一些常用的存储级别。

- MEMORY_ONLY：将数据存储到内存中。如果内存不足以容纳所有数据，则部分数据可能会被丢弃。
- EMEMORY_AND_DISK：将数据存储到内存中，如果内存不足以容纳所有数据，则将剩余数据溢写到磁盘上。
- EMEMORY_ONLY_SER：将数据序列化后存储到内存中。序列化可以节省空间，但可能会增加计算时间。
- EMEMORY_AND_DISK_SER：将数据序列化后存储到内存中，如果内存不足以容纳所有数据，则将剩余数据溢写到磁盘上。
- EDISK_ONLY：将数据存储到磁盘上。

3.8.4 RDD持久化的使用场景

RDD的持久化主要适用于以下场景：

- 当一个RDD需要被多次使用时，可以将其持久化到内存中，以避免重复计算。
- 当一个RDD的计算成本很高时，可以将其持久化到内存中，以便在后续的计算中重用。
- 当需要快速交互式查询时，可以将数据持久化到内存中，以提高查询速度。

3.8.5 RDD持久化的注意事项

在使用RDD的持久化时，需要注意以下几点：

- 持久化会消耗集群的存储资源，因此需要合理评估集群的存储能力，避免因为存储不足而导致计算失败。
- 不同的存储级别对计算性能的影响不同，需要根据实际情况选择合适的存储级别。
- 持久化操作并不会立即执行，而是在遇到第一个action操作时触发。因此，在调用cache()或persist()方法后，需要确保后续有action操作来触发持久化。
- 持久化的RDD在Spark应用程序的生命周期内有效，如果应用程序结束，则持久化的RDD会被自动清除。如果需要跨多个应用程序共享数据，可以考虑使用外部存储系统（如HDFS、Parquet等）。

3.8.6　删除数据

Spark自动监控每个节点上的缓存使用情况，并以最近最少使用（Least Recently Used，LRU）的方式删除旧的数据分区。如果想手动删除RDD，而不是等待它从缓存中释放出来，可以使用RDD的unconsist()方法。

需要注意的是，默认情况下，unconsist()方法不会阻塞。想要阻塞直到资源释放，可以在调用此方法时指定参数blocking为true。

3.9　实战：持久化

本节通过示例演示如何创建、持久化并使用RDD，以及取消持久化。

本节示例JavaRddPersistenceSample.java代码如下：

```
package com.waylau.spark.java.samples.rdd;

import java.util.Arrays;
import java.util.List;

import org.apache.spark.SparkConf;
import org.apache.spark.api.java.JavaRDD;
import org.apache.spark.api.java.JavaSparkContext;
import org.apache.spark.storage.StorageLevel;

public class JavaRddPersistenceSample {

    public static void main(String[] args) {
        // 构建一个包含Spark应用程序信息的SparkConf对象
        // 设置应用名称
        SparkConf conf = new SparkConf().setAppName("JavaRddPersistenceSample")
                .setMaster("local[4]"); // 本地4核运行

        // 创建一个JavaSparkContext对象，告诉Spark如何访问群集
        JavaSparkContext sparkContext = new JavaSparkContext(conf);
```

```
        // 创建一个包含字符串的JavaRDD
        List<String> bookList = Arrays.asList("分布式系统常用技术及案例分析",
                "Spring Boot 企业级应用开发实战",
                "Spring Cloud 微服务架构开发实战",
                "Spring 5 开发大全",
                "Cloud Native 分布式架构原理与实践",
                "Java核心编程",
                "轻量级Java EE企业应用开发实战",
                "鸿蒙HarmonyOS应用开发入门");
        JavaRDD<String> bookRDD = sparkContext.parallelize(bookList);

        // 持久化RDD，这里使用MEMORY_ONLY作为存储级别
        bookRDD.persist(StorageLevel.MEMORY_ONLY());

        // map转换用于将一个RDD中的每个元素通过指定的函数转换成另一个RDD
        JavaRDD<Integer> bookLengths = bookRDD.map(s -> s.length());

        // collect动作获取结果并打印
        List<Integer> bookLengthsList = bookLengths.collect();
        for (Integer bookLength : bookLengthsList) {
            System.out.println(bookLength);
        }

        System.out.println("------------------------------");

        // 假设我们再次需要原始RDD的数据，但由于它已经被持久化，因此不需要重新计算
        List<String> persistBookList = bookRDD.collect();

        // 打印结果
        for (String book : persistBookList) {
            System.out.println(book);
        }

        System.out.println("------------------------------");

        // 取消持久化
        bookRDD.unpersist(true); // 阻塞

        // 关闭JavaSparkContext
        sparkContext.close();
    }

}
```

在这个示例中，首先创建了一个包含书籍名称的Java列表，并将其转换为一个RDD。然后，使用persist()方法将RDD持久化到内存中，这里使用了StorageLevel.MEMORY_ONLY()。接着，对RDD执行了一个map操作，统计书名的长度，并收集结果打印。然后，再次收集原始RDD的数据（由于它已经被持久化，因此不需要重新计算），并打印结果。

最后，使用unpersist取消持久化，并关闭JavaSparkContext，释放Spark资源。

3.10　共享变量

在Spark中，RDD是数据的主要抽象，但有时我们需要在多个任务之间共享某些变量，或者在任务和任务的控制节点之间共享变量。为了满足这种需求，Spark提供了两种类型的共享变量：广播变量（Broadcast Variable）和累加器（Accumulator）。

3.10.1　广播变量

广播变量主要用于在集群的所有节点之间高效分发大对象，以便在每个任务中使用。这样可以减少每个任务获取变量的开销，提高运行效率。它允许开发者将一个只读变量缓存到每个节点（Executor）上，而不是每个任务（Task）传递一个副本。

1. 实现原理

当Spark在集群的多个不同节点的多个任务上并行运行一个函数时，它会把函数中涉及的每个变量在每个任务上都生成一个副本。但对于大对象，这会导致大量的网络IO开销。

Spark的广播变量并不会把变量的副本分发到每个Task中，而是将其分发到每个Executor，Executor中的所有Task共享一个副本变量。

2. 使用场景

当需要在集群的所有节点上共享一个只读的大对象时，可以使用广播变量。

3. 使用示例

广播变量是通过调用SparkContext.broadcast(T, scala.reflect.ClassTag<T>)创建的，广播变量的值可以通过调用value方法访问。下面的例子显示了这一点：

```
package com.waylau.spark.java.samples.broadcast;

import java.util.Arrays;
import java.util.List;

import org.apache.spark.SparkConf;
import org.apache.spark.api.java.JavaRDD;
import org.apache.spark.api.java.JavaSparkContext;
import org.apache.spark.broadcast.Broadcast;

public class BroadcastSample {

    public static void main(String[] args) {
        // 构建一个包含Spark应用程序信息的SparkConf对象
        SparkConf conf = new SparkConf()
                .setAppName("BroadcastSample")          // 设置应用名称
                .setMaster("local[4]");                 // 本地4核运行
```

```
        // 创建一个JavaSparkContext对象，告诉Spark如何访问集群
        JavaSparkContext sparkContext = new JavaSparkContext(
                conf);

        // 创建RDD
        List<Double> data = Arrays.asList(1.1D, 2.2D, 3.3D,
                4.4D, 5.5D, 6.5D);
        JavaRDD<Double> rdd = sparkContext.parallelize(data,
                5);

        // 创建Broadcast
        List<Integer> broadcastData = Arrays.asList(1, 2, 3,
                4, 5);
        final Broadcast<List<Integer>> broadcast = sparkContext
                .broadcast(broadcastData);

        // 获取Broadcast值
        rdd.foreach(x -> {
            System.out.println("broadcast id: "
                    + broadcast.id() + ", value: "
                    + broadcast.value());
        });

        // 关闭JavaSparkContext
        sparkContext.close();
    }

}
```

运行应用后，可以看到控制台输出如下：

```
broadcast id: 0, value: [1, 2, 3, 4, 5]
broadcast id: 0, value: [1, 2, 3, 4, 5]
broadcast id: 0, value: [1, 2, 3, 4, 5]
broadcast id: 0, value: [1, 2, 3, 4, 5]
```

创建广播变量后，应在群集上运行的任何函数中使用该广播变量，而不是直接使用广播变量的值，以使广播变量的值不会被多次发送到节点。此外，广播变量在被广播后，不应修改它，以确保所有节点都能获得广播变量的相同值。

广播变量的id属性是广播变量的唯一标识符。

3.10.2　累加器

累加器通常用于记录任务执行过程中的统计信息，如计数、求和等。累加器是在驱动程序中定义的变量，它只支持在驱动程序端进行累加操作，在Executor端只能向它添加数据。

1. 实现原理

在向Spark传递函数时（如使用map函数或filter函数时），可以使用在驱动程序程序中定义

的累加器变量。但是，集群中运行的每个任务都会得到这些变量的一份新副本。重要的是，更新这些副本的值不会影响驱动程序中的对应变量。然而，Spark的累加器会确保每个节点上的所有更新都被正确地发送到驱动程序端并进行累加。

2. 使用场景

当需要在驱动程序程序中收集各个Executor的统计信息时，可以使用累加器。

综上所述，通过这两种共享变量，Spark能够在分布式计算环境中实现高效的数据共享和统计信息收集，从而提高计算效率并降低资源消耗。

3. 使用示例

LongAccumulator是AccumulatorV2的子类，是一个支持Long型的累加器。本例采用LongAccumulator来作为“计数器累加数值”的例子，代码如下：

```
package com.waylau.spark.java.samples.util;

import java.util.Arrays;
import java.util.List;

import org.apache.spark.SparkConf;
import org.apache.spark.api.java.JavaRDD;
import org.apache.spark.api.java.JavaSparkContext;
import org.apache.spark.util.LongAccumulator;

public class LongAccumulatorSample {

    public static void main(String[] args) {
        // 构建一个包含Spark应用程序信息的SparkConf对象
        SparkConf conf = new SparkConf()
                .setAppName("LongAccumulatorSample")      // 设置应用名称
                .setMaster("local[4]");                   // 本地4核运行

        // 创建一个JavaSparkContext对象，告诉Spark如何访问群集
        JavaSparkContext sparkContext = new JavaSparkContext(
                conf);

        List<Integer> data = Arrays.asList(1, 2, 3, 4, 5);

        // 创建一个可以并行操作的分布式数据集
        JavaRDD<Integer> rdd = sparkContext
                .parallelize(data);

        // 创建数字累加器用于累计Long值
        LongAccumulator counter = sparkContext.sc()
                .longAccumulator();

        // 累计Long值
        rdd.foreach(x -> counter.add(x));
```

```
        // 只有驱动程序才能读取累加器的值
        System.out.println(
                "Counter value: " + counter.value());

        // 关闭JavaSparkContext
        sparkContext.close();
    }
}
```

上述例子通过调用SparkContext.longAccumulator()方法来创建数字累加器LongAccumulator来针对Long类型的值进行累加。然后，在群集上运行的任务可以使用add()方法添加到群集上。

当需要读取累加器的值时，可以调用LongAccumulator的value()方法获得。

运行程序，可以看到控制台结果输出如下：

```
Counter value: 15
```

3.11 混　　洗

在Spark中，混洗（Shuffle）是一个非常重要的概念，它涉及数据的重新分配和聚合，是Spark处理大规模数据的关键环节之一。本节将对Spark混洗进行详细的介绍，包括其定义、原理、流程、优化方法等方面。

3.11.1 定义与原理

1. 定义

Spark中的混洗是指将一个作业（Job）划分为不同的阶段（Stage），并将Mapper（在Spark中是ShuffleMapTask）的输出进行分区（Partition），然后将不同的分区送到不同的Reducer（在Spark中可能是下一个阶段的ShuffleMapTask，也可能是ResultTask）进行计算的过程。这个过程涉及数据的重新分配和聚合，是Spark处理大规模数据的关键环节之一。

可能导致混洗的操作包括重分区操作（如repartition和coalesce）、以ByKey命名结果的操作（如groupByKey和reduceByKey）以及连接操作（如cogroup和join）。

由于混洗会触发Spark重新分发数据，以便于它在整个分区中分成不同的组，因此通常会引起在执行器和机器之间复制数据，使得混洗成为一个复杂且资源消耗较大的操作。

2. 原理

Spark的混洗主要分为Shuffle Write和Shuffle Read两个阶段。

- Shuffle Write阶段主要负责将Mapper的输出写入磁盘文件中，并进行分区。
- Shuffle Read阶段则负责从磁盘文件中读取数据，并将其发送到相应的Reducer进行计算。

在执行混洗的过程中，Spark会利用内存作为缓冲区，边混洗边聚合数据，以提高处理效率。

虽然新混洗的数据集确保了每个分区内的元素集合和分区顺序的一致性，但整个集合的总体排序却未必如此。为了在混洗之后获得有序且可预测的数据，可以选择以下策略：

（1）利用mapPartitions方法对每个分区分别执行排序，例如通过应用sorted()函数，确保每个分区内部元素的顺序性。

（2）通过repartitionAndSortWithinPartitions，可以在重新分配数据到新分区的同时，实现对每个分区的高效排序，从而优化数据的物理布局和访问效率。

（3）如果需要对整个RDD进行全局排序，sortBy()方法将是你的不二之选。它根据指定的键对所有元素进行排序，以确保整个数据集的顺序既有序又可预测。

这些方法提供了灵活的数据排序选项，以满足不同场景下对数据的顺序性的需求。

3.11.2　混洗流程

1. Shuffle Write 阶段

在Shuffle Write阶段，Spark会将Mapper的输出按照指定的分区器进行分区，并将每个分区的数据写入磁盘文件中。这个过程可以分为以下几个步骤。

01 数据分区：根据指定的分区器对Mapper的输出进行分区，确保具有相同key的数据被分配到同一个分区中。

02 创建文件：为每个分区创建一个磁盘文件，用于存储该分区的数据。

03 写入数据：将每个分区的数据写入对应的磁盘文件中。为了提高写入效率，Spark会采用BufferedOutputStream等缓冲区技术来减少磁盘I/O操作。

04 合并文件：当所有的分区文件写完之后，Spark会将多个分区的数据合并到一个文件中，以减少文件数量和磁盘空间占用。

2. Shuffle Read 阶段

在Shuffle Read阶段，Spark会从磁盘文件中读取数据，并将其发送到相应的Reducer进行计算。这个过程可以分为以下几个步骤。

01 拉取数据：Reducer会从对应的Mapper节点拉取自己需要处理的数据。这个过程可以通过网络传输来实现。

02 创建缓冲区：Reducer会创建一个内存缓冲区来存储拉取到的数据。为了提高处理效率，Spark会采用高效的数据结构和算法来管理这个缓冲区。

03 归并数据：当Reducer拉取到足够的数据时，它会对数据进行归并操作。这个过程可以通过Sort-based或Hash-based等算法来实现。

04 执行计算：当数据归并完成后，Reducer就可以执行自己的计算任务了。这个过程会根据具体的业务需求来进行相应的计算操作。

3.11.3 混洗优化方法

特定的混洗操作会消耗大量的堆内存，因为在传输记录之前或之后，需要使用内存数据结构来组织它们。当数据不能往内存中填充时，Spark会溢写这些数据到磁盘，导致额外的磁盘I/O负担，以及垃圾回收的增加。同时，混洗也会在磁盘上产生大量的中间文件。因此，对混洗进行优化变得尤为重要。以下是一些常用的混洗优化方法。

- 调整混洗分区数：合理设置混洗分区数可以减少数据倾斜和跨节点数据传输的开销，提高混洗效率。一般来说，可以根据数据的规模和集群的规模来设置合适的分区数。
- 启用Consolidated Shuffle：Consolidated Shuffle是Spark 1.6版本引入的一种优化机制，它可以将多个Mapper的输出合并到一个文件中，从而减少文件数量和磁盘空间占用。启用Consolidated Shuffle可以显著提高Shuffle Write阶段的性能。
- 调整混洗缓冲区大小：混洗缓冲区大小决定了Reducer在拉取数据时能够使用的内存空间大小。合理调整混洗缓冲区大小可以避免内存溢出和频繁地进行磁盘I/O操作，从而提高Shuffle Read阶段的性能。
- 使用Sort-based Shuffle：Sort-based Shuffle是Spark默认使用的Shuffle实现方式之一，它可以对数据进行排序和归并，从而减少跨节点数据传输的开销。对于需要排序和归并的场景，使用Sort-based Shuffle可以显著提高性能。
- 启用Map-side Pre-aggregation：Map-side Pre-aggregation是Spark提供的一种优化机制，它可以在Mapper端对数据进行预聚合操作，从而减少传输到Reducer端的数据量。对于数据倾斜的场景，启用Map-side Pre-aggregation可以显著提高性能。

合理利用混洗优化方法可以显著提高Spark程序的性能。

3.12 键-值对

尽管大多数对RDD的Spark操作可以包含任意对象类型，但有一些特殊的操作仅适用于键—值对。最常见的就是分布式的混洗操作，例如通过key对元素进行分组或聚合。

在Scala语言中，这些操作对RDD是自动可用的，因为它们可以利用Scala的Tuple2对象。例如，以下代码片段展示了如何对键—值对使用reduceByKey操作来统计文件中的词频。

```
    // 读取文件内容，并转换为RDD结构的文本
    JavaRDD<String> lines = sparkSession.read().textFile(args[0]).javaRDD();

    // 将文本行按照空格进行分隔，并转换成一个单词列表
    JavaRDD<String> words = lines.flatMap(s ->
Arrays.asList(SPACE.split(s)).iterator());

    // 将列表中的每个单词作为键、1作为值创建JavaPairRDD
    JavaPairRDD<String, Integer> ones = words.mapToPair(s -> new Tuple2<>(s, 1));
```

```
// 将相同键的值进行累加，从而得出每个单词出现的次数，即词频
JavaPairRDD<String, Integer> counts = ones.reduceByKey((i1, i2) -> i1 + i2);
```

3.13 动手练习

练习 1：创建一个 RDD 并打印其元素（并行化集合）

1）任务要求

创建一个包含整数1～5的RDD，并打印其所有元素。

2）操作步骤

（1）导入所需的库。
（2）创建SparkConf对象并设置应用程序名称。
（3）创建JavaSparkContext对象。
（4）使用parallelize()方法创建一个RDD。
（5）使用foreach()方法打印RDD的所有元素。
（6）关闭JavaSparkContext。

3）参考代码

```
import org.apache.spark.SparkConf;
import org.apache.spark.api.java.JavaRDD;
import org.apache.spark.api.java.JavaSparkContext;

public class CreateRDD {
    public static void main(String[] args) {
        // 1. 导入所需的库
        // 2. 创建SparkConf对象并设置应用程序名称
        SparkConf conf = new SparkConf().setAppName("Create RDD");

        // 3. 创建JavaSparkContext对象
        JavaSparkContext sc = new JavaSparkContext(conf);

        // 4. 使用parallelize()方法创建一个RDD
        JavaRDD<Integer> rdd = sc.parallelize(Arrays.asList(1, 2, 3, 4, 5));

        // 5. 使用foreach()方法打印RDD的所有元素
        rdd.foreach(System.out::println);

        // 6. 关闭JavaSparkContext
        sc.close();
    }
}
```

4）小结

本练习首先导入了必要的库，然后创建了一个SparkConf对象并设置了应用程序名称。接着，创建了一个JavaSparkContext对象，该对象是与Spark集群通信的主要入口点。之后，使用parallelize()方法创建了一个包含整数1～5的RDD。最后，使用foreach()方法遍历RDD并打印每个元素，然后关闭JavaSparkContext以释放资源。

练习 2：读取外部数据集并统计单词数量（读取外部数据集）

1）任务要求

读取一个文本文件，统计其中每个单词出现的次数，并将结果保存到一个新的文件中。

2）操作步骤

（1）导入所需的库。

（2）创建SparkConf对象并设置应用程序名称。

（3）创建JavaSparkContext对象。

（4）使用textFile()方法读取文本文件的内容。

（5）使用flatMap将每行文本拆分为单词。

（6）使用mapToPair将每个单词映射为键－值对，其中键是单词，值是1。

（7）使用reduceByKey将具有相同key的值相加。

（8）使用saveAsTextFile()方法将结果保存到新文件中。

（9）关闭JavaSparkContext。

3）参考代码

```
import org.apache.spark.SparkConf;
import org.apache.spark.api.java.JavaPairRDD;
import org.apache.spark.api.java.JavaRDD;
import org.apache.spark.api.java.JavaSparkContext;
import scala.Tuple2;

public class WordCount {
    public static void main(String[] args) {
        // 1. 导入所需的库
        // 2. 创建SparkConf对象并设置应用程序名称
        SparkConf conf = new SparkConf().setAppName("Word Count");

        // 3. 创建JavaSparkContext对象
        JavaSparkContext sc = new JavaSparkContext(conf);

        // 4. 使用textFile方法读取文本文件
        JavaRDD<String> lines = sc.textFile("input.txt");

        // 5. 使用flatMap将每行文本拆分为单词
        JavaRDD<String> words = lines.flatMap(line -> Arrays.asList(line.split("
")).iterator());
```

```
        // 6. 使用mapToPair将每个单词映射为(key, value)对，其中key是单词，value是1
        JavaPairRDD<String, Integer> wordPairs = words.mapToPair(word -> new
Tuple2<>(word, 1));

        // 7. 使用reduceByKey将具有相同key的值相加
        JavaPairRDD<String, Integer> wordCounts = wordPairs.reduceByKey((a, b) ->
a + b);

        // 8. 使用saveAsTextFile()方法将结果保存到新文件中
        wordCounts.saveAsTextFile("output");

        // 9. 关闭JavaSparkContext
        sc.close();
    }
}
```

代码说明：

首先，导入所需的库和类。

创建一个SparkConf对象，并设置应用程序名称为Word Count。

使用SparkConf对象创建一个JavaSparkContext对象，这是与Spark集群通信的主要入口点。

使用textFile()方法读取名为input.txt的文本文件，将其内容存储到lines变量中。

使用flatMap操作将每一行文本拆分成单词，得到一个包含所有单词的words RDD。

使用mapToPair操作将每个单词映射为一个键－值对，其中键是单词，值是1。

使用reduceByKey操作将具有相同键的值相加，得到每个单词出现的次数。

使用saveAsTextFile()方法将结果保存到名为output的文件中。

最后，关闭JavaSparkContext对象以释放资源。

4）小结

本练习读取一个文本文件（input.txt），统计其中每个单词出现的次数，并将结果保存到一个新的文件（output）中。

3.14 本章小结

本章主要介绍了Spark的RDD。通过本章的学习，我们了解了RDD的基本概念，包括其定义、特性、操作、依赖关系、容错机制和持久化。我们还学习了如何创建RDD，包括并行化集合和读取外部数据集。接下来，深入了解了RDD的操作，包括transformation和action操作，并通过实战案例展示了如何使用这些操作处理数据。此外，还探讨了惰性求值和函数式编程的概念，以及如何利用持久化优化RDD的性能。最后，介绍了键-值对数据结构和共享变量的使用，以及混洗的原理和优化方法。

通过本章的学习，为我们后续的Spark编程打下了坚实的基础。

第 4 章

Spark集群管理

Spark可以在单机上以本地模式运行，也可以在集群中分布式地处理大规模数据集。本章主要介绍如何管理和搭建Spark集群，包括集群的组件、如何提交任务到集群、启动和管理集群、实现高可用性以及如何使用YARN作为集群管理器。了解这些概念对于有效利用Spark处理大规模数据至关重要。

4.1 Spark 集群概述

在前面的章节中，我们已经初步介绍了如何将Spark任务提交到Spark集群执行。本节开始介绍Spark是如何在集群上运行的，以便于理解所涉及的组件的工作原理。

4.1.1 Spark集群组件

Spark应用程序在集群上作为独立的进程集运行，由驱动程序（Driver Program）中的SparkContext对象进行协调。

具体来说，要在集群上运行，SparkContext可以连接到几种类型的集群管理器，例如Spark自己的独立集群管理器、Mesos、YARN或Kubernetes），这些管理器在应用程序之间分配资源。连接后，Spark会获取集群中节点上的执行器（Executor），这些节点是为应用程序运行计算和存储数据的进程。接下来，它将应用程序代码（由传递给SparkContext的JAR或Python文件定义）发送给执行器。最后，SparkContext将任务（Task）发送给执行器运行。

图4-1展示了Spark集群的架构图。

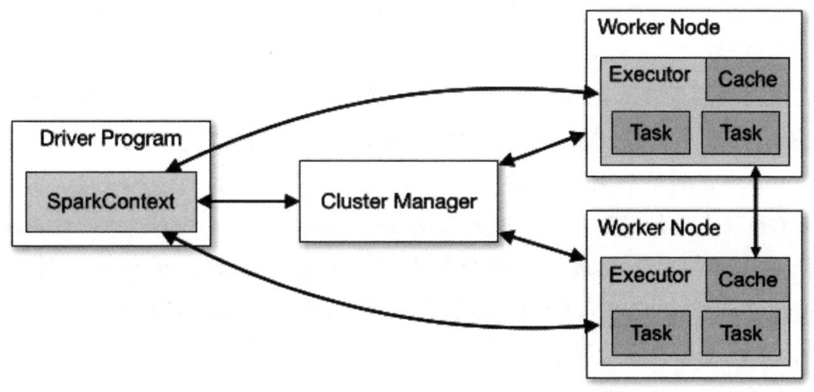

图 4-1　Spark 的架构图

表4-1总结了Spark集群的核心组件及其概念。

表 4-1　Spark 集群的核心组件及其概念

术　语	含　义
应用程序（Application）	构建于Spark上的用户程序。它由集群上的一个驱动程序和多个执行器组成
应用程序JAR（Application JAR）	包含Spark应用程序的JAR包。有时，用户想要把应用程序代码及其依赖整合到一起，形成一个Uber JAR（包含自身以及所有依赖库的JAR包），注意这时不要把Spark或Hadoop的库打进来，这些库会在运行时加载
驱动程序（Driver Program）	运行main()函数并创建SparkContext的进程
集群管理器（Cluster Manager）	用于在集群上分配资源的外部服务（如Standalone集群管理器、Mesos或YARN
部署模式（Deploy Mode）	用于区分驱动程序进程在哪里运行。在Cluster模式下，框架在集群内部启动驱动程序；在Client模式下，提交者在集群外部启动驱动程序
工作节点（Worker Node）	集群中可以运行应用程序代码的任意一个节点
执行器（Executor）	在集群Worker节点上为某个应用程序启动的工作进程，专门用于运行计算任务，并在内存或磁盘上保存数据。每个应用程序都有自己的执行器
任务（Task）	下发给执行器的工作单元
作业（Job）	一个并行计算作业由一组任务组成，并由Spark Action操作（如save、collect）触发启动。在运行日志中也能看到这个术语
阶段（Stage）	每个作业可以划分为多个更小的任务集合，这些任务集合称为阶段，这些阶段彼此依赖形成一个有向无环图（类似于MapReduce中的map和reduce）。在运行日志中也能看到这个术语

4.1.2　使用Spark集群的注意事项

使用Spark集群，需要注意以下几点：

- 每个应用程序都有自己的执行器进程，这些进程在整个应用程序的生命周期内持续运行，并在多个线程中运行任务。这样做的好处是在调度端（每个驱动程序调度自己的任务）和执行端（来自不同应用程序的任务在不同JVM中运行）将应用程序彼此隔离。然而，这也意味着，如果不将数据写入外部存储系统，就无法在不同的Spark应用程序（SparkContext实例）之间共享数据。

- Spark与底层集群管理器无关。只要它可以获取执行器进程，并且这些进程相互通信，即使在支持其他应用程序（例如Mesos、YARN、Kubernetes）的集群管理器上运行也相对容易。
- 驱动程序必须在其整个生命周期中侦听并接受来自其执行器的传入连接。因此，驱动程序必须可从工作节点进行网络寻址。因为驱动程序在集群上调度任务，所以它应该在工作节点附近运行，最好在同一局域网上运行。如果想远程向集群发送请求，最好打开一个RPC（Remote Procedure Call，远程过程调用）到驱动程序，让它从附近提交操作，而不是在远离工作节点的地方运行驱动程序。

4.1.3　集群管理器类型

目前，Spark支持以下集群管理器。

- Standalone：Spark自带的集群管理器，使设置集群变得容易。
- Apache Mesos：一个通用集群管理器，也可以运行Hadoop MapReduce和服务应用程序（从Spark 3.2.0开始，不推荐使用Mesos。未来版本也会移除对Mesos的支持）。
- Hadoop YARN：Hadoop 3中的资源管理器。
- Kubernetes：业界流行的，用于自动部署、扩缩和管理容器化应用程序的开源系统。

如无特殊说明，本书所介绍的Spark集群，皆指Standalone集群。

4.2　提交任务到 Spark 集群

通常使用spark-submit脚本来提交任务到Spark集群。它可以使用Spark的统一接口来支持所有的集群管理器。本节介绍提交任务到Spark集群的运行原理。

4.2.1　捆绑应用程序的依赖关系

目前业界流行的项目打包方式是Uber JAR，即将应用程序所依赖的其他项目与应用程序一起打包，以便将代码分发到Spark集群。在打包时，Spark和Hadoop提供的依赖项不需要捆绑（Spark的依赖使用了Provided），因为它们是由集群管理器在运行时提供的。

Maven提供了Shade插件来实现Uber JAR，用法如下：

```
<build>
    <plugins>
        <plugin>
            <groupId>org.apache.maven.plugins</groupId>
            <artifactId>maven-shade-plugin</artifactId>
            <version>${maven-shade-plugin.version}</version>
            <configuration>
            </configuration>
```

```
            <executions>
                <execution>
                    <phase>package</phase>
                    <goals>
                        <goal>shade</goal>
                    </goals>
                </execution>
            </executions>
        </plugin>
    </plugins>
</build>
```

一旦应用程序打包好了，就可以调用spark-submit脚本提交JAR文件了。

4.2.2　使用spark-submit启动应用

使用spark-submit脚本启动应用，用法如下：

```
spark-submit \
  --class <main-class> \
  --master <master-url> \
  --deploy-mode <deploy-mode> \
  --conf <key>=<value> \
  ... # 其他选项
  <application-jar> \
  [application-arguments]
```

此脚本负责设置带有Spark及其依赖项的类路径，并能够支持Spark兼容的不同集群管理器和部署模式。常用的选项说明如下。

- --class：应用程序的入口点（例如com.waylau.spark.java.samples.rdd.JavaWordCountSample）。
- --master：集群的主节点URL（例如spark://192.168.1.78:7077）。
- --deploy-mode：cluster是指在工作节点上部署驱动程序；client是指作为外部客户端（客户端）在本地部署驱动程序。默认值是client。
- --conf：Spark配置属性，采用键－值对方式配置。多个配置应作为单独的参数传递，例如--conf <key>=<value> --conf <key2>=<value2>。
- application-jar：捆绑JAR的路径，包括应用程序和所有依赖项，例如spark-java-samples-1.0.0.jar。路径URL必须在集群内全局可见。
- application-arguments：传递给主类的主方法的参数，例如JavaWordCountData.txt。

以下是一些常见选项的示例：

```
# 在8个内核上本地运行应用程序
./bin/spark-submit \
  --class org.apache.spark.examples.SparkPi \
  --master local[8] \
  /path/to/examples.jar \
  100
```

```
# 以client部署模式在Spark Standalone集群上运行
./bin/spark-submit \
  --class org.apache.spark.examples.SparkPi \
  --master spark://207.184.161.138:7077 \
  --executor-memory 20G \
  --total-executor-cores 100 \
  /path/to/examples.jar \
  1000

# 以cluster部署模式在Spark Standalone集群上运行，带有supervise参数
./bin/spark-submit \
  --class org.apache.spark.examples.SparkPi \
  --master spark://207.184.161.138:7077 \
  --deploy-mode cluster \
  --supervise \
  --executor-memory 20G \
  --total-executor-cores 100 \
  /path/to/examples.jar \
  1000

# 以cluster部署模式在YARN集群上运行
export HADOOP_CONF_DIR=XXX
./bin/spark-submit \
  --class org.apache.spark.examples.SparkPi \
  --master yarn \
  --deploy-mode cluster \
  --executor-memory 20G \
  --num-executors 50 \
  /path/to/examples.jar \
  1000

# 在Spark Standalone集群上运行Python应用
./bin/spark-submit \
  --master spark://207.184.161.138:7077 \
  examples/src/main/python/pi.py \
  1000

# 以cluster部署模式在Kubernetes集群上运行
./bin/spark-submit \
  --class org.apache.spark.examples.SparkPi \
  --master k8s://xx.yy.zz.ww:443 \
  --deploy-mode cluster \
  --executor-memory 20G \
  --num-executors 50 \
  http://path/to/examples.jar \
  1000
```

4.2.3　主节点URL

传递给Spark的主节点URL可以采用如表4-2所示的格式之一。

表 4-2　传递给 Spark 的主节点 URL

主节点 URL	含　义
local	使用一个工作线程在本地运行Spark（即根本没有并行性）
local[K]	使用*K*个工作线程在本地运行Spark（理想情况下，将其设置为计算机上的核心数）
local[K,F]	使用*K*个工作线程和*F*个最大失败线程在本地运行Spark
local[*]	在计算机上使用与逻辑核心相同的工作线程在本地运行Spark
local[*,F]	在本地运行Spark，并在计算机上使用与逻辑核心相同的工作线程和F maxFailures
local-cluster[N,C,M]	本地集群模式仅适用于单元测试。它在单个JVM中模拟分布式集群，其中有*N*个工作线程，每个工作线程有*C*个核心，每个工作线程有*M*个MiB内存
spark://HOST:PORT	连接到给定的Spark集群，默认是7077
spark://HOST1:PORT1, HOST2:PORT2	连接到给定的多个Spark集群。多个Spark集群必须使用ZooKeeper来实现高可用。端口必须是每个集群配置要使用的端口，默认是7077
mesos://HOST:PORT	连接到给定的Mesos集群。端口必须是配置要使用的端口，默认是5050
yarn	连接到YARN集群
k8s://HOST:PORT	连接到Kubernetes集群

4.2.4　从文件加载配置

spark-submit脚本可以从属性文件加载Spark配置值，并将它们传递到应用程序。默认情况下，将从Spark目录的conf/spark-defaults.conf默认配置文件中读取选项。配置文件内容如下：

```
spark.master spark://master:7077
spark.eventLog.enabled true
spark.eventLog.dir hdfs://namenode:8021/directory
spark.serializer org.apache.spark.serializer.KryoSerializer
spark.driver.memory 5g
spark.executor.extraJavaOptions -XX:+PrintGCDetails
```

以这种方式加载默认的Spark配置可以避免需要某些标志来提交Spark。例如，如果设置了spark.master属性，则可以安全地从Spark-submit中省略--master标志。通常，在SparkConf上显式设置的配置值具有最高优先级，然后是传递给Spark-submit的标志，最后是默认配置文件中的值。

如果不清楚配置选项的来源，可以通过使用--verbose选项运行spark-submit来打印出细粒度的调试信息。

4.3　启动 Spark 集群

如果通过Docker镜像安装Spark，集群将自动配置。如果使用普通安装方式，则需要手动启动Spark集群。本节介绍手动启动Spark集群的方式。

4.3.1 手动启动集群

可以通过执行以下命令启动Standalone集群的主节点：

```
start-master.sh
```

启动后，主节点服务器将为自己打印一个spark://HOST:PORT的URL。工作节点程序就能使用该URL连接到主节点服务器，或者将master作为参数传递给SparkContext。也可以在主机的Web UI上找到此URL，该URL默认是http://localhost:8080。

同样，可以启动一个或多个工作节点，并通过以下方式将它们连接到主节点服务器：

```
start-worker.sh <master-spark-URL>
```

启动一个工作节点之后，可以在主节点服务器的Web UI界面看到新启动的工作节点，以及它的CPU和内存数量。

表4-3所示的配置选项可用于主节点和工作节点。

表 4-3 配置选项

参 数	含 义
-h HOST, --host HOST	要监听的主机名
-i HOST, --ip HOST	要侦听的主机名（不建议使用，使用-h或–host）
-p PORT, --port PORT	服务侦听端口（默认为7077，用于主节点，随机用于工作节点）
--webui-port PORT	Web UI的端口（默认为主节点端口为8080，工作节点端口为8081）
-c CORES, --cores CORES	允许Spark应用程序在计算机上使用的CPU核心总数（默认值为所有可用），仅在工作节点上使用
-m MEM, --memory MEM	允许Spark应用程序在计算机上使用的内存总量，格式如1000MB或2GB（默认值为计算机的总RAM减去1GiB）；仅在工作节点使用
-d DIR, --work-dir DIR	用于暂存空间和作业输出日志的目录（默认值为SPARK_HOME/work），仅在工作节点上使用
--properties-file FILE	要加载的自定义Spark属性文件的路径（默认值为conf/spark-defaults.conf）

4.3.2 集群启动脚本

要使用启动脚本启动Spark Standalone集群，应在Spark目录中创建一个名为conf/workers的文件，该文件必须包含要启动工作节点的所有计算机的主机名，每行一个。如果conf/workers不存在，则启动脚本默认为单机（Localhost），这对于测试非常有用。注意，主计算机通过SSH访问每台工作节点的计算机。

设置此文件后，可以使用以下Shell脚本启动或停止集群，这些脚本基于Hadoop的部署脚本，并在SPARK_HOME/sbin目录中提供。

- start-master.sh：在执行脚本的计算机上启动主节点实例。
- start-workers.sh：在conf/workers文件中指定的每台计算机上启动工作节点实例。
- start-worker.sh：在执行脚本的计算机上启动工作节点实例。

- start-all.sh：启动一个主节点和多个工作节点程序。
- stop-master.sh：停止通过start-master.sh脚本启动的主节点。
- stop-worker.sh：停止执行脚本的计算机上的所工作节点实例。
- stop-workers.sh：停止conf/workers文件中指定的计算机上的所有工作节点实例。
- stop-all.sh：停止主节点和工作节点。

注意，这些脚本必须在要运行主节点的计算机上执行，而不是在本地计算机上执行。

可以通过在conf/spark-env.sh中设置环境变量来进一步配置集群。通过从conf/spark-env.sh.template创建此文件，并将其复制到所有工作计算机，以使设置生效。

4.4　Spark 集群的高可用方案

默认情况下，Standalone调度的集群对工作节点故障具有弹性，只要Spark本身将工作移动到其他工作节点，就能恢复丢失的工作。但是，集群调度程序是依赖主节点来做出调度决策的，而这可能会造成单点故障。换言之，如果主节点崩溃，则无法创建新的应用程序。

为了规避这种情况，Spark提供了两个高可用方案：使用ZooKeeper的备用模式，以及使用本地文件系统的单节点恢复。本节将详细介绍这两种方案。

4.4.1　使用ZooKeeper的备用模式

1. 概述

利用ZooKeeper提供领导者选举和一些状态存储，可以在连接到同一ZooKeeper实例的集群上启动多个主节点。其中一个主节点将当选为Leader时，其他主节点将保持备用模式。如果当前Leader挂了，将选举另一个主节点，恢复旧主节点的状态，然后恢复调度。整个恢复过程（从第一个Leader关闭开始）应该需要1～2分钟。注意，此延迟仅影响调度新应用程序，在主节点故障切换期间，已经运行的应用程序不受影响。

2. 配置

为了启用此恢复模式，可以在spark-env中进行SPK_DAEMON_JAVA_OPTS的配置，包括spark.deploy.recoveryMode和spark.deploy.zookeeper.*相关的配置。

3. 详细说明

在设置了ZooKeeper集群后，实现高可用性就很简单了。只需在不同节点上启动多个主节点进程，使用相同的ZooKeeper配置（ZooKeeper URL和目录）。我们可以随时添加和删除主节点。

为了调度新应用程序或将工作节点程序添加到集群，需要知道当前Leader节点的IP地址。这可以通过简单地传递一个主节点列表来完成。例如，可以启动指向spark://host1:port1,host2:port2。这将导致SparkContext尝试向两个主节点注册。即便其中任意一个主机点关闭了，此配置仍然是正确的，因为应用会找到新的Leader节点。

4.4.2 使用本地文件系统的单节点恢复

1. 概述

ZooKeeper 是实现生产级高可用性的首选方法。然而，如果目标仅是在主节点故障时能够重新启动它，那么使用 FILESYSTEM 模式也能满足需求。在 FILESYSTEM 模式下，应用程序和工作节点在注册时会将足够的状态信息写入到指定的目录中。这样，在主节点进程重新启动时，它们可以从这些状态信息中恢复。

2. 配置

为了启用此恢复模式，可以使用以下配置在spark-env中设置SPN_DAEMON_JAVA_OPTS。

- spark.deploy.recoveryMode：设置为FILESYSTEM，以启用单节点恢复模式。
- spark.deploy.recoveryDirectory：Spark将存储恢复状态的目录。

3. 详细说明

此解决方案可与流程监控器一起使用，例如Monit，或仅通过启用手动恢复重启。

虽然文件系统恢复似乎比根本不进行任何恢复要好，但对于某些开发或实验目的，这种模式可能是次优的。特别是，通过stop-master.sh杀死主机不会清除其恢复状态，因此每当启动新的主机时，它都会进入恢复模式。如果需要等待所有以前注册的工作节点超时，这可能会将启动时间增加1分钟。

4.5 使用 YARN 集群

从Spark 0.6.0版本开始，支持在YARN上运行Spark集群。本节将详细介绍如何使用YARN集群管理器。

4.5.1 在YARN集群管理器上启动Spark

确保HADOOP_CONF_DIR或YARN_CONF_DIR指向包含Hadoop集群的（客户端）配置文件的目录。这些配置被用于写入HDFS并连接到YARN ResourceManager。此目录中包含的配置将被分发到YARN集群，以便应用程序使用的所有容器都使用相同的配置。如果配置引用了Java系统属性或未由YARN管理的环境变量，则还应在Spark应用程序中进行配置。

有两种部署模式可以用于在YARN上启动Spark应用程序。

- 在Cluster模式下，Spark驱动程序运行在集群上由YARN管理的应用程序主节点进程内，并且客户端可以在初始化应用程序后离开。
- 在Client模式下，Spark驱动程序在客户端进程中运行，并且应用程序主节点仅用于从YARN请求资源。

在Standalone模式下，主节点的地址在--master参数中指定；而在YARN模式下，ResourceManager的地址从Hadoop配置中选取。因此，--master的参数是yarn。

在Cluster模式下，通过以下命令启动Spark应用程序：

```
spark-submit --class path.to.your.Class --master yarn --deploy-mode cluster
[options] <app jar> [app options]
```

例如：

```
spark-submit --class org.apache.spark.examples.SparkPi \
  --master yarn \
  --deploy-mode cluster \
  --driver-memory 4g \
  --executor-memory 2g \
  --executor-cores 1 \
  --queue thequeue \
  examples/jars/spark-examples*.jar \
  10
```

在上面的示例中，启动了一个YARN客户端程序，并启动了默认的应用主节点。然后SparkPi将作为应用主节点的子进程运行。客户端将定期轮询应用主节点以获取状态的更新，并在控制台中显示它们。一旦应用程序完成运行，客户端将退出。

要在Client模式下启动Spark应用程序，需要执行相同的操作，唯一的区别是将Cluster替换Client。以下命令展示了如何在Client模式下运行spark-shell：

```
spark-shell --master yarn --deploy-mode client
```

4.5.2　添加其他的JAR

在Cluster模式下，驱动程序在与客户端不同的机器上运行，因此SparkContext.addJar将不会立即使用客户端本地的文件运行。要使客户端上的文件可用于SparkContext.addJar，可在启动命令中使用--jars选项来包含这些文件。

```
spark-submit --class my.main.Class \
  --master yarn \
  --deploy-mode cluster \
  --jars my-other-jar.jar,my-other-other-jar.jar \
  my-main-jar.jar \
  app_arg1 app_arg2
```

4.5.3　调试应用

在YARN中，执行器和应用主节点都是在容器中运行的。YARN有两种模式用于在应用程序完成后处理容器日志（Container Logs）。如果启用日志聚合（Aggregation，使用yarn.log-aggregation-enable配置），容器日志将复制到HDFS并在本地计算机上删除。可以使用yarn logs命令从集群中的任何位置查看这些日志：

```
yarn logs -applicationId <app ID>
```

将打印来自给定应用程序的所有容器的所有日志文件的内容。还可以使用HDFS Shell或API直接在HDFS中查看容器日志文件。可以通过查看YARN配置yarn.nodemanager.remote-app-log-dir和yarn.nodemanager.remote-app-log-dir-suffix找到它们所在的目录。日志还可以在Spark Web UI的Executors页面选项卡下找到。需要同时运行Spark历史记录服务器（Spark History Server）和MapReduce历史记录服务器（MapReduce History Server），并在yarn-site.xml文件中正确配置yarn.log.server.url。Spark历史记录服务器UI上的日志将重定向到MapReduce历史记录服务器以显示聚合日志（Aggregated Logs）。

当未启用日志聚合时，日志文件将在每台计算机的本地YARN_APP_LOGS_DIR目录下保留，这个目录通常配置为/tmp/logs或$HADOOP_HOME/logs/userlogs，具体取决于Hadoop的版本和安装情况。要查看容器的日志，需要转到包含这些日志的主机并在此目录中查看它们。子目录根据应用程序ID（Application ID）和容器ID（Container ID）组织日志文件。日志还可以在Spark Web UI 的Executors页面选项卡下找到，并且不需要运行MapReduce历史记录服务器。

要查看每个容器的启动环境，需将yarn.nodemanager.delete.debug-delay-sec增加到一个较大的值（例如36000），然后通过yarn.nodemanager.local-dirs访问应用程序缓存，在容器启动的节点上。此目录包含启动脚本、JAR和用于启动每个容器的所有环境变量。这个过程对于调试classpath问题特别有用（注意，启用此功能需要集群设置管理员权限，并且还需要重新启动所有的节点管理器，因此这不适用于托管集群）。

要为应用主节点或执行器使用自定义的Log4J配置，可选择以下选项：

- 使用spark-submit上传一个自定义的log4j.properties文件，通过将--files参数附加到spark-submit命令中，与应用程序一起上传该文件。
- 通过-Dlog4j.configuration=参数添加配置文件到spark.driver.extraJavaOptions（对于驱动程序）或spark.executor.extraJavaOptions（对于执行器）。
- 更新$SPARK_CONF_DIR/log4j.properties文件，并且它将与其他配置一起自动上传。

如果需要将日志文件放在YARN中，以便YARN能够正确显示和聚合它们，可在log4j2.properties中使用spark.YARN.app.container.log.dir，例如appender.file_appender.fileName=${sys:spark.yarn.app.container.log.dir}/spark.log。对于流式应用程序，配置RollingFileAppender并将文件位置设置为YARN的日志目录将避免大型日志文件导致的磁盘溢出，并且可以使用YARN的Log实用程序访问日志。

要为应用程序主程序和执行程序使用自定义的metrics.properties，可更新$SPARK_CONF_DIR/metrics.properties文件。它将自动与其他配置一起上传，因此不需要使用--files手动指定它。

4.5.4　使用Spark历史记录服务器替换Spark Web UI

当应用程序UI被禁用时，可以使用Spark历史记录服务器的应用程序页面来跟踪URL。这可能是集群安全所需要的，或者是为了减少Spark驱动程序的内存使用。要通过历史记录服务器设置跟踪，可执行以下操作：

- 在应用程序端，在Spark的配置中设置spark.yarn.historyServer.allowTracking=true。如果应用程序的UI被禁用，这将告诉Spark使用历史记录服务器的URL作为跟踪URL。
- 在 Spark 历史记录服务器上，添加 org.apache.spark.deploy.yarn.YarnProxyRedirectFilter 到 spark.ui.filters配置中的筛选器列表。

4.6　YARN 集群的常用配置

表4-4展示了YARN集群的常用配置。

表 4-4　YARN 集群的常用配置

配置属性名称	默　认　值	含　　义
spark.yarn.am.memory	512m	在Client模式下，用于YARN应用主节点的内存量，与JVM内存字符串格式相同（例如512MB、2GB）。在Cluster集群模式下，使用spark.driver.memory代替
spark.yarn.am.resource.{resource-type}.amount		在Client模式下，用于YARN应用主机的资源量
spark.yarn.applicationType	SPARK	定义更具体的应用程序类型，例如SPARK、SPARK-SQL、SPARK-STREAMING、SPARK-MLLIB和SPARK-GRAPH
spark.yarn.driver.resource.{resource-type}.amount		在Cluster模式下，用于YARN应用程序主机的资源量
spark.yarn.executor.resource.{resource-type}.amount		每个执行器进程要使用的资源量
spark.yarn.resourceGpuDeviceName	yarn.io/gpu	指定GPU的Spark资源类型到表示YARN资源GPU的映射
spark.yarn.resourceFpgaDeviceName	yarn.io/fpga	指定FPGA的Spark资源类型到表示YARN资源FPGA的映射
spark.yarn.am.cores	1	在Client模式下，用于YARN应用主机的内核数。在Cluster模式下，改用spark.driver.cores
spark.yarn.am.waitTime	100s	仅在Cluster模式下使用。YARN应用程序主机等待SparkContext初始化的时间
spark.yarn.submit.file.replication	默认的HDFS副本数（通常是3）	用于应用程序上传到HDFS文件的HDFS副本级别
spark.yarn.stagingDir	文件系统中当前用户的主目录	提交应用程序时使用的临时目录

（续表）

配置属性名称	默 认 值	含 义
spark.yarn.preserve.staging.files	false	设置为true可在作业结束时保留暂存文件（Spark JAR、应用程序JAR、分布式缓存文件），而不是删除它们
spark.yarn.scheduler.heartbeat.interval-ms	3000	Spark应用主节点心跳到YARN ResourceManager中的间隔（以毫秒为单位）
spark.yarn.scheduler.initial-allocation.interval	200ms	当存在未决容器分配请求时，Spark应用主节点心跳到YARN ResourceManager的初始间隔
spark.yarn.historyServer.address		Spark历史记录服务器
spark.yarn.dist.archives		逗号分隔的要提取到每个执行器的工作目录中的归档列表
spark.yarn.dist.files		逗号分隔的要放到每个执行器的工作目录中的文件列表
spark.yarn.dist.jars		逗号分隔的要放到每个执行器的工作目录中的JAR文件列表
spark.yarn.dist.forceDownloadSchemes		在将资源添加到YARN的分布式缓存之前，将资源下载到本地磁盘的Scheme的逗号分隔列表
spark.executor.instances	2	静态分配的执行器数量
spark.yarn.am.memoryOverhead	executorMemory*0.10，最小值是384	要为每个执行器分配的堆外内存量（以兆字节为单位）
spark.yarn.queue	default	提交应用程序的YARN队列名称
spark.yarn.jars		包含要分发到YARN容器的Spark代码的库列表
spark.yarn.archive		包含所需的Spark JAR的归档，以分发到YARN高速缓存
spark.yarn.appMasterEnv.[EnvironmentVariableName]		将由EnvironmentVariableName指定的环境变量添加到在YARN上启动的应用主节点进程
spark.yarn.containerLauncherMaxThreads	25	在YARN应用主节点中用于启动执行器容器的最大线程数
spark.yarn.am.extraJavaOptions		在Client模式下传递到YARN应用主节点的一组额外的JVM选项
spark.yarn.am.extraLibraryPath		设置在Client模式下启动YARN应用主节点时要使用的特殊库路径

（续表）

配置属性名称	默 认 值	含 义
spark.yarn.popupleHadoopClasspath	对于带着Hadoop分发的Spark而言，设置为false；对于不带Hadoop分发的Spark而言，设置为true	是否从yarn.application.classpath和mapreduce.application.classpath填充Hadoop类路径
spark.yarn.maxAppAttempts	YARN 中 的 yarn.resourcemanager.am.max-attempts	将要提交应用程序的最大尝试次数
spark.yarn.am.attemptFailuresValidityInterval		定义 AM 故障跟踪（Failure Tracking）的有效性间隔
spark.yarn.am.clientModeTreatDisconnectAsFailed	false	是否将客户端不明确的断开连接视为故障
spark.yarn.am.clientModeExitOnError	false	是否在故障时退出程序
spark.yarn.am.tokenConfRegex		此配置的值是一个Regex表达式，用于从作业的配置文件（例如hdfs-site.xml）中grep配置项列表并发送到RM，RM在续订委派令牌时使用这些项
spark.yarn.submit.waitAppCompletion	true	在Cluster模式下，控制客户端是否等待退出，直到应用程序完成
spark.yarn.am.nodeLabelExpression		一个将调度限制节点AM集合的YARN节点标签表达式
spark.yarn.executor.nodeLabelExpression		一个将调度限制节点执行器集合的YARN节点标签表达式
spark.yarn.tags		以逗号分隔的字符串列表，作为YARN应用程序标记
spark.yarn.priority		应用程序优先级
spark.yarn.config.gatewayPath		用于指定网关主机（gateway host）上的路径
spark.yarn.config.replacementPath		参阅spark.yarn.config.gatewayPath
spark.yarn.rolledLog.includePattern		包含模式匹配的日志文件
spark.yarn.rolledLog.excludePattern		排除模式匹配的日志文件
spark.yarn.executor.launch.excludeOnFailure.enabled	false	用于排除存在YARN资源分配问题的节点的标志
spark.yarn.report.interval	1s	在Cluster模式下，当前Spark作业状态的报告间隔
spark.yarn.report.loggingFrequency	30	在记录下一个应用程序状态之前处理的最大应用程序报告数
spark.yarn.clientLaunchMonitorInterval	1s	启动应用程序时，Client模式AM的状态请求之间的间隔

（续表）

配置属性名称	默 认 值	含 义
spark.yarn.includeDriverLogsLink	false	在Client模式下，客户端应用程序报告是否包括指向驱动程序容器日志的链接
spark.yarn.unmanagedAM.enabled	false	在Client模式下，是否使用非托管AM作为客户端的一部分启动主节点服务
spark.yarn.shuffle.server.recovery.disabled	false	对于具有更高安全要求并且希望其机密不保存在数据库中的应用程序，可设置为true

4.7 YARN 集群资源分配和配置

本节讨论YARN集群资源调度方面的内容。

YARN需要正确配置以支持用户希望与Spark一起使用的资源。YARN 3.1.0中添加了对YARN的资源调度。资源是隔离的，这样执行器只能看到分配给它的资源。如果没有启用隔离，用户将负责创建一个发现脚本，以确保资源不会在执行器之间共享。

YARN支持用户定义的资源类型，同时YARN也提供了内置类型：GPU（yarn.io/gpu）和FPGA（yarn.io/fpga）。因此，如果正在使用这两种资源中的任何一种，Spark可以将针对Spark资源的请求转换为YARN资源，只需指定spark.{driver/executor}.resource.配置即可。注意，如果使用的YARN为GPU或FPGA使用自定义资源类型，则可以使用spark.yarn.resourceGpuDeviceName和spark.yarn.resourceFpgaDeviceName更改Spark映射。如果使用的是FPGA或GPU以外的资源，则用户负责指定YARN和Spark相关配置（spark.yarn.{driver/executor}.resource.和spark.{driver/executor}.resource.）

例如，用户希望为每个执行器请求两个GPU。用户只需指定spark.executor.resource.gpu.amount=2，Spark就会处理YARN请求的yarn.io/gpu资源类型。

如果用户有一个用户定义的YARN资源，例如acceleratorX，那么用户必须指定spark.yarn.executor.resource.acceleratorX.amount=2和spark.executor.resource.acceleratorX.amount=2。

YARN不会告诉Spark分配给每个容器的资源的地址。因此，用户必须指定一个发现脚本，该脚本由执行器在启动时运行，以发现该执行器可使用的资源。以下是一个示例脚本：

```
#!/usr/bin/env bash

# This script is a basic example script to get resource information about NVIDIA GPUs.
# It assumes the drivers are properly installed and the nvidia-smi command is available.
# It is not guaranteed to work on all setups so please test and customize as needed
# for your environment. It can be passed into SPARK via the config
```

```
    # spark.{driver/executor}.resource.gpu.discoveryScript to allow the driver or
executor to discover
    # the GPUs it was allocated. It assumes you are running within an isolated
container where the
    # GPUs are allocated exclusively to that driver or executor.
    # It outputs a JSON formatted string that is expected by the
    # spark.{driver/executor}.resource.gpu.discoveryScript config.
    #
    # Example output: {"name": "gpu", "addresses":["0","1","2","3","4","5","6","7"]}

    ADDRS=`nvidia-smi --query-gpu=index --format=csv,noheader | sed -e ':a' -e 'N' -
e'$!ba' -e 's/\n/","/g'`
    echo {\"name\": \"gpu\", \"addresses\":[\"$ADDRS\"]}
```

上述脚本必须设置执行权限，并且用户应该设置权限以不允许恶意用户修改它。该脚本应该以ResourceInformation类的格式向STDOUT写入一个JSON字符串。

4.8 YARN阶段级调度

Spark YARN阶段级调度（Stage Level Scheduling）是Spark在YARN集群管理器上运行时的一个重要组成部分，它负责将Spark作业划分为多个阶段，并管理这些阶段的执行。本节详细介绍YARN阶段级调度。

4.8.1 阶段级调度概述

YARN支持以下两种阶段级调度。

- *禁用动态分配时：它允许用户在阶段级别指定不同的任务资源需求，并将使用启动时请求的相同执行器。*
- *启用动态分配时：允许用户在阶段级别指定任务和执行器资源需求，并请求额外的执行器。*

需要注意的是，在YARN上，每个ResourceProfile都需要配置不同的容器优先级。在YARN中，ResourceProfile的ID映射为优先级，其中数字越低表示优先级越高。这意味着如果未明确指定，早期创建的配置文件在YARN中将具有较高的优先级。这通常不是问题，因为Spark 会在开始新阶段之前完成当前阶段。然而，在作业服务器类型的场景中，这一点可能会影响资源分配，因此需要留意。

另外，基本的默认配置文件和自定义ResourceProfile在处理自定义资源的方式上存在差异。为了允许用户在不使用Spark调度的情况下请求具有额外资源的YARN容器，用户可以通过spark.yarn.executor.resource.*配置项进行指定。不过，这些配置仅适用于基本默认配置文件，并不会应用到其他任何自定义ResourceProfile中。

Spark将GPU和FPGA资源转换为YARN内置类型yarn.io/gpu和yarn.io/fpga，但不知道任何其他资源的映射。任何其他Spark自定义资源都不会传播到默认配置文件的YARN。因此，如果希望Spark基于自定义资源进行调度，并向YARN请求该资源，则必须在YARN（spark.yarn.{driver/executor}.resource.）和Spark（spark.{driver/executor}.resource.)上指定配置。

4.8.2 注意事项

在调度决策中是否满足核心请求取决于使用的调度程序及其配置方式。

在Cluster模式下，Spark执行器和Spark驱动程序使用的本地目录将是为YARN配置的本地目录（配置在yarn.nodemanager.local-dirs中）。如果用户指定了spark.local.dir，它将被忽略。在Client模式下，Spark执行器将使用为YARN配置的本地目录，而Spark驱动程序将使用spark.local.dir中定义的目录。这是因为在Client模式中，Spark驱动器不会在YARN集群上运行，只有Spark执行者会运行。

--files和--archives选项支持使用类似Hadoop的指定文件名。例如，可以指定：

```
--files localtest.txt#appSees.txt
```

上述选项是将把在本地命名为localtest.txt的文件上传到HDFS中，但它将以名称appSees.txt链接到HDFS，并且应用程序在YARN上运行时应使用名称appSees.txt来引用它。

--jars选项使得SparkContext.addJar函数能够在本地文件系统中使用的JAR包在以Cluster模式运行的Spark应用程序中生效。如果JAR包位于HDFS、HTTP、HTTPS或FTP服务器上，就无须使用--jars选项。

4.9 动手练习

练习 1：提交任务到 Spark 集群

1）任务要求

编写一个Java程序，使用Spark API读取一个文本文件，并计算文件中单词的数量。然后将该任务提交到本地Spark集群。

2）操作步骤

（1）准备一个包含若干英文单词的文本文件（例如input.txt）。

（2）编写一个Java程序（WordCount.java），使用Spark API读取文件并计算单词数量。

（3）使用spark-submit命令提交任务到本地Spark集群。

3）参考代码

```
import org.apache.spark.SparkConf;
import org.apache.spark.api.java.JavaRDD;
import org.apache.spark.api.java.JavaSparkContext;

public class WordCount {
    public static void main(String[] args) {
        // 创建Spark配置对象
```

```
        SparkConf conf = new
SparkConf().setAppName("WordCount").setMaster("local");
        // 创建Java版本的Spark上下文对象
        JavaSparkContext sc = new JavaSparkContext(conf);

        // 读取文本文件
        JavaRDD<String> lines = sc.textFile("file:///path/to/input.txt");

        // 计算单词数量
        long wordCount = lines.flatMap(line -> Arrays.asList(line.split(" ")).
iterator())
                              .count();

        // 输出结果
        System.out.println("Total number of words: " + wordCount);

        // 关闭Spark上下文
        sc.close();
    }
}
```

代码说明：

这段代码首先创建了一个Spark配置对象，然后使用该配置对象创建了一个Java版本的Spark上下文对象。接着，它读取了一个文本文件，将其拆分成单词，并计算单词的数量。最后，输出结果并关闭Spark上下文。

4）小结

通过本练习，我们将学会如何使用Java编写一个简单的Spark程序，并使用spark-submit命令将其提交到本地Spark集群执行。

练习 2：启动 Spark 集群

1）任务要求

使用Spark内置的集群管理器（Standalone模式）手动启动一个Spark集群。

2）操作步骤

（1）确保已经安装了Spark，并且有权限访问Spark的安装目录。

（2）在主节点上运行start-master.sh脚本启动主节点。

```
$SPARK_HOME/sbin/start-master.sh
```

（3）在工作节点上运行start-slave.sh脚本连接到主节点。

```
$SPARK_HOME/sbin/start-slave.sh spark://master-node-ip:7077
```

（4）通过访问主节点Web UI（默认端口8080）确认集群状态。

3）小结

通过本练习，我们将学会如何手动启动一个Spark集群，并了解Spark Standalone模式的基本概念。

练习 3：使用 YARN 集群

1）任务要求

在一个已经配置好的YARN集群上启动Spark，并提交一个任务到该集群。

2）操作步骤

（1）确保你的YARN集群已经正确配置并运行。

（2）使用spark-submit命令将任务提交到YARN集群。

```
spark-submit --class org.apache.spark.examples.SparkPi \
--master yarn \
--deploy-mode client \
--executor-memory 1g \
--num-executors 3 \
/path/to/spark-examples.jar
```

命令说明：

该命令将Spark Pi示例任务提交到YARN集群，指定了客户端部署模式、每个执行器的内存大小和执行器的数量。

3）小结

通过这个练习，我们将学会如何在YARN集群上运行Spark任务，并理解YARN集群资源管理和调度的基本概念。

练习 4：使用 Spark 进行数据清洗和转换

1）任务要求

（1）读取一个包含用户信息的CSV文件。

（2）对数据进行清洗，去除重复的用户记录。

（3）将用户的姓名转换为大写形式。

（4）过滤出年龄大于或等于18岁的用户。

（5）将结果保存到一个新的CSV文件中。

2）操作步骤

（1）启动Spark集群（假设已经配置好并运行在本地）。

（2）编写Java代码，使用Spark API进行数据处理。

（3）关闭Spark集群。

3）参考代码

```
import org.apache.spark.sql.Dataset;
import org.apache.spark.sql.Row;
import org.apache.spark.sql.SparkSession;

public class DataCleaning {
    public static void main(String[] args) {
        // 创建SparkSession
```

```
        SparkSession spark = SparkSession.builder()
                .appName("Data Cleaning")
                .master("local[*]") // 设置本地模式运行，可以根据需要修改为集群模式
                .getOrCreate();

        // 读取CSV文件
        Dataset<Row> usersDF = spark.read().option("header",
"true").csv("path/to/input.csv");

        // 去除重复的用户记录
        Dataset<Row> distinctUsersDF = usersDF.dropDuplicates();

        // 将用户的姓名转换为大写形式
        Dataset<Row> upperCaseUsersDF = distinctUsersDF.withColumn("name",
functions.upper(distinctUsersDF.col("name")));

        // 过滤出年龄大于或等于18岁的用户
        Dataset<Row> filteredUsersDF =
upperCaseUsersDF.filter(upperCaseUsersDF.col("age").geq(18));

        // 将结果保存到一个新的CSV文件中
        filteredUsersDF.write().option("header",
"true").csv("path/to/output.csv");

        // 关闭SparkSession
        spark.stop();
    }
}
```

代码说明：

- SparkSession：用于与Spark交互的主要入口点。
- read().option("header", "true").csv("path/to/input.csv")：从指定路径读取CSV文件，并设置第一行为表头。
- dropDuplicates()：去除重复的行。
- withColumn("name", functions.upper(distinctUsersDF.col("name")))：使用withColumn()方法添加一个新列或替换现有列的值，这里将name列的值转换为大写。
- filter(upperCaseUsersDF.col("age").geq(18))：使用filter()方法过滤出年龄大于或等于18岁的用户。
- write().option("header", "true").csv("path/to/output.csv")：将处理后的数据写入新的CSV文件，并设置表头。
- spark.stop(): 关闭SparkSession，释放资源。

4）小结

通过这个练习，我们学习了如何使用Spark进行数据清洗和转换。在实际操作中，需要确保Spark集群已经正确配置并运行在本地或集群环境中。同时，还需要根据实际情况调整代码中的文件路径和集群模式。

4.10 本章小结

本章主要介绍了Spark的集群管理，内容包括Spark集群的基本概念、如何启动集群、提交任务到Spark集群，以及如何配置集群的高可用性。

首先介绍了Spark集群的基本组件和使用时的注意事项，然后详细解释了如何向Spark集群提交任务，包括依赖管理、使用spark-submit工具、指定主节点URL和加载配置文件等步骤。接下来，我们学习了如何手动启动Spark集群和启动脚本进行自动化部署。在集群的高可用方面，讨论了使用ZooKeeper和本地文件系统的单节点恢复机制来提高集群的可靠性。最后，深入探讨了如何在YARN集群上运行Spark，涵盖在YARN集群管理器上启动Spark、添加JAR包、应用调试以及使用Spark历史记录服务器来替换默认的Web UI。此外，还提到了YARN集群的常用配置和资源分配策略。

掌握这些知识能够帮助我们高效地运行和管理Spark集群，在处理大规模数据集时能够更加灵活和强大。

第 5 章

Spark SQL

Spark SQL是Apache Spark的一个模块，它提供了对结构化和半结构化数据的处理能力。本章将深入探讨Spark SQL的核心概念、工作原理以及如何利用Dataset和DataFrame进行数据处理。我们将学习如何使用SQL API和Dataset/DataFrame API进行数据操作，包括创建临时视图，读取和写入Parquet、ORC和Avro文件，以及与Hive集成等。通过本章的学习，读者将能够充分利用Spark SQL的强大功能来处理大规模结构化数据。

5.1 Spark SQL 的基本概念及工作原理

Spark SQL是Spark用于处理结构化数据的一个模块。不同于基础的RDD API，Spark SQL提供的接口提供了更多关于数据和执行的计算任务的结构信息。Spark SQL内部使用这些额外的信息来执行一些额外的优化操作。

5.1.1 Spark SQL的基本概念

Spark SQL为Spark提供了一个分布式SQL查询引擎，它可以将SQL查询转换为Spark作业，并在集群上并行执行。这使得用户可以轻松地处理大规模的结构化数据，如存储在HDFS、Parquet、Hive等系统中的数据。

Spark SQL提供了两种主要的编程接口：SQL和DataFrame API。SQL接口允许用户直接使用SQL语言进行查询，而DataFrame API则提供了一种更加灵活和强大的方式来操作结构化数据。DataFrame是Spark SQL中的一个核心概念，它是一种分布式数据集，类似于传统数据库中的二维表格。DataFrame带有Schema元信息，即DataFrame所表示的二维表数据集的每一列都带有名称和类型。这使得Spark SQL可以清楚地知道数据集中包含哪些列，每列的名称和类型各是什么，从而实现对数据结构的精确控制。

5.1.2　Spark SQL的工作原理

Spark SQL的工作原理主要包括以下几个方面。

1. SQL解析与优化

当用户提交一个SQL查询时，Spark SQL首先将其解析成一个抽象语法树（Abstract Syntax Tree，AST）。然后，Spark SQL使用Catalyst优化器对AST进行一系列的优化操作，如谓词下推、列裁剪、常量折叠等，这些优化操作可以显著提高查询的执行效率。优化后的AST被转换为逻辑计划（Logical Plan），然后进一步转换为物理计划（Physical Plan）。物理计划描述了如何在集群上并行执行查询的具体步骤。

2. DataFrame处理

DataFrame是Spark SQL中处理数据的核心数据结构。当用户使用DataFrame API进行数据操作时，Spark SQL会将这些操作转换为对DataFrame的transformation操作和action操作。transformation操作是惰性的，它们不会立即执行，而是生成一个新的DataFrame。action操作则会触发计算过程，将transformation操作的结果输出到外部存储系统或进行其他处理。

Spark SQL对DataFrame的处理主要基于其内置的DataFrame操作库。这个库提供了丰富的函数和方法来操作DataFrame中的数据，如选择列、过滤行、聚合数据等。同时，Spark SQL还支持将DataFrame与其他数据源进行连接操作，如与Hive表进行连接查询等。

3. 数据源访问

Spark SQL可以访问各种数据源，如HDFS、Parquet、Hive等。为了支持这些数据源，Spark SQL提供了数据源API（DataSource API）。数据源API定义了一组接口和类，用于连接和读取外部数据源中的数据。当用户需要访问某个数据源时，只需要实现相应的数据源连接器（DataSource Connector）即可。数据源连接器负责将外部数据源中的数据加载到Spark SQL中，并将其转换为DataFrame进行处理。

4. 分布式执行

Spark SQL是一个分布式系统，它可以在集群上并行执行查询任务。当用户提交一个查询时，Spark SQL会将其拆分成多个子任务，并将这些子任务分发到集群中的不同节点上执行。每个节点都会运行一个执行器进程来执行分配给自己的子任务。执行器进程会与Spark驱动程序进行通信，以协调任务的执行和结果的收集。最终，Spark驱动程序会将所有节点的结果合并起来并返回给用户。

5. 缓存与持久化

为了提高查询性能并减少数据读取的开销，Spark SQL支持将数据缓存到内存中。当用户首次读取某个数据源中的数据时，Spark SQL会将其加载到内存中并进行缓存。在后续的查询中，如果该数据已经被缓存过，则可以直接从内存中读取而无须再次从外部数据源中加载。此外，Spark SQL还支持将数据持久化到磁盘上以便在后续查询中重用。

总结来说，Spark SQL是一个功能强大的分布式SQL查询引擎，它允许用户使用SQL或DataFrame API对结构化数据进行高效查询和处理。Spark SQL通过优化查询执行计划、利用DataFrame操作库、支持多种数据源访问、分布式执行以及缓存与持久化等技术手段来提高查询性能和数据处理效率。

5.1.3 Spark RDD与Spark SQL的比较

1. 数据模型

- RDD：RDD是一个无模式的数据集合，它可以包含任意类型的数据。由于RDD是无模式的，因此在使用它之前，用户需要手动处理数据的解析和序列化。
- Spark SQL：Spark SQL的DataFrame API提供了有模式的数据集合，其中每个列都有明确的数据类型。这种有模式的数据模型使得Spark SQL在处理结构化数据时更加高效和直观。

2. 查询类型

- RDD：由于RDD是无模式的，因此它支持任意类型的计算，包括复杂的转换和动作操作。然而，对于涉及结构化数据的查询，使用RDD可能会更加烦琐和低效。
- Spark SQL：Spark SQL提供了SQL和DataFrame API来支持结构化数据的查询。这使得用户可以以声明式的方式表达查询逻辑，而无须编写复杂的代码。此外，Spark SQL的优化器还可以自动对查询进行优化以提高性能。

3. 性能

- RDD：由于RDD是无模式的，因此在使用它时需要手动处理数据的解析和序列化，这可能会导致额外的性能开销。此外，对于涉及多个RDD的复杂计算，可能需要手动管理RDD之间的依赖关系和分区策略，以确保高效的并行执行。
- Spark SQL：Spark SQL的DataFrame API提供了有模式的数据集合，这使得它可以利用更多的优化机会来提高性能。例如，Catalyst优化器可以自动对查询进行优化，包括谓词下推、列裁剪和投影裁剪等。此外，Spark SQL还支持使用内存列存储（如Parquet和ORC）来进一步提高性能。

4. 易用性

- RDD：RDD的API相对较为底层和复杂，需要用户具备较高的编程能力和对Spark生态系统的深入理解。使用RDD进行数据处理和分析时，可能需要编写大量的代码来处理数据的解析、转换和序列化等操作。
- Spark SQL：Spark SQL提供了更加直观和易用的API来支持结构化数据的查询。用户可以使用SQL或DataFrame API来表达查询逻辑，而无须编写复杂的代码。此外，Spark SQL还支持与多种数据源进行集成，包括关系数据库、NoSQL数据库和文件系统等。

5. 编程风格

- RDD：使用RDD进行编程通常需要采用函数式编程的风格，即使用map()、filter()、reduce()等函数来处理数据。这种编程风格可以充分利用Spark的并行计算能力，但也可能导致代码变得复杂和难以维护。

- Spark SQL：Spark SQL提供了更加声明式的编程风格，即用户只需描述他们想要的数据结果，而无须详细描述如何获取这些数据。这种编程风格使得代码更加简洁和易于理解，同时也降低了出错的可能性。

6. 依赖包

- RDD：RDD处于spark-core_${scala.version}模块下，意味着它是Spark的核心模块。其他所有模块都会引用核心模块。
- Spark SQL：Spark SQL处于spark-sql_${scala.version}模块下。

5.1.4 抉择建议

在选择使用Spark SQL还是Spark RDD时，建议遵循以下原则：

- 如果数据是结构化的，并且需要执行SQL查询、数据聚合和连接等任务，那么应该优先考虑使用Spark SQL。Spark SQL提供了直观和易用的API来支持结构化数据的查询，并且具有高效的性能。
- 如果数据是非结构化的或需要执行复杂的转换操作（如机器学习、图像处理等），并且需要自定义数据解析和转换逻辑，那么应该考虑使用RDD。RDD提供了更大的灵活性和控制力，适合处理非结构化和半结构化数据以及需要高度定制化的场景。
- 在实际项目中，也可以结合使用Spark SQL和RDD。例如，可以使用RDD进行数据预处理和转换操作，然后将结果转换为DataFrame进行结构化数据的查询和分析。这种结合使用的方式可以充分发挥Spark SQL和RDD的优势，提高数据处理和分析的效率。

5.2 Dataset 与 DataFrame

Spark SQL提供了多种API用于交互，包括SQL接口以及Dataset和DataFrame API。

5.2.1 SQL API与Dataset/DataFrame API

1. SQL API

Spark SQL的用法之一是执行SQL查询，它也可以从现有的Hive中读取数据。如果从其他编程语言内部运行SQL API，查询结果将作为一个Dataset/DataFrame返回。还可以使用命令行或通过JDBC/ODBC来与SQL API进行交互。示例如下：

```
Dataset<Row> sqlDF = spark.sql("SELECT * FROM people");
```

说明：这个命令的作用是从名为people的表中选择所有数据，并将结果存储在一个名为sqlDF的Dataset<Row>对象中。

2. Dataset/DataFrame API

Dataset是一个分布式数据集，它是Spark 1.6版本中新增的一个接口，结合了RDD API和SQL API的优化执行引擎的优势。Dataset可以从JVM对象构造得到，随后可以使用函数式的转换进行操作，例如map、flatMap、filter等。Dataset API目前支持Scala和Java语言，还不支持Python，不过由于Python语言的动态性，Dataset API的很多优势早就已经可用了。例如，可以使用row.columnName来访问数据行的某个字段。这种场景对于R语言来说是类似的。

DataFrame是按命名列方式组织的一个Dataset。从概念上来讲，它等同于关系数据库中的表或R/Python中的数据帧（Data Frame），只不过在底层进行了更多优化。DataFrame可以从很多数据源构造得到，例如结构化的数据文件、Hive表、外部数据库或现有的RDD。DataFrame API支持Scala、Java、Python以及R语言。在Scala和Java语言中，DataFrame是由一个Row类型的Dataset来表示的。在Scala API中，DataFrame只是Dataset[Row]的一个类型别名，而在Java API中，开发人员需要使用Dataset<Row>来表示一个DataFrame。DataFrame也可以被称为非类型化（Untyped）的Dataset，或者是Dataset的子集。以下是一个DataFrame示例：

```
Dataset<Row> df
  = spark.read().json("examples/src/main/resources/people.json");
```

说明：上述代码的作用是从指定的JSON文件中读取数据，并将其转换为一个Dataset对象，以便后续进行数据处理和分析。

Dataset是特定于域的对象的强类型集合，这点与RDD有本质的区别。例如，以下是一个Person类型的Dataset：

```
Dataset<Person> peopleDS
  = spark.read().json(path).as(personEncoder);
```

说明：上述代码的作用是从指定的JSON文件中读取数据，并将其转换为一个包含Person对象的Dataset，以便后续进行数据处理和分析。

其次，对于操作而言，与RDD类似，Dataset可用的操作也分为transformation和action。transformation操作用于生成新的Dataset，而action操作用于触发计算和返回结果。常见的transformation操作包括map、filter、select和groupBy。常见的action操作包括count、show或将数据写入文件系统。

Dataset也是懒执行的，它不会立即计算结果。在内部，Dataset表示一个逻辑计划，该计划描述了生成数据所需的计算。当调用动作操作时，Spark的查询优化器（Query Optimizer）会优化逻辑计划（Logical Plan），并生成物理计划（Physical Plan），以便以并行和分布式的方式高效执行。要探索逻辑计划和优化的物理计划，可使用解释函数explain()。

要有效地支持特定于域的对象，需要编码器。编码器将域特定类型T映射到Spark的内部类型系统。例如，给定一个具有两个字段name(string)和age(int)的类Person，编码器用于告诉Spark在运行时生成代码，以将Person对象序列化为二进制结构。这种二进制结构通常具有更低的内存占用空间，并针对数据处理的效率进行了优化（例如列式格式）。要了解数据的内部二进制表示，可使用模式函数schema()。

5.2.2 RDD、Dataset和DataFrame的优缺点总结

图5-1展示了RDD、Dataset和DataFrame所支持的功能。

Feature	RDD	DataFrame	Dataset
Immutable	Yes	Yes	Yes
Fault Tolerant	Yes	Yes	Yes
Type-Safe	Yes	Yes	Yes
Schemes	No	Yes	Yes
Execution Optimization	No	Yes	Yes
API Level for manipulating distributed collection of data	Low	High	High
Ianguage Support	Java,Scala,Python	Java,Scala,Python,R	Java,Scala

图 5-1 RDD、Dataset 和 DataFrame 所支持的功能

1. RDD 的优缺点

优点：

- 编译时类型安全，即编译时就能检查出类型错误。
- 面向对象的编程风格，允许直接通过类名和点操作符来操作数据。
- 功能强大，有很多内置函数，方便处理结构化或非结构化数据，例如group、map、filter等。

缺点：

- 无论是集群间的通信，还是I/O操作，都需要对对象的结构和数据进行序列化和反序列化，序列化和反序列化的性能开销大。
- GC（Garbage Collection，垃圾回收）的性能开销大，频繁地创建和销毁对象，势必会增加GC。
- 没有内置优化引擎：在处理结构化数据时，RDD无法利用Spark的高级优化器，包括Catalyst优化器和Tungsten执行引擎。开发人员需要根据每个RDD的属性进行优化。
- 处理结构化数据较弱：与DataFrame和Dataset相比，RDD不会自动推断摄取数据的模式，而是需要用户显式指定。

2. DataFrame 的优缺点

优点：

- 自带Scheme信息，降低了序列化和反序列化的开销。
- 将数据序列化为二进制格式的堆外存储，直接在里面执行转换，无须使用Java序列化来编码数据。
- 避免在为Dataset的每一行构造单个对象时引起垃圾回收。
- 能够使用Catalyst优化器和Tungsten执行引擎。
- 数据处理强大：处理结构化和非结构化数据格式（Avro、CSV、Elasticsearch和Cassandra）和存储系统（HDFS、HIVE表、MySQL等）。RDD可以从所有这些不同的数据源读取和写入。

- 兼容Hive。

缺点：

- 编译时不能进行类型转换安全检查，运行时才能确定是否有问题。
- DataFrame内存存储的是Row对象而不是自定义对象，对于对象支持不友好。

3. Dataset 的优点

在大多数场景下，Dataset的性能优于RDD。使用Encoders序列化数据，相比Kryo或Java序列化，可以避免不必要的格式转换，从而提高效率。

- Dataset类似于RDD，函数尽可能编译时安全，而且支持自定义对象存储。
- Dataset可以和DataFrame、RDD相互转换。
- Dataset和DataFrame一样，支持结构化数据的SQL查询。
- Dataset具有RDD和DataFrame的优点，又避免了它们的缺点。Dataset支持结构化和非结构化数据。

综上所述，一般情况下，建议使用Dataset。

5.2.3 RDD、Dataset、DataFrame的相互转换

RDD、Dataset、DataFrame之间可以相互转换，方式如下。

1. RDD 转 Dataset

示例如下：

```
val ds = rdd.toDS()
```

说明：toDS()方法将RDD转换为Dataset，同时保留了RDD的数据结构。

2. RDD 转 DataFrame

示例如下：

```
val df = spark.read.json(rdd)
```

说明：spark.read.json(rdd)方法将RDD中的数据解析为JSON格式，并将其转换为DataFrame。

3. Dataset 转 RDD

示例如下：

```
val rdd = ds.rdd
```

说明：ds.rdd方法将Dataset转换回RDD，以便可以使用RDD的底层操作和转换功能。

4. Dataset 转 DataFrame

示例如下：

```
val df = ds.toDF()
```

说明：toDF()方法将Dataset转换为DataFrame，同时保留了Dataset的数据结构。

5. DataFrame 转 RDD

示例如下：

```
val rdd = df.toJSON.rdd
```

说明：df.toJSON.rdd方法将DataFrame转换为RDD，同时将DataFrame中的数据转换为JSON格式。

6. DataFrame 转 Dataset

示例如下：

```
val ds = df.toJSON
```

说明：df.toJSON方法将DataFrame转换为Dataset，同时将DataFrame中的数据转换为JSON格式。

5.3　实战：DataFrame 的基本操作

本节介绍DataFrame的基本操作，包括如何初始化SparkSession，以及使用DataFrame API等。

本节所展示的示例，均可以在源码DataFrameBasicExample.java中找到。可以通过以下命令来执行示例：

```
spark-submit --class com.waylau.spark.java.samples.sql.DataFrameBasicExample
spark-java-samples-1.0.0.jar
```

5.3.1　创建SparkSession

Spark中所有Dataset/DataFrame功能的入口点都是SparkSession类。通过SparkSession，可以执行各种操作，如读取数据、转换数据、聚合数据等。要创建基本的SparkSession，只需使用SparkSession.builder()：

```
SparkSession sparkSession = SparkSession.builder()
    // 设置应用名称
    .appName("DataFrameBasicExample")
    // 本地单线程运行
    .master("local").getOrCreate();
```

上述代码用来创建一个SparkSession的实例，并将创建好的SparkSession实例赋值给变量sparkSession，以便后续使用。

SparkSession为Hive功能提供了内置支持，包括使用HiveQL编写查询的能力、访问Hive UDF以及从Hive表中读取数据的能力。要使用这些功能，不需要对Hive进行特殊设置。

5.3.2 创建DataFrame

有了SparkSession之后，就可以创建DataFrame了。可以从现有RDD、Hive表或Spark数据源创建DataFrame。

例如，以下JSON文件作为数据源，根据JSON文件的内容创建DataFrame：

```
// 创建DataFrame
// 返回一个DataFrameReader，可用于将非流式数据作为DataFrame读取
Dataset<Row> df = sparkSession.read()
    // 加载存储JSON对象的Dataset
    .json("people.json");
```

其中，read()方法用于返回一个DataFrameReader，该DataFrameReader可用于将非流式数据作为DataFrame读取；json()方法用于加载存储JSON对象的Dataset，并将结果作为DataFrame返回。

people.json文件的数据如下：

```
{"name": "Michael","homePage": "https://waylau.com/about"}
{"name": "Andy Huang","age": 25,"homePage": "https://waylau.com/archive"}
{"name": "Justin","age": 19,"homePage": "https://waylau.com/books"}
{"name": "Way Lau","age": 35,"homePage": "https://waylau.com/categories/"}
```

注意，上述JSON文件提供的格式不是典型的JSON文件，而是JSON行文本格式（也称为换行符分隔的JSON）。该格式每行必须包含一个单独的、自包含的有效JSON对象。简而言之，同一个对象的属性不能换行，包括最外层的中括号。更多信息可参考JSON行文本格式（http://jsonlines.org/）。

JSON文件作为数据源时，可以以下类的option或options方法进行配置选项的设置：

```
DataFrameReader
DataFrameWriter
DataStreamReader
DataStreamWriter
```

表5-1展示了JSON数据源的常用配置。

表 5-1 JSON 数据源的常用配置

配置属性名称	默 认 值	含 义
timeZone	spark.sql.session.timeZone配置值	设置字符串，该字符串指示用于格式化JSON数据源或分区值中的时间戳的时区
primitivesAsString	false	将所有基元值推断为字符串类型
prefersDecimal	false	将所有浮点值推断为十进制类型
allowComments	false	忽略JSON记录中Java/C++风格的注释
allowUnquotedFieldNames	false	允许未加引号的JSON字段名
allowSingleQuotes	true	除双引号外，还允许使用单引号
allowNumericLeadingZeros	false	允许数字中的前导零（例如00012）
allowBackslashEscaping-AnyCharacter	false	允许使用反斜杠引用机制接受所有字符的引用

（续表）

配置属性名称	默　认　值	含　　义
mode	PERMISSIVE	允许处理损坏的记录的模式，支持的模式有三种。PERMISSIVE：当遇到损坏的记录时，将格式错误的字符串放入由columnNameOfCorruptRecord配置的字段中，并将格式错误的字段设置为null；DROPMALFORMED：忽略整个损坏的记录，JSON内置函数不支持此模式；FAILFAST：遇到损坏的记录时引发异常
columnNameOfCorruptRecord	spark.sql.columnNameOfCorruptRecord配置值	允许重命名由PERMISSIVE模式创建的字符串格式不正确的新字段。这将覆盖spark.sql.columnNameOfCorruptRecord
dateFormat	yyyy-MM-dd	设置指示日期格式的字符串。自定义日期格式遵循日期时间格式模式。这适用于日期类型
timestampFormat	yyyy-MM-dd'T'HH:mm:ss[.SSS][XXX]	设置指示时间戳格式的字符串。自定义日期格式遵循日期时间格式模式。这适用于时间戳类型
timestampNTZFormat	yyyy-MM-dd'T'HH:mm:ss[.SSS]	设置指示不带时区格式的时间戳的字符串
enableDateTimeParsingFallback	如果时间分析器策略具有旧设置，或者没有提供自定义日期或时间戳模式，则启用	如果值与设置的模式不匹配，则允许回退到向后兼容（Spark 1.x和2.0）的分析日期和时间戳行为
allowUnquotedControlChars	false	允许JSON字符串包含无引号的控制字符（值小于32的ASCII字符，包括制表符和换行符）或不包含
encoding	在将multiLine设置为true（用于读取）、UTF-8（用于写入）时自动检测	对于读取，允许强制设置JSON文件的标准基本编码或扩展编码之一，例如UTF-16BE、UTF-32LE。对于编写，指定已保存JSON文件的编码（字符集）。JSON内置函数忽略此选项
lineSep	\r、\r\n和\n（用于读取），\n（用于写入）	定义应用于分析的行分隔符
samplingRatio	1.0	定义用于架构推断的输入JSON对象的一部分
dropFieldIfAllNull	false	在架构推理过程中，是忽略所有null值的列还是忽略空数组
locale	en-US	将语言环境设置为IETF BCP47格式的语言标记。例如，在分析日期和时间戳时使用区域设置

（续表）

配置属性名称	默 认 值	含 义
allowNonNumericNumbers	true	允许 JSON 解析器将一组 Not-a-Number（NaN）标记识别为合法的浮点值
compression		保存到文件时要使用的压缩编解码器。这可以是已知的不区分大小写的缩短名称之一（none、bzip2、gzip、lz4、snappy 和 deflate）。JSON内置函数忽略此选项
ignoreNullFields	spark.sql.jsonGenerator.ignoreNullFields配置值	生成JSON对象时是否忽略空字段

5.3.3 DataFrame的常用操作

DataFrame为Scala、Java、Python以及R语言中的结构化数据操作提供了一种领域特定语言。

正如前文提到的，Scala和JavaAPI中的DataFrame只是Row类型的Dataset，因此DataFrame和Dataset本质上是一套API。与使用强类型的Scala/Java Dataset“类型化转换”相比，以下这些DataFrame操作也被称为 “非类型化转换”。

1. show()方法

show()方法用于将DataFrame的内容打印出来，用法如下：

```
// 显示DataFrame的内容
df.show();
```

执行之后，控制台打印内容如下：

```
+----+--------------------+----------+
| age|            homePage|      name|
+----+--------------------+----------+
|NULL|https://waylau.co...|   Michael|
|  25|https://waylau.co...|Andy Huang|
|  19|https://waylau.co...|    Justin|
|  35|https://waylau.co...|   Way Lau|
+----+--------------------+----------+
```

2. printSchema()方法

printSchema()方法以树的形式打印出DataFrame的Schema（逻辑结构），用法如下：

```
// 打印Schema
df.printSchema();
```

执行之后，控制台打印内容如下：

```
root
 |-- age: long (nullable = true)
 |-- homePage: string (nullable = true)
 |-- name: string (nullable = true)
```

上述Schema包含字段名、字段类型、是否允许为空等信息。

3. 按列名查询

可以指定列名来查询相应列的数据，用法如下：

```
df.select("name").show();
```

上述代码指定只查询name列的数据。控制台打印内容如下：

```
+----------+
|      name|
+----------+
|   Michael|
|Andy Huang|
|    Justin|
|   Way Lau|
+----------+
```

当然，也可以指定多个列名：

```
// 指定多个列名
df.select("name", "age").show();
```

上述方式等同于使用col()函数：

```
// 上述方式等同于使用col()函数
df.select(col("name"), col("age")).show();
```

控制台打印内容如下：

```
+----------+----+
|      name| age|
+----------+----+
|   Michael|NULL|
|Andy Huang|  25|
|    Justin|  19|
|   Way Lau|  35|
+----------+----+
```

col()函数返回的是Column类型的对象，Column对象可以支持更复杂的表达式操作。例如使用Column的plus()函数来使数值加1：

```
// plus递增1
df.select(col("name"), col("age").plus(1)).show();
```

控制台打印内容如下：

```
+----------+---------+
|      name |(age + 1)|
+----------+---------+
|   Michael|     NULL|
|Andy Huang|       26|
|    Justin|       20|
```

```
|   Way Lau|       36|
+----------+---------+
```

4. 过滤

使用filter()方法可以执行过滤。例如过滤age大于21的数据：

```
df.filter(col("age").gt(21)).show();
```

控制台打印内容如下：

```
+---+--------------------+----------+
|age|            homePage|      name|
+---+--------------------+----------+
| 25|https://waylau.co...|Andy Huang|
| 35|https://waylau.co...|   Way Lau|
+---+--------------------+----------+
```

5. 分组

使用groupBy可以按照指定的列名分组。例如：

```
// 分组并统计各组的个数
df.groupBy("age").count().show();
```

上述例子按照age进行分组，并统计了各组的个数。控制台打印内容如下：

```
+----+-----+
| age|count|
+----+-----+
|  19|    1|
|  25|    1|
|NULL|    1|
|  35|    1|
+----+-----+
```

5.4　实战：Dataset 的基本操作

本节介绍Dataset的基本操作，包括如何初始化SparkSession，以及使用Dataset API等。

本节所展示的示例均可以在源码DatasetBasicExample.java中找到。可以通过以下命令来执行示例：

```
    spark-submit --class com.waylau.spark.java.samples.sql.DatasetBasicExample
spark-java-samples-1.0.0.jar
```

5.4.1　创建SparkSession

Spark 中所有 Dataset/Dataset 功能的入口点都是 SparkSession 类。要创建基本的SparkSession，只需使用SparkSession.builder()：

```
SparkSession sparkSession = SparkSession.builder()
    // 设置应用名称
    .appName("DatasetBasicExample")
    // 本地单线程运行
    .master("local").getOrCreate();
```

5.4.2 创建Dataset

有了SparkSession之后，就可以创建Dataset了。前文介绍了可以从现有RDD、Hive表或Spark数据源创建DataFrame。其实，DataFrame就是非类型化的Dataset，因此在创建Dataset时只需要指定具体的类型。

例如，以下JSON文件作为数据源，根据JSON文件的内容创建Dataset：

```
// 创建Java Bean的编码器
Encoder<Person> personEncoder = Encoders.bean(Person.class);

// 创建Dataset
// 返回一个DataFrameReader，可用于将非流式数据作为DataFrame读取
Dataset<Person> personDataset = sparkSession.read()
    // 加载存储JSON对象的Dataset
    .json("people.json")
    // 指定编码器，将DataFrame转换为Dataset
    .as(personEncoder);
```

其中，read()方法用于返回一个DataFrameReader，该DataFrameReader可用于将非流式数据作为DataFrame读取；json()方法用于加载存储JSON对象的Dataset，并将结果作为DataFrame返回；as()方法用于将DataFrame转换为Dataset。

people.json文件数据如下：

```
{"name": "Michael","homePage": "https://waylau.com/about"}
{"name": "Andy Huang","age": 25,"homePage": "https://waylau.com/archive"}
{"name": "Justin","age": 19,"homePage": "https://waylau.com/books"}
{"name": "Way Lau","age": 35,"homePage": "https://waylau.com/categories/"}
```

注意，使用as()方法将DataFrame转换为Dataset时，需要指定Java Bean的编码器。Encoders类提供了一种便捷的方式来为Java Bean创建所需的编码器。Person类代码如下：

```
package com.waylau.spark.java.samples.common;

public class Person {
    private String name;
    private Long age;
    private String homePage;

    public String getName() {
        return name;
    }

    public void setName(String name) {
        this.name = name;
```

```
    }

    public Long getAge() {
        return age;
    }

    public void setAge(Long age) {
        this.age = age;
    }

    public String getHomePage() {
        return homePage;
    }

    public void setHomePage(String homePage) {
        this.homePage = homePage;
    }
}
```

5.4.3 Dataset的常用操作

正如前文提到的，Scala和Java API中的DataFrame只是Row类型的Dataset，因此Dataset和DataFrame本质上是一套API。以下是Dataset的常用操作。

1. show()方法

show()方法用于将Dataset的内容打印出来，用法如下：

```
// 显示Dataset的内容
personDataset.show();
```

执行之后，控制台打印内容如下：

```
+----+--------------------+----------+
| age|        homePage    |      name|
+----+--------------------+----------+
|NULL|https://waylau.co...|   Michael|
|  25|https://waylau.co...|Andy Huang|
|  19|https://waylau.co...|    Justin|
|  35|https://waylau.co...|   Way Lau|
+----+--------------------+----------+
```

2. printSchema()方法

printSchema()方法以树的形式打印出Dataset的Schema（逻辑结构），用法如下：

```
// 打印Schema
personDataset.printSchema();
```

执行之后，控制台打印内容如下：

```
root
 |-- age: long (nullable = true)
```

```
 |-- homePage: string (nullable = true)
 |-- name: string (nullable = true)
```

上述Schema包含字段名、字段类型、是否允许为空等信息。

3. 按列名查询

可以指定列名来查询相应列的数据，用法如下：

```
// 指定列名来查询相应列的数据
personDataset.select("name").show();
```

上述代码指定只查询name列的数据。控制台打印内容如下：

```
+----------+
|      name|
+----------+
|   Michael|
|Andy Huang|
|    Justin|
|   Way Lau|
+----------+
```

当然，也可以指定多个列名：

```
// 指定多个列名
personDataset.select("name", "age").show();
```

上述方式等同于使用col()函数：

```
// 上述方式等同于使用col()函数
personDataset.select(col("name"), col("age")).show();
```

控制台打印内容如下：

```
+----------+----+
|      name| age|
+----------+----+
|   Michael|NULL|
|Andy Huang|  25|
|    Justin|  19|
|   Way Lau|  35|
+----------+----+
```

col()函数返回的是Column类型的对象，Column类型的对象可以支持更复杂的表达式操作。例如使用Column的plus()函数来使数值加1：

```
// plus递增1
personDataset.select(col("name"), col("age").plus(1)).show();
```

控制台打印内容如下：

```
+----------+---------+
|      name|(age + 1)|
+----------+---------+
```

```
|   Michael|    NULL|
| Andy Huang|      26|
|    Justin|      20|
|   Way Lau|      36|
+----------+---------+
```

4. 过滤

使用filter()方法可以执行过滤。例如过滤age大于21的数据：

```
// 过滤大于21
personDataset.filter(col("age").gt(21)).show();
```

控制台打印内容如下：

```
+---+--------------------+----------+
|age|            homePage|      name|
+---+--------------------+----------+
| 25|https://waylau.co...|Andy Huang|
| 35|https://waylau.co...|   Way Lau|
+---+--------------------+----------+
```

5. 分组

使用groupBy可以按照指定的列名分组。例如：

```
// 分组并统计各组的个数
personDataset.groupBy("age").count().show();
```

上述例子按照age进行分组，并统计了各组的个数。控制台打印内容如下：

```
+----+-----+
| age|count|
+----+-----+
|  19|    1|
|  25|    1|
|NULL|    1|
|  35|    1|
+----+-----+
```

5.5 实战：使用 DataFrame 创建临时视图

在关系数据库中，视图是一个常用的概念。视图与真实的表一样，包含一系列带有名称的列和行数据。但是，视图在数据库中并不是以存储数据的数据集的形式存在的。行和列数据来自视图定义时查询语句所引用的表，并且在引用视图时动态生成。

Spark也支持基于DataFrame创建临时视图（Temporary View）。

本节所展示的示例均可以在源码DataFrameTempViewExample.java中找到。可以通过以下命令来执行示例：

```
spark-submit --class com.waylau.spark.java.samples.sql.DataFrameTempViewExample
spark-java-samples-1.0.0.jar
```

5.5.1 如何创建本地临时视图

DataFrame可以使用createTempView()或createOrReplaceTempView()方法为给定名称创建本地临时视图。代码如下：

```
// 创建DataFrame
// 返回一个DataFrameReader，可用于将非流式数据作为DataFrame读取
Dataset<Row> df = sparkSession.read()
    // 加载存储JSON对象的Dataset
    .json("people.json");

// 使用createTempView或createOrReplaceTempView创建本地临时视图
df.createTempView("v_people");

// 是否已经有了同名的本地临时视图，如果存在，则覆盖已有的视图
df.createOrReplaceTempView("v_people");
```

上述v_people就是一个临时视图，可以类似于表的方式来进行查询。代码如下：

```
// 在临时视图中使用SQL查询
Dataset<Row> sqlDF = sparkSession.sql("SELECT * FROM v_people");

// 显示DataFrame的内容
sqlDF.show();

// 打印Schema
sqlDF.printSchema();
```

上述代码使用Spark的SQL API进行查询，查询的结果会返回一个新的DataFrame。这里的SELECT *用于查询出所有的列和数据。因此，sqlDF的结构与df是完全一致的。

控制台输出如下：

```
+----+--------------------+----------+
| age|            homePage|      name|
+----+--------------------+----------+
|NULL|https://waylau.co...|   Michael|
|  25|https://waylau.co...|Andy Huang|
|  19|https://waylau.co...|    Justin|
|  35|https://waylau.co...|   Way Lau|
+----+--------------------+----------+

root
 |-- age: long (nullable = true)
 |-- homePage: string (nullable = true)
 |-- name: string (nullable = true)
```

也可以指定列名来查询，例如：

```
// 指定列名来查询相应列的数据
Dataset<Row> sqlDFWithName = sparkSession.sql("SELECT name FROM v_people");

sqlDFWithName.show();
```

上述结果等同于下面的方式：

```
// 上述结果等同于下面的方式
df.select("name").show();
```

控制台输出如下：

```
+-----------+
|       name|
+-----------+
|    Michael|
|Andy Huang|
|     Justin|
|    Way Lau|
+-----------+
```

5.5.2　createTempView与createOrReplaceTempView的异同

createTempView与createOrReplaceTempView都是用来创建本地临时视图，区别在于，createOrReplaceTempView会先看本地是否已经有了同名视图，如果存在，则覆盖已有的视图。而createTempView不会覆盖，如果本地存在同名的视图，则会抛出异常org.apache.spark.sql.catalyst.analysis.TempTableAlreadyExistsException。

5.5.3　全局临时视图

本地临时视图的生存周期与用于创建此数据集的SparkSession绑定。换言之，如果SparkSession终止，本地临时视图将自动删除。

全局临时视图则不同，其生存周期与此Spark应用程序绑定。全局临时视图是跨会话的。当Spark应用程序终止时，全局临时视图会自动删除。

可以使用createGlobalTempView或createOrReplaceGlobalTempView创建全局临时视图。代码如下：

```
// 使用createGlobalTempView或createOrReplaceGlobalTempView创建全局临时视图
df.createGlobalTempView("v_people");

// 是否已经有了同名的全局临时视图，如果存在，则覆盖已有的视图
df.createOrReplaceGlobalTempView("v_people");
```

与createTempView与createOrReplaceTempView类似，createOrReplaceGlobalTempView会先看是否已经有了同名视图，如果存在，则会覆盖已有的视图。而createGlobalTempView不会覆盖，如果存在全局同名的视图，则会抛出异常org.apache.spark.sql.catalyst.analysis.TempTableAlreadyExistsException。

创建全局临时视图时，临时视图会绑定到Spark自有的数据库global_temp，因此必须使用限定名称global_temp来引用全局临时视图，例如：

```
// 指定列名来查询相应列的数据
Dataset<Row> sqlDFWithHostPage =
```

```
    sparkSession.sql("SELECT homePage FROM global_temp.v_people");

// 显示DataFrame的内容
sqlDFWithHostPage.show();
```

如果不加global_temp，则会报异常Exception in thread "main" org.apache.spark.sql.AnalysisException:Table or view not found。

控制台输出内容如下：

```
+--------------------+
|            homePage|
+--------------------+
|https://waylau.co...|
|https://waylau.co...|
|https://waylau.co...|
|https://waylau.co...|
+--------------------+
```

5.6　实战：RDD转换为Dataset

Spark SQL支持两种不同的方法将现有RDD转换为Dataset。

第一种方法是利用反射来推断包含特定类型对象的RDD的Schema。这种基于反射的机制能够在编写Spark应用程序时，当Schema已知的情况下，生成更简洁的代码。

第二种方法是通过编程接口构建Schema，然后将这个Schema应用到现有的RDD上。这种方法虽然更为烦琐，但它允许在运行时之前，即在不知道列及其类型的情况下，构造Dataset。

本节所展示的示例均可以在源码DatasetSchemaExample.java中找到。可以通过以下命令来执行示例：

```
    spark-submit --class com.waylau.spark.java.samples.sql.DatasetSchemaExample
spark-java-samples-1.0.0.jar
```

5.6.1　使用反射推断Schema

Spark SQL支持将JavaBean的RDD自动转换为DataFrame。使用反射获得的BeanInfo定义了表的Schema。目前，Spark SQL不支持包含Map字段的JavaBean。不过，支持嵌套的JavaBean和List或Array字段。要创建JavaBean，可以创建一个实现了Serializable接口的类，并为该类的所有字段提供getter和setter方法。

示例如下：

```
// 从JSON文件创建Person对象的RDD
// 返回一个DataFrameReader，可用于将非流式数据作为DataFrame读取
JavaRDD<Person> peopleRDD = sparkSession.read()
    // 加载存储JSON对象的Dataset
```

```
    .json("people.json")
    // Dataset转换为JavaRDD
    .javaRDD().map(line -> {
        Person person = new Person();
        person.setName(line.getAs("name"));
        person.setAge(line.getAs("age"));
        person.setHomePage(line.getAs("homePage"));
        return person;              // 转换为Person对象的RDD
    });
// 将Schema应用于JavaBean的RDD以获得DataFrame
Dataset<Row> peopleDataFrameSchemaFromJavaBean =
    sparkSession.createDataFrame(peopleRDD, Person.class);

// 显示DataFrame的内容
peopleDataFrameSchemaFromJavaBean.show();
```

5.6.2 以编程方式构建Schema

下面以编程方式构建Schema来返回Dataset，示例如下：

```
// 从JSON文件创建RDD
// 返回一个DataFrameReader，可用于将非流式数据作为DataFrame读取
JavaRDD<Row> rowRDD = sparkSession.read()
    // 加载存储JSON对象的Dataset
    .json("people.json")
    // Dataset转换为JavaRDD
    .javaRDD().map(line -> {
        // 转换为Row对象的RDD
        return RowFactory.create(line.getAs("name"),
    line.getAs("age"),
    line.getAs("homePage"));
    });

// 以编程方式定义Schema
List<StructField> fields = new ArrayList<>();
StructField fieldName =
    DataTypes.createStructField("name", DataTypes.StringType, true);
StructField fieldAge =
    DataTypes.createStructField("age", DataTypes.LongType, true);
StructField fieldHomePage =
    DataTypes.createStructField("homePage", DataTypes.StringType, true);
fields.add(fieldName);
fields.add(fieldAge);
fields.add(fieldHomePage);

StructType structType = DataTypes.createStructType(fields);

// 将Schema应用于Row的RDD以获得DataFrame
Dataset<Row> peopleDataFrameSchemaFromStructType =
sparkSession.createDataFrame(rowRDD, structType);

// 显示DataFrame的内容
peopleDataFrameSchemaFromStructType.show();
```

上述代码从原始RDD创建了Row类型的RDD；以编程方式定义StructType类型表示Schema，将Schema用于Row类型的RDD，即可获得DataFrame。

5.7　Apache Parquet 列存储格式

Apache Parquet是Hadoop生态系统中的任何项目都可以使用的列存储格式。Parquet是语言和平台无关的。在Spark项目中，Parquet也是其默认的数据源。可以通过spark.sql.sources.default修改默认数据源配置。

5.7.1　什么是列存储格式

在关系数据库中，列存储与行存储的实际使用几乎没有什么不同。列数据库和行数据库都可以使用传统的数据库查询语言，如SQL来加载数据和执行查询。行数据库和列数据库都可以成为系统中的主干，为通用的提取、转换、加载（ETL）和数据可视化工具提供数据服务。但是，通过将数据存储在列而不是行中，能够更精确地访问查询所需的特定数据列，而不是扫描和丢弃行中不需要的数据。

例如，图5-2所示是关系数据库管理系统提供的一张表示列和行的二维表的数据。

RowId	EmpId	Lastname	Firstname	Salary
001	10	Smith	Joe	60000
002	12	Jones	Mary	80000
003	11	Johnson	Cathy	94000
004	22	Jones	Bob	55000

图 5-2　二维表的数据

上面这种二维格式是一个抽象。在实际应用中，存储硬件要求数据序列化为一种或另一种形式。

涉及硬盘的最昂贵的操作是搜索。为了提高整体性能，相关数据应以尽量减少搜索数量的方式存储。这被称为引用的局部性，基本概念出现在许多不同的上下文中。硬盘被组织成一系列固定大小的块，通常足以存储表的几行。通过组织表的数据，使行适合这些块，并将相关行分组到顺序块中，在很多情况下，需要读取或查找的块的数量都会最小化。

1. 面向行的系统

存储表的常见方法是序列化每一行数据，如下所示：

```
001:10,Smith,Joe,60000;
002:12,Jones,Mary,80000;
003:11,Johnson,Cathy,94000;
004:22,Jones,Bob,55000;
```

当数据插入表中时，它将被分配一个内部ID，即系统内部用于引用数据的Rowid。在这种情况下，记录具有独立于用户分配的Empid的顺序Rowid。

面向行的系统旨在以尽可能少的操作有效地返回整个行或记录的数据。这与系统试图检索有关特定对象的信息的常见用例匹配。通过将记录的数据与相关记录存储在磁盘上的单个块中，系统可以以最少的磁盘操作快速检索记录。

与少量特定记录相比，面向行的系统在整表集合操作方面的效率不高。例如，为了在示例表中查找工资在40 000～50 000的所有记录，DBMS必须完全扫描整张表，寻找匹配的记录。虽然前面显示的示例表可能适合存储在一个单独的磁盘块中，但即使是只有几百行的表也可能超出单个磁盘块的容易不适合，因此需要执行多次磁盘操作来检索和检查数据。

为了提高这类操作的性能（这些操作非常常见，通常是使用DBMS的要点），大多数DBMS都支持使用数据库索引，这些索引将一组列的所有值以及Rowid指针存储回原始表中。工资列上的索引如下：

```
55000:004;
60000:001;
80000:002;
94000:003;
```

由于索引只存储单个数据，而不是整个行，因此索引通常比主表存储小得多。扫描这组较小的数据可以减少磁盘操作的数量。如果索引被大量使用，它可以显著减少常见操作的时间。但是，维护索引会增加系统的开销，特别是当新数据写入数据库时。记录不仅需要存储在主表中，而且任何附加的索引也必须更新。

索引显著提高大型数据集性能的主要原因是，一个或多个列上的数据库索引通常按值排序，这使得范围查询操作（如上面的“查找工资在40 000～50 000的所有记录”示例）非常快（时间复杂度较低）。

许多面向行的数据库被设计为能够完全加载到RAM中，这通常指的是内存数据库。这些系统不依赖于磁盘操作，并且对整个数据集具有同等时间访问权限。这减少了对索引的需求，因为为了典型的聚合目的，它需要相同数量的操作来完全扫描原始数据作为完整索引。因此，这样的系统可能更简单、更小，但只能管理适合内存的数据库。

2. 面向列的系统

面向列的数据库将列的所有值序列化在一起，然后将下一列的值序列化在一起，以此类推。对于前面的示例表，数据将以以下方式存储：

```
10:001,12:002,11:003,22:004;
Smith:001,Jones:002,Johnson:003,Jones:004;
Joe:001,Mary:002,Cathy:003,Bob:004;
60000:001,80000:002,94000:003,55000:004;
```

上面任何一列都与面向行的系统中索引的结构更紧密地匹配。这可能会导致混淆，从而导致错误地认为面向列的存储“实际上只是”每个列上都有索引的行存储。然而，数据的映射有很大的不同。在面向行的索引系统中，主键是从索引数据映射的Rowid。在面向列的系统中，主键是从Rowid映射而来的数据。下面从一个例子来理解这两者的差异，上面的两个Jones数据项被压缩成一个具有两个Rowid的数据项：

```
…;Smith:001;Jones:002,004;Johnson:003;…
```

面向列的系统在运行中是否会更高效，在很大程度上取决于自动化的工作负载。检索给定对象（整行）的所有数据的操作较慢。面向行的系统可以在单个磁盘读取中检索行，而从列数据库中收集数据需要进行大量磁盘操作。然而，这些整行操作通常很少见。在大多数情况下，仅检索有限的数据子集。例如，在通讯录应用程序中，从许多行中收集名字以构建联系人列表比读取所有数据要常见得多。此外，当数据具有“稀疏性”，即存在许多可选列时，列存储在写入数据方面可能更为高效。因此，尽管列存储在理论上可能存在一些劣势，但在实际应用中它仍然展现出了卓越的性能。

在行存储中，一行的多列是连续地写在一起的，而在列存储中，数据按列分开存储。由于同一列的数据类型是一样的，可以使用更高效的压缩编码进一步节约存储空间。

3. 选择面向行还是面向列

分区、索引、缓存、视图、在线分析处理（Online Analytical Processing，OLAP）多维数据集以及事务系统，如预写日志记录或多版本并发控制，都会显著影响任一系统的物理组织。也就是说，以在线事务处理（Online Transaction Processing，OLTP）为中心的RDBMS系统更面向行，而以在线分析处理为中心的系统则可以达到面向行和面向列的平衡。

5.7.2 Parquet文件格式

Parquet文件是以二进制方式存储的，所以不可以直接读取，文件中包括该文件的数据和元数据，因此Parquet格式的文件是自解析的。

在HDFS文件系统和Parquet文件中存在以下几个概念。

- HDFS块（Block）：它是HDFS上最小的副本单位，HDFS会把一个Block存储在本地的一个文件中，并且维护分散在不同机器上的多个副本。通常情况下，一个Block的大小为256MB、512MB等。
- HDFS文件（File）：HDFS文件包括数据和元数据，数据分散存储在多个Block中。
- 行组（Row Group）：按照行将数据在物理上划分为多个单元，每一个行组包含一定的行数，在一个HDFS文件中至少存储一个行组，Parquet读写时会将整个行组缓存在内存中。因此，行组的大小会根据内存的大小容量来决定，例如，如果记录占用的空间较小，那么在每个行组中可以存储更多的行。
- 列块（Column Chunk）：在一个行组中，每一列保存在一个列块中，行组中的所有列连续地存储在这个行组文件中。一个列块中的值都是相同类型的，不同的列块可能使用不同的算法进行压缩。
- 页（Page）：每一个列块划分为多个页，一个页是最小的编码单位，在同一个列块的不同页可能使用不同的编码方式。

一个Parquet文件的内容由Header、Data Block和Footer三部分组成。在文件的首尾各有一个内容为PAR1的Magic Number，用于标识这个文件为Parquet文件。Header部分就是开头的Magic Number。

Data Block是具体存放数据的区域，由多个Row Group组成，每个Row Group包含一批数据。例如，假设一个文件有1000行数据，按照相应大小切分成两个Row Group，每个拥有500行数据。在每个Row Group中，数据按列汇集存放，每列的所有数据组合成一个Column Chunk。因此，一个Row Group由多个Column Chunk组成，Column Chunk的个数等于列数。在每个Column Chunk中，数据按照Page为最小单元来存储，根据内容分为Data Page和Dictionary Page。这样逐层设计的目的在于：

- 多个Row Group可以实现数据的并行加载。
- 不同Column Chunk用来实现列存储。
- 进一步分割成Page，可以实现更细粒度的数据访问。

Footer部分由File Metadata、Footer Length和Magic Number三部分组成。Footer Length是一个4字节的数据，用于标识Footer部分的大小，帮助找到Footer的起始指针位置。Magic Number同样是PAR1。File Metada包含非常重要的信息，包括Schema和每个Row Group的Metadata。每个Row Group的Metadata又由各个Column的Metadata组成，每个Column Metadata包含其Encoding、Offset、Statistic信息等。

通常情况下，在存储Parquet数据时会按照Block大小设置行组的大小，由于一般情况下，每个Mapper任务处理数据的最小单位是一个Block，这样可以把每个行组由一个Mapper任务处理，增大任务执行的并行度。

5.8　实战：Apache Parquet数据源的读取和写入

本节介绍Spark SQL如何处理Parquet文件的读取和写入。Parquet文件是以二进制方式存储的，所以不可以直接读取。Parquet文件中包括该文件的数据和元数据，因此Parquet格式的文件是自解析的。

本节所展示的示例均可以在源码DataSourceParquetExample.java中找到。可以通过以下命令来执行示例：

```
spark-submit --class com.waylau.spark.java.samples.sql.DataSourceParquetExample spark-java-samples-1.0.0.jar
```

5.8.1　读取Parquet文件

准备一份名为users.parquet的Parquet文件。要实现读取Parquet文件，可以使用DataFrameReader的load()方法，代码如下：

```
SparkSession sparkSession = SparkSession.builder()
    // 设置应用名称
    .appName("DataSourceParquetExample")
    // 本地单线程运行
    .master("local").getOrCreate();

// *** 使用默认指定数据源格式 ***
// 创建DataFrame
// 返回一个DataFrameReader，可用于将非流式数据作为DataFrame读取
Dataset<Row> df = sparkSession.read()
    // 加载存储于Parquet格式的Dataset
    .load("users.parquet");

// 显示DataFrame的内容
df.show();

// 打印Schema
df.printSchema();
```

运行应用，可以看到控制台输出内容如下：

```
+------+--------------+----------------+
|  name|favorite_color|favorite_numbers|
+------+--------------+----------------+
|Alyssa|          NULL|  [3, 9, 15, 20]|
|   Ben|           red|              []|
+------+--------------+----------------+

root
 |-- name: string (nullable = true)
 |-- favorite_color: string (nullable = true)
 |-- favorite_numbers: array (nullable = true)
 |    |-- element: integer (containsNull = true)
```

当然，也可以对Dataset指定列名来查询相应列的数据，代码如下：

```
// 指定列名来查询相应列的数据
df.select("name", "favorite_color").show();
```

可以看到，控制台输出内容如下：

```
+------+--------------+
|  name|favorite_color|
+------+--------------+
|Alyssa|          NULL|
|   Ben|           red|
+------+--------------+
```

5.8.2　写入Parquet文件

写入文件统一使用Dataset的write()方法，该方法会返回DataFrameWriter对象，而DataFrameWriter的save()方法用于将DataFrame的内容保存在指定路径下。

```
// 将DataFrame写入外部存储系统
// 返回一个DataFrameWriter，可用于将DataFrame写入外部存储系统
df.select("name", "favorite_color").write()
    // 如果第一次生成了，后续会覆盖
    .mode(SaveMode.Overwrite)
    // 将DataFrame的内容保存在指定路径下
    .save("output/users_name_favorite_color.parquet");
```

需要注意的是，上述users_name_favorite_color.parquet是一个目录，而非一个文件。

运行程序后，可以在指定目录下看到所生成的Parquet文件：

```
part-00000-f52caf3c-6d84-415b-8b37-9bebf72ed0f0-c000.snappy.parquet
_SUCCESS
```

5.8.3 手动指定选项

在Spark项目中，Parquet是其默认的数据源格式。因此，在不显示指定数据源格式的情况下，使用org.apache.spark.sql.DataFrameReader和org.apache.spark.sql.DataFrameWriter时，会默认使用Parquet数据源格式。

1. 使用 format()方法指定数据源格式

当然，Spark支持手动指定将使用的数据源以及要传递给数据源的任何额外选项。数据源由其完全限定名称（即org.apache.spark.sql.parquet）指定，但对于内置源，也可以使用其简称（如json、parquet、jdbc、orc、libsvm、csv、text）。从任何数据源类型加载的DataFrames都可以使用此语法转换为其他类型。例如：

```
// 返回一个DataFrameReader，可用于将非流式数据作为DataFrame读取
Dataset<Row> peopleDF = sparkSession.read()
// 指定数据源格式为JSON
.format("json").load("people.json");

// 返回一个DataFrameWriter，可用于将DataFrame写入外部存储系统
peopleDF.select("name", "age").write()
// 指定数据源格式为Parquet
.format("parquet")
// 如果第一次生成了，后续会覆盖
.mode(SaveMode.Overwrite)
// 将DataFrame的内容保存在指定路径下
.save("output/people_name_age.parquet");
```

上述例子通过DataFrameReader和DataFrameWriter的format()方法分别指定了读取的数据源格式为JSON，以及写入外部系统的数据源格式为Parquet。

当然，DataFrameReader和DataFrameWriter为不同的数据源格式提供了相应的“快捷方式”，例如可以采用.format("json").load的简化方法，示例如下：

```
// 等同于以下简化方式
// 返回一个DataFrameReader，可用于将非流式数据作为DataFrame读取
Dataset<Row> peopleDF = sparkSession.read()
```

```
// 指定数据源格式为JSON
.json("src/main/resources/people.json");

// 返回一个DataFrameWriter，可用于将DataFrame写入外部存储系统
peopleDF.select("name", "age").write()
// 如果第一次生成了，后续会覆盖
.mode(SaveMode.Overwrite)
// 指定数据源格式为Parquet
.parquet("output/people_name_age.parquet");
```

2. 使用mode()方法指定保存模式

DataFrameWriter提供了mode()方法，可以选择采用SaveMode。Spark SQL的SaveMode是用于指定在将数据写入数据源时，如何处理目标位置中已存在的数据的一种机制。它提供了几种不同的模式，以便用户根据需求选择如何操作已存在的数据。以下是Spark SQL中SaveMode的几种主要模式。

- ErrorIfExists（或error）：如果目标文件目录中已经存在数据，则会抛出异常。这是默认的配置。在这种情况下，Spark SQL不会尝试写入数据，而是会返回一个错误，提示用户目标位置已存在数据。
- Append（或append）：如果目标文件目录中已经存在数据，则新的数据将被追加到现有数据的末尾。这意味着，如果在一个已存在的表中追加数据，新的数据将被添加到表的末尾，而不会覆盖或删除任何现有数据。
- Overwrite（或overwrite）：如果目标文件目录中已经存在数据，则新的数据将覆盖已存在的数据。在这种模式下，Spark SQL会删除目标位置的所有现有数据，并用新的数据替换它们。这可以用于更新表中的数据，或者完全替换一个已存在的表。
- Ignore（或ignore）：如果目标文件目录中已经存在数据，则不进行任何操作。这意味着，如果尝试写入一个已存在的表，Spark SQL将不会执行任何操作，并且不会返回任何错误或警告。这可以用于检查表是否存在，但不实际写入任何数据。

例如使用SaveMode.Overwrite，后续生产的文件会覆盖前面生成的文件：

```
// 返回一个DataFrameWriter，可用于将DataFrame写入外部存储系统
peopleDF.select("name", "age").write()
// 如果第一次生成了，后续会覆盖
.mode(SaveMode.Overwrite)
// 指定数据源格式为Parquet
.parquet("output/people_name_age.parquet");
```

3. 使用option()方法指定数据源选项

DataFrameReader和DataFrameWriter提供了option()方法来为数据源设置选项。例如：

```
javaBeanListDS.write()
    .mode(SaveMode.Overwrite)            // 如果第一次生成了，后续会覆盖
    .option("header", "true")
    .csv("output/people");               // 保存的文件所在的目录路径
```

上述选项用于指示保存的CSV文件要显示头。

5.9 实战：使用 JDBC 操作数据库

Spark SQL支持使用JDBC从其他数据库操作数据，包括读取、存储等操作，只要确保Spark类路径上包含特定数据库的JDBC驱动程序即可。

本节所展示的示例均可以在源码DataSourceJDBCExample.java中找到。可以通过以下命令来执行示例：

```
spark-submit --class com.waylau.spark.java.samples.sql.DataSourceJDBCExample
spark-java-samples-1.0.0.jar
```

5.9.1 引入JDBC驱动程序

根据特定的数据库，在项目中添加特定的JDBC驱动程序。本例为了便于测试，使用的是H2内存数据。这样每次测试时，数据都能及时得到清理。需要在应用中添加以下驱动：

```
<dependency>
    <groupId>com.h2database</groupId>
    <artifactId>h2</artifactId>
    <version>${h2.version}</version>
</dependency>
```

5.9.2 初始化表结构和数据

为了使用H2表结构和数据，需要进行表结构和数据的初始化，代码如下：

```
import java.sql.*;

// 数据保存在内存中；DB_CLOSE_DELAY=10设置10秒后关闭数据库
private static final String URL = "jdbc:h2:mem:test;DB_CLOSE_DELAY=10";
private static final String DRIVER = "org.h2.Driver";
private static final String USER = "sa";
private static final String PASSWORD = "";
private static final String TABLE_NAME = "t_user";
private static final String CREATE_TABLE_SQL = "CREATE TABLE t_user " +
        "(id INT PRIMARY KEY AUTO_INCREMENT, name VARCHAR(20), homePage
VARCHAR(40));";
private static final String INSERT_USERS_SQL =
        "INSERT INTO t_user ( name, homePage) VALUES ( ?, ?);";

public static void main(String[] args) throws ClassNotFoundException {
    // 注册JDBC驱动
    Class.forName(DRIVER);

    // 初始化表和数据
```

```
        createTable();
        insertRecord();

        // 为节约篇幅，省略部分代码
    }

    // 建表
    private static void createTable() {
        System.out.println(CREATE_TABLE_SQL);
        // 建立连接
        try (Connection connection = getConnection();
             // 创建Statement
             Statement statement = connection.createStatement();) {

            // 执行SQL
            statement.execute(CREATE_TABLE_SQL);

        } catch (SQLException e) {
            throw new RuntimeException(e);
        }

    }

    // 插入数据
    private static void insertRecord() {
        System.out.println(INSERT_USERS_SQL);
        // 建立连接
        try (Connection connection = getConnection();
             // 创建PreparedStatement
             PreparedStatement preparedStatement =
connection.prepareStatement(INSERT_USERS_SQL)) {
            // preparedStatement.setInt(1, 1);
            preparedStatement.setString(1, "Way Lau");
            preparedStatement.setString(2, "https://waylau.com");
            System.out.println(preparedStatement);

            // 执行SQL
            preparedStatement.executeUpdate();
        } catch (SQLException e) {
            e.printStackTrace();
        }
    }

    // 获取连接
    private static Connection getConnection() {
        Connection connection = null;
        try {
            connection = DriverManager.getConnection(URL, USER, PASSWORD);
        } catch (SQLException e) {
            e.printStackTrace();
        }
```

```
    return connection;
}
```

代码说明：

- jdbc:h2:mem:test指明了数据只存在于内存中，数据库重启后数据都会自动清理。
- DB_CLOSE_DELAY=10设置最后一个连接断开10秒后关闭数据库。
- 通过DriverManager.getConnection()获取数据库连接。
- createTable()方法用于建表。
- insertRecord()方法用于插入数据。

5.9.3　读取表数据

直接使用DataFrameReader读取数据库的数据：

```
SparkSession sparkSession = SparkSession.builder()
    // 设置应用名称
    .appName("DataSourceJDBCExample")
    // 本地单线程运行
    .master("local").getOrCreate();

// 创建DataFrame
// 返回一个DataFrameReader，可用于将非流式数据作为DataFrame读取
Dataset<Row> df = sparkSession.read()
    // JDBC数据源
    .format("jdbc").option("url", URL).option("driver", DRIVER).option("user",
USER)
    .option("password", PASSWORD).option("dbtable", TABLE_NAME).load();
```

其中，read()方法用于返回一个DataFrameReader，该DataFrameReader可用于将非流式数据作为DataFrame读取；format()方法指定了数据源类型是JDBC；option()方法用于设置数据源的选项，例如数据库链接、账号、密码等。这里需要注意的是，dbtable选项用于指定要访问的表名。

使用show()方法将数据的内容打印出来：

```
// 显示DataFrame的内容
df.show();
```

结果如下：

```
+---+-------+------------------+
| ID|   NAME|          HOMEPAGE|
+---+-------+------------------+
|  1|Way Lau|https://waylau.com|
+---+-------+------------------+
```

当然，DataFrameReader为JDBC提供了“快捷方式”jdbc()方法，用法如下：

```
// 将数据库配置信息封装到Properties对象中
Properties connectionProperties = new Properties();
connectionProperties.put("driver", DRIVER);
connectionProperties.put("user", USER);
```

```
connectionProperties.put("password", PASSWORD);

// 返回一个DataFrameReader，可用于将非流式数据作为DataFrame读取
Dataset<Row> dfJDBC = sparkSession.read()
    // JDBC数据源
    .jdbc(URL, TABLE_NAME, connectionProperties);
```

上述方法将JDBC的配置封装到了java.util.Properties对象中。

5.9.4 设置查询条件

上述方式是全表查询，如果要指定查询条件，则可以使用query选项。以下是一个只查询name、homePage字段的示例：

```
// 创建DataFrame
// 返回一个DataFrameReader，可用于将非流式数据作为DataFrame读取
Dataset<Row> dfQuery = sparkSession.read()
    // JDBC数据源
    .format("jdbc").option("url", URL).option("driver", DRIVER).option("user", 
USER)
    .option("password", PASSWORD)
    // 设置查询语句
    .option("query", "select name, homePage from t_user").load();

// 显示DataFrame的内容
dfQuery.show();
```

执行应用，控制台显示内容如下：

```
+--------+-------------------+
|   NAME|           HOMEPAGE|
+--------+-------------------+
|Way Lau|https://waylau.com|
+--------+-------------------+
```

需要注意的是，dbtable、query两个选项不能同时设置，否则会报以下异常：

```
Exception in thread "main" java.lang.IllegalArgumentException: Both 'dbtable' 
and 'query' can not be specified at the same time.
    at org.apache.spark.sql.execution.datasources.jdbc.JDBCOptions.
<init>(JDBCOptions.scala:77)
    at org.apache.spark.sql.execution.datasources.jdbc.JDBCOptions.
<init>(JDBCOptions.scala:38)
    at org.apache.spark.sql.execution.datasources.jdbc.JdbcRelationProvider.
createRelation(JdbcRelationProvider.scala:32)
    at org.apache.spark.sql.execution.datasources.DataSource.
resolveRelation(DataSource.scala:355)
    at  org.apache.spark.sql.DataFrameReader.loadV1Source(DataFrameReader.scala:325)
    at org.apache.spark.sql.DataFrameReader.
$anonfun$load$3(DataFrameReader.scala:307)
    at scala.Option.getOrElse(Option.scala:189)
    at org.apache.spark.sql.DataFrameReader.load(DataFrameReader.scala:307)
```

```
    at org.apache.spark.sql.DataFrameReader.load(DataFrameReader.scala:225)
    at org.apache.spark.sql.DataFrameReader.jdbc(DataFrameReader.scala:340)
    at com.waylau.spark.java.samples.sql.DataSourceJDBCExample.
main(DataSourceJDBCExample.java:68)
```

这意味着，query选项只能用在option设置中，而不能封装在Properties中。以下是一个错误示例：

```
// 以下是一个错误示例。dbtable、query两个选项不能同时设置，否则会报异常
Properties connectionQueryProperties = new Properties();
connectionQueryProperties.put("driver", driver);
connectionQueryProperties.put("user", user);
connectionQueryProperties.put("password", password);
connectionQueryProperties.put("query", "select name, homePage from t_user");

Dataset<Row> dfQuery = sparkSession
    // 返回一个DataFrameReader，可用于将非流式数据作为DataFrame读取
    .read()
    // JDBC数据源
    .jdbc(url, dbtable, connectionQueryProperties);
```

5.9.5　将数据写入表

可以在Dataset上执行write()方法，该方法会返回一个DataFrameWriter，可用于将DataFrame写入外部存储系统。示例如下：

```
// 返回一个DataFrameWriter，可用于将DataFrame写入外部存储系统
dfQuery.write()
    // JDBC数据源
    .format("jdbc")
    // 如果第一次生成了，后续会追加
    .mode(SaveMode.Append)
    .option("url", URL)
    .option("driver", DRIVER)
    .option("user", USER)
    .option("password", PASSWORD)
    .option("dbtable", TABLE_NAME)
    .save();
```

上述代码SaveMode设置为Append，如果第一次有数据生成，后续会追加。

DataFrameWriter提供了针对JDBC的“快捷方式”jdbc()方法，方便将数据写入JDBC数据源。示例如下：

```
// 返回一个DataFrameWriter，可用于将DataFrame写入外部存储系统
dfQuery.write()
 // 如果第一次生成了，后续会追加
 .mode(SaveMode.Append)
 // JDBC数据源
 .jdbc(URL, TABLE_NAME, connectionProperties);

// 再次执行查询
```

```
dfQuery = sparkSession.read()
 // JDBC数据源
 .format("jdbc")
 .option("url", URL)
 .option("driver", DRIVER)
 .option("user", USER)
 .option("password", PASSWORD)
 // 设置查询语句
 .option("query", "select id, name, homePage from t_user")
 .load();
// 显示DataFrame的内容
dfQuery.show();
```

输出结果如下：

```
+---+-------+------------------+
| ID|   NAME|          HOMEPAGE|
+---+-------+------------------+
|  1|Way Lau|https://waylau.com|
|  2|Way Lau|https://waylau.com|
|  3|Way Lau|https://waylau.com|
|  4|Way Lau|https://waylau.com|
+---+-------+------------------+
```

5.10 实战：读取二进制文件

从Spark 3.0开始，Spark支持二进制文件数据源，它读取二进制文件，并将每个文件转换为包含文件原始内容和元数据的单个记录。它生成一个DataFrame，其中包含以下列。

- path：StringType。
- modificationTime：TimestampType。
- length：LongType。
- content：BinaryType。

需要注意的是，二进制文件数据源不支持将DataFrame写回原始文件。

5.10.1 读取二进制文件

要读取整个二进制文件，需要将数据源格式指定为binaryFile。要加载具有与给定全局模式匹配的路径的文件，同时保持分区发现的行为，可以使用通用数据源选项pathGlobFilter。例如，以下代码从输入目录读取所有PNG文件：

```
package com.waylau.spark.java.samples.sql;

import org.apache.spark.sql.Dataset;
import org.apache.spark.sql.Row;
```

```
import org.apache.spark.sql.SparkSession;

public class DataSourceBinaryFileExample {

    public static void main(String[] args) {
        SparkSession sparkSession = SparkSession.builder()
                // 设置应用名称
                .appName("DataSourceBinaryFileExample")
                // 本地单线程运行
                .master("local").getOrCreate();

        // 创建DataFrame
        // 返回一个DataFrameReader，可用于将非流式数据作为DataFrame读取
        Dataset<Row> df = sparkSession.read()
                // 二进制文件数据源
                .format("binaryFile")
                // 设置过滤策略
                .option("pathGlobFilter", "*.png")
                // 加载存储于二进制文件格式的Dataset
                .load("./");

        // 显示DataFrame的内容
        df.show();

        // 关闭SparkSession
        sparkSession.stop();
    }

}
```

事先在spark-java-samples-1.0.0.jar所在位置准备两张PNG格式的图片，如下所示：

```
rdd-1.png
rdd-2.png
```

5.10.2　运行应用

本节所展示的示例可以通过以下命令来执行：

```
spark-submit --class com.waylau.spark.java.samples.sql.
DataSourceBinaryFileExample spark-java-samples-1.0.0.jar
```

运行应用，可以看到控制台打印如下：

```
+--------------------+--------------------+------+--------------------+
|                path|    modificationTime|length|             content|
+--------------------+--------------------+------+--------------------+
|file:/opt/bitnami...|2024-05-13 10:41:...| 59412|[89 50 4E 47 0D 0...|
|file:/opt/bitnami...|2024-05-13 10:41:...| 34333|[89 50 4E 47 0D 0...|
+--------------------+--------------------+------+--------------------+
```

5.11 实战：导出数据到 CSV 文件

CSV文件是一种以纯文本形式存储表格数据的简单文件格式。在CSV中，每列数据由特殊分隔符分隔（如逗号、分号或制表符）。数据分析师通常会用Excel打开CSV文件进行数据分析。Spark API支持将Dataset数据导出到CSV文件中，以便于后续的分析。

本节演示如何实现将数据导出到CSV文件。

5.11.1 创建Dataset

可以通过SparkSession的createDataset()方法来创建Dataset，示例如下：

```
SparkSession sparkSession = SparkSession.builder()
        // 设置应用名称
        .appName("WriteCVSExample")
        // 本地单线程运行
        .master("local").getOrCreate();

// 创建Java Bean
Person person01 = new Person();
person01.setName("Way Lau");
person01.setAge(35L);
person01.setHomePage("https://waylau.com");

Person person02 = new Person();
person02.setName("Andy Huang");
person02.setAge(25L);
person02.setHomePage("https://waylau.com/books");

List<Person> personList = new ArrayList<>();
personList.add(person01);
personList.add(person02);

// 创建Java Bean的编码器
Encoder<Person> personEncoder = Encoders.bean(Person.class);

// 转换为Dataset
Dataset<Person> javaBeanListDS = sparkSession.createDataset(personList,
personEncoder);
```

在上述示例中，createDataset()方法接收两个参数：第一个参数是Java Bean列表；第二个参数是Java Bean编码器。

Person是一个Java Bean类，代码如下：

```
package com.waylau.spark.java.samples.common;
```

```
public class Person {
    private String name;
    private Long age;
    private String homePage;

    public String getName() {
        return name;
    }

    public void setName(String name) {
        this.name = name;
    }

    public Long getAge() {
        return age;
    }

    public void setAge(Long age) {
        this.age = age;
    }

    public String getHomePage() {
        return homePage;
    }

    public void setHomePage(String homePage) {
        this.homePage = homePage;
    }
}
```

5.11.2　将Dataset导出到CSV文件

可以将Dataset数据导出到文件中，例如CSV文件。示例如下：

```
// 导出为CSV文件
javaBeanListDS.write()
        // 文件格式
        .format("csv")
        // 如果第一次生成了，后续会覆盖
        .mode(SaveMode.Overwrite)
        .option("header", "true")
        // 保存的文件所在的目录路径
        .save("output/people");
```

上述示例将Dataset数据写入了指定的文件中，文件格式是CSV。其他参数说明如下：

- mode用于指定写入模式。本例子是覆盖，后续生产的文件会覆盖前面生成的文件。
- option可以指定其他参数，例如header为true时，会将CSV头显示出来。
- save指定保存的文件所在的目录路径。

上述导出方式等同于下面的快捷方式：

```
// 导出为CSV文件
javaBeanListDS.write()
        // 如果第一次生成了，后续会覆盖
        .mode(SaveMode.Overwrite)
        .option("header", "true")
        // 保存的文件所在的目录路径
        .csv("output/people");
```

上述csv()方法是为CSV文件特制的API。

5.11.3　运行

本节所展示的示例均可以在源码WriteCVSExample.java中找到。可以通过以下命令来执行示例：

```
spark-submit --class com.waylau.spark.java.samples.sql.WriteCVSExample spark-java-samples-1.0.0.jar
```

运行程序后，可以在指定目录下看到所生成的CSV文件。

```
part-00000-80bce5d4-bb2c-4170-975d-603907bc3b14-c000.csv
_SUCCESS
```

打开该CSV文件后，效果如图5-3所示。

A	B	C
age	homePage	name
35	https://waylau.com	Way Lau
25	https://waylau.com/books	Andy Huang

图 5-3　CSV 文件打开效果

5.12　Apache ORC 文件

Apache ORC（Optimized Row Columnar）源自RC存储格式，是一种列存储引擎，在压缩编码、查询性能等方面有非常出色的表现。本节详细介绍ORC。

5.12.1　ORC文件概述

ORC最早创建于2013年1月，起初是为了提升Apache Hive数据在Apache Hadoop中的存储效率，后来发展势头不错，独立成一个单独的Apache项目。ORC是一种自描述列式文件格式，专门为Hadoop生态设计，用于大批量流式读取场景。以列的格式组织存储数据，使得在读取、解压缩和处理仅需处理所需的数据子集。由于ORC文件是类型敏感的，在写入过程中会为每种数据类型创建最合适的内部索引。

很多大型的Hadoop用户都在使用ORC，例如Facebook使用ORC节约了他们数据仓库的大量空间并宣称ORC存储格式比RC和Parquet存储格式要快很多。ORC发展至今，已经具备一些非常高级的特性，例如：

- 支持更新操作。
- 支持ACID：包括ACID事务和快照隔离。
- 支持复杂类型：当前支持所有的Hive类型，包括复合类型，如structs、lists、maps和unions。
- 支持内建索引：在每一列的查询处理上，都可以使用包括最小、最大和布隆过滤的索引方式跳转到对应的查询数据上。

5.12.2　ORC支持的数据类型

ORC文件属于完全自描述格式，不依赖Hive Metastore和其他任何外部元数据。ORC文件包含所存储对象的所有类型和编码信息。由于其自描述性，想要正确理解文件内容，并不依赖任何特定的用户环境。

ORC提供了丰富的数据类型，分别说明如下。

1. 整型

```
boolean (1 bit)
tinyint (8 bit)
smallint (16 bit)
int (32 bit)
bigint (64 bit)
```

2. 浮点型

```
float
double
```

3. 字符串型

```
string
char
varchar
```

4. 二进制 blob 型

```
binary
```

5. 日期时间类型

```
timestamp
timestamp with local time zone
date
```

6. 复合类型

```
struct
list
map
union
```

所有ORC文件按照相同的类型对象进行逻辑顺序组合。Hive通常使用带有顶级列信息的struct作为根对象类型，但这并不是必要条件。ORC中的所有类型都可以包含null值。另外，需要注意，因为timestamp有两种表示形式，所以在使用时一定要做好选择，大多数情况下，建议优先使用timestamp with local time zone格式，除非应用确实是使用UTC时间作为标准的。

下面给出一个Foobar表的定义示例：

```
create table Foobar (
 myInt int,
 myMap map<string,
  struct<myString : string,
    myDouble: double>>,
 myTime timestamp
);
```

上述示例文件的结构树示意图如图5-4所示。

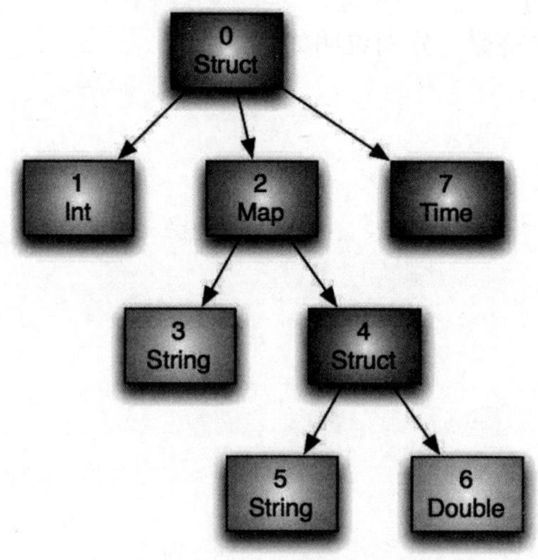

图5-4 文件结构树示意图

5.12.3 ORC实现

Spark支持两种ORC实现，分别是native和hive，实现类型是由spark.sql.orc.impl控制的。这两种实现共享大多数功能，但设计目标不同。

- native实现旨在遵循Spark的数据源行为，如Parquet。
- hive实现是遵循Hive的行为而设计的，并使用Hive SerDe。

例如，在Spark 3.1.0版本之前，native实现使用Spark的原生String类型处理CHAR/VARCHAR，而hive实现则通过Hive CHAR/VARCHAR处理，因此导致查询结果不同。从Spark 3.1.0开始，Spark也支持使用CHAR/VARCHAR来消除这种查询上的差异。

5.12.4　矢量化读取器

原生（Native）实现支持矢量化ORC读取器，并且自Spark 2.3以来，一直使用默认的ORC实现。当spark.sql.org.impl设置为native并且spark.sql.orc.enableVectorizedReader设置为true时，将使用矢量化读取器来处理原生ORC表。

对于使用Hive ORC serde的表，当spark.sql.hive.convertMetastoreOrc设置为true时，将使用矢量化读取器，并且在默认情况下处于打开状态。

5.12.5　模式合并

与Protocol Buffer、Avro和Thrift一样，ORC也支持模式进化。用户可以从一个简单的模式开始，然后根据需要逐渐向该模式添加更多列。通过这种方式，用户最终可能会得到多个具有不同模式但相互兼容的ORC文件。ORC数据源现在能够自动检测这种情况并合并所有文件的模式。

由于模式合并是一个相对昂贵的操作，而且在大多数情况下不是必需的，因此默认将其关闭。可以通过以下任意一种方式启用它：

- 读取ORC文件时，将数据源选项mergeSchema设置为true。
- 将全局SQL选项spark.sql.orc.mergeSchema设置为true。

5.12.6　使用Zstandard压缩

自Spark 3.2以来，可以在ORC文件中使用Zstandard压缩。示例如下：

```
CREATE TABLE compressed (
  key STRING,
  value STRING
)
USING ORC
OPTIONS (
  compression 'zstd'
)
```

5.12.7　使用Bloom过滤器

可以控制ORC数据源的Bloom过滤器和字典编码。以下ORC示例将创建Bloom过滤器，并仅对favorite_color使用字典编码。

```
CREATE TABLE users_with_options (
  name STRING,
  favorite_color STRING,
  favorite_numbers array<integer>
)
USING ORC
OPTIONS (
  orc.bloom.filter.columns 'favorite_color',
  orc.dictionary.key.threshold '1.0',
```

```
  orc.column.encoding.direct 'name'
)
```

5.12.8　列式加密

自Spark 3.2以来，ORC 1.6支持ORC表的列式加密。以下示例使用Hadoop KMS作为给定位置的密钥提供程序。

```
CREATE TABLE encrypted (
  ssn STRING,
  email STRING,
  name STRING
)
USING ORC
OPTIONS (
  hadoop.security.key.provider.path "kms://http@localhost:9600/kms",
  orc.key.provider "hadoop",
  orc.encrypt "pii:ssn,email",
  orc.mask "nullify:ssn;sha256:email"
)
```

5.12.9　Hive元存储ORC表转换

当从Hive元存储中的ORC表读取数据并插入Hive元存储的ORC表时，Spark SQL将尝试使用自己的ORC支持，而不是Hive SerDe，以获得更好的性能。对于CTAS语句，仅转换未分区的Hive元存储ORC表。此行为由spark.sql.hive.convertMetastoreOrc配置控制，并且在默认情况下处于启用状态。

5.12.10　ORC的常用配置

表5-2展示了ORC的常用配置。

表 5-2　ORC 的常用配置

配置属性名称	默 认 值	含　义
spark.sql.orc.impl	native	ORC的实现，可以是native或hive
spark.sql.orc.enableVectorizedReader	true	在本机实现中实现矢量化ORC解码
spark.sql.orc.columnarReaderBatchSize	4096	ORC矢量化读取器批处理中要包括的行数
spark.sql.orc.columnarWriterBatchSize	1024	ORC矢量化写入程序批处理中要包括的行数
spark.sql.orc.enableNestedColumn-VectorizedReader	true	在嵌套数据类型（array、map和struct）的本机实现中启用矢量化ORC解码
spark.sql.orc.filterPushdown	true	当为true时，启用ORC文件的筛选器下推
spark.sql.orc.aggregatePushdown	false	如果为true，则聚合将向下推送到ORC进行优化
spark.sql.hive.convertMetastoreOrc	true	当设置为false时，Spark SQL将使用用于ORC表的Hive SerDe

5.13　实战：Apache ORC 文件操作示例

本节提供了一个示例，演示如何使用Spark读写ORC格式的数据。

本节所展示的示例均可以在源码DataSourceOrcExample.java中找到。可以通过以下命令来执行示例：

```
spark-submit --class com.waylau.spark.java.samples.sql.DataSourceOrcExample spark-java-samples-1.0.0.jar
```

5.13.1　写入ORC文件

写入文件统一使用Dataset的write()方法，该方法会返回DataFrameWriter对象，而DataFrameWriter的save()方法用于将DataFrame的内容保存在指定路径下。

```
import org.apache.spark.sql.Dataset;
import org.apache.spark.sql.Row;
import org.apache.spark.sql.RowFactory;
import org.apache.spark.sql.SparkSession;
import org.apache.spark.sql.types.DataTypes;
import org.apache.spark.sql.types.Metadata;
import org.apache.spark.sql.types.StructField;
import org.apache.spark.sql.types.StructType;

SparkSession sparkSession = SparkSession.builder()
    // 设置应用名称
    .appName("DataSourceOrcExample")
    // 本地单线程运行
    .master("local").getOrCreate();

// 构造数据
List<Row> data = List.of(RowFactory.create(1, "John Doe", 30),
RowFactory.create(2, "Jane Smith", 25));

// 构造模式
StructType schema =
    new StructType(new StructField[] {new StructField("id",
DataTypes.IntegerType, false, Metadata.empty()),
        new StructField("name", DataTypes.StringType, false, Metadata.empty()),
        new StructField("age", DataTypes.IntegerType, false, Metadata.empty())});

// 创建一个简单的DataFrame
Dataset<Row> createDf = sparkSession.createDataFrame(data, schema);

// 将DataFrame写入ORC文件
createDf.write()
    // 文件格式ORC
    .format("orc")
    // 指定保存文件的路径
    .save("output/users_age.orc");
```

上面的示例保存文件时，指定了文件格式为ORC。需要注意的是，上述users_age.orc是一个目录，而非一个文件。

运行程序后，可以在指定目录下看到所生成的ORC文件：

```
part-00000-7c43a33b-b41d-47e6-840d-d56821aee829-c000.snappy.orc
_SUCCESS
```

5.13.2 读取ORC文件

在上一步生成的ORC文件的基础上，实现读取ORC文件，只需要使用DataFrameReader的load()方法，代码如下：

```
// 创建DataFrame
// 返回一个DataFrameReader，可用于将非流式数据作为DataFrame读取
Dataset<Row> readDf = sparkSession.read()
    // 文件格式ORC
    .format("orc")
    // 从指定路径读取文件
    .load("output/users_age.orc");

// 显示DataFrame的内容
readDf.show();

// 打印Schema
readDf.printSchema();

// 关闭SparkSession
sparkSession.stop();
```

上面的示例读取文件时指定了文件格式为ORC。

运行应用，可以看到控制台输出内容如下：

```
+---+----------+---+
| id|      name|age|
+---+----------+---+
|  1|  John Doe | 30|
|  2|Jane Smith| 25|
+---+----------+---+

root
 |-- id: integer (nullable = true)
 |-- name: string (nullable = true)
 |-- age: integer (nullable = true)
```

5.14 Apache Hive 数据仓库

Apache Hive是一个数据仓库软件，它允许用户使用SQL语法来读取、写入和管理存储在分布式系统中的大型数据集。Hive支持在已有数据上进行结构化投影。它提供了命令行工具和

JDBC驱动程序，以便用户可以方便地连接和操作Hive。

5.14.1 Hive的特性

Hive构建在Apache Hadoop之上，提供以下功能：

- 通过SQL轻松访问数据的工具，从而启用数据仓库任务，如ETL（提取/转换/加载）、报告和数据分析。
- 一种将结构强加于各种数据格式的机制。
- 访问直接存储在Apache HDFS或其他数据存储系统（如Apache HBase）中的文件。
- 通过Apache Tez、Apache Spark或MapReduce执行查询。
- 使用HPL-SQL的过程语言。
- 通过Hive LRAP、Apache YARN和Apache Slider进行亚秒级查询检索。
- Hive提供标准SQL功能，包括许多后来的SQL:2003、SQL:2011和SQL:2016标准的分析功能。
- Hive的SQL还可以通过用户定义函数（User-Defined Functions，UDF）、用户定义聚合（User-Defined Aggregate，UDAF）和用户定义表函数（User-defined Table Function，UDTF）使用用户代码扩展。
- 不强制使用所谓的Hive格式来存储数据。Hive附带了CSV/TSV文本文件、Apache Parquet、Apache ORC和其他格式的内置连接器。用户可以使用其他格式的连接器扩展Hive。
- Hive不是为在线事务处理（Online Transaction Processing，OLTP）工作负载而设计的。它适用于传统的数据仓库任务。
- Hive旨在最大限度地提高可扩展性（通过动态添加到Hadoop群集的更多计算机横向扩展）、性能、容错性以及与其输入格式的松耦合。
- Hive的组件包括HCatalog和WebHCat。
- HCatalog是Hadoop的表和存储管理层，它使使用不同数据处理工具（包括Pig和MapReduce）的用户能够更轻松地在网格上读写数据。
- WebHCat提供了一种服务，可以使用它运行Hadoop MapReduce（或YARN）、Pig、Hive作业。还可以使用HTTP（REST风格）接口执行Hive元数据操作。

5.14.2 Hive数据组织

按粒度顺序，Hive数据组织分为以下几个部分。

- 数据库（Database）：命名空间的功能，用于避免表、视图、分区、列等的命名冲突。数据库还可用于为用户或用户组实施安全性。
- 表（Table）：具有相同模式的同质数据单元。例如page_views表，其中每一行可以由以下列组成。
    - timestamp：INT类型，对应查看页面时的UNIX时间戳。
    - userid：BIGINT类型，用于标识查看页面的用户。
    - page_url：捕获页面位置的字符串类型。

  - referer_url：字符串类型，用于捕获用户到达当前页面的位置。
  - IP：字符串类型，用于捕获发出页面请求的IP地址。

- 分区（Partition）：每个表可以有一个或多个分区键，用于确定数据的存储方式。分区除作为存储单元外，还允许用户有效地标识满足指定条件的行，例如类型为字符串的date_partition和类型为字符串的country_partition。分区键的每个唯一值用于定义表的分区。例如，来自2009-12-23的所有US数据都是page_views表的分区。因此，如果只对2009-12-23的US数据进行分析，则只能在表的相关分区上进行该查询，从而显著加快分析速度。但请注意，分区命名为2009-12-23并不意味着它仅包含该日期的数据；分区以日期命名是为了方便识别，用户需要确保分区名称和数据内容之间的正确对应关系。分区列是虚拟列，它们不是数据的一部分，而是在数据加载时根据分区键的值动态生成的。
- 桶或集群（Buckets或Cluster）：每个分区内部，数据可以根据表中某些列的哈希函数值进一步划分为桶。例如，page_views表可以按userid分桶，userid是page_view表的列之一，而不是分区列。分桶可以有效地支持数据采样和其他操作。

注意，并非所有表都需要进行分区或分桶，但这些技术允许系统在查询处理期间排除大量不相关的数据，从而加快查询执行速度。

5.14.3 Hive的数据类型

Hive支持基本数据类型和复杂数据类型。

1. 基本数据类型

Hive的数据类型与表中的列关联。Hive支持以下基本数据类型。

1）整型

- TINYINT：1字节整数。
- SMALLINT：2字节整数。
- INT：4字节整数。
- BIGINT：8字节整数。

2）布尔类型

```
BOOLEAN—TRUE/FALSE
```

3）浮点数

- FLOAT：单精度。
- DOUBLE：双精度。

4）定点数

- DECIMAL：小数点位置固定的数。

5）字符串类型

- STRING：指定字符集中的字符序列。
- VARCHAR：指定字符集中具有最大长度的字符序列。
- CHAR：指定字符集中具有定义长度的字符序列。

6）日期和时间类型

- TIMESTAMP：没有时区的日期和时间（LocalDateTime语义）。
- TIMESTAMP WITH LOCAL TIME ZONE：测量到纳秒的时间点（Instant语义）。
- DATE：日期。

7）二进制类型

- BINARY：字节序列。

2. 复杂类型

复杂类型可以使用以下功能从基本类型和其他复合类型构建。

- 结构：类型中的元素可以使用“.”表示法访问。例如，对于类型为STRUCT {a INT; b INT}的列c的a字段，由表达式c.a访问。
- Map：例如，有个Map叫M，里面存在一条'group'→gid这样的映射关系，可以使用M['group']访问GID值。
- 数组（可索引列表）：数组中的元素必须属于相同的类型。可以使用[n]表示法访问元素，其中n是数组中的索引（从零开始）。例如，对于具有元素['a', 'b', 'c']的数组A，A[1]返回'b'。

使用基本类型和构造复杂数据类型的机制，可以创建具有任意嵌套级别的自定义类型。例如，定义一个User类型，可以包括以下字段。

- gender：STRING类型。
- active：BOOLEAN类型。

5.14.4　创建、显示、更改和删除表

1. 创建表

创建page_view表的示例语句如下：

```
CREATE TABLE page_view(viewTime INT, userid BIGINT,
                       page_url STRING, referrer_url STRING,
                       ip STRING COMMENT 'IP Address of the User')
COMMENT 'This is the page view table'
PARTITIONED BY(dt STRING, country STRING)
STORED AS SEQUENCEFILE;
```

在此示例中，表的列使用相应的类型指定。注释可以在列级别和表级别附加。此外，分区由子句定义了与数据列不同的分区列，实际上不与数据一起存储。以这种方式指定时，文件中

的数据将假定用ASCII 001（即Ctrl-A）作为字段分隔符，换行符作为行分隔符。

如果数据不是以上述格式存储，则可以参数化字段分隔符，示例如下：

```
CREATE TABLE page_view(viewTime INT, userid BIGINT,
              page_url STRING, referrer_url STRING,
              ip STRING COMMENT 'IP Address of the User')
COMMENT 'This is the page view table'
PARTITIONED BY(dt STRING, country STRING)
ROW FORMAT DELIMITED
       FIELDS TERMINATED BY '1'
STORED AS SEQUENCEFILE;
```

行分隔符当前无法更改，因为它不是由Hive决定的，而是由Hadoop分隔符决定的。

在某些列上存储表也是一个好主意，以便可以针对数据集进行有效的采样查询。如果没有分桶，则仍然可以对表进行随机抽样，但由于查询必须扫描所有数据，因此效率不高。以下示例说明了在userid列上存储的page_view表的情况：

```
CREATE TABLE page_view(viewTime INT, userid BIGINT,
              page_url STRING, referrer_url STRING,
              ip STRING COMMENT 'IP Address of the User')
COMMENT 'This is the page view table'
PARTITIONED BY(dt STRING, country STRING)
CLUSTERED BY(userid) SORTED BY(viewTime) INTO 32 BUCKETS
ROW FORMAT DELIMITED
       FIELDS TERMINATED BY '1'
       COLLECTION ITEMS TERMINATED BY '2'
       MAP KEYS TERMINATED BY '3'
STORED AS SEQUENCEFILE;
```

在上面的示例中，该表由userid的哈希函数聚集到32个桶中。在每个桶中，数据按照viewTime的递增顺序排序。这种组织方式允许用户对聚集列userid进行有效的采样查询。排序属性使得内部运算符利用更已知的数据结构，从而以更高的效率评估查询。

```
CREATE TABLE page_view(viewTime INT, userid BIGINT,
              page_url STRING, referrer_url STRING,
              friends ARRAY<BIGINT>, properties MAP<STRING, STRING>
              ip STRING COMMENT 'IP Address of the User')
COMMENT 'This is the page view table'
PARTITIONED BY(dt STRING, country STRING)
CLUSTERED BY(userid) SORTED BY(viewTime) INTO 32 BUCKETS
ROW FORMAT DELIMITED
       FIELDS TERMINATED BY '1'
       COLLECTION ITEMS TERMINATED BY '2'
       MAP KEYS TERMINATED BY '3'
STORED AS SEQUENCEFILE;
```

在此示例中，组成表行的列的指定方式与类型定义相似。注释可以在列级别和表级别附加。此外，分区由子句定义了与数据列不同的分区列，实际上不与数据一起存储。群集BY子句指定用于存储桶的列以及要创建多少个存储桶。分隔行格式指定行如何存储在Hive表中。在分隔格式的情况下，指定了如何终止字段、如何终止集合（数组或映射）中的项以及如何终止映射键。数据存储为序列文件，表示此数据以二进制格式（使用Hadoop序列文件）存储在HDFS上。上面示例中显示的行格式和存储AS子句的值表示系统的默认设置。

表名和列名在Hive中不区分大小写。

2. 浏览表和分区

```
SHOW TABLES;
```

列出当前仓库中的所有表；其中有许多表，可能超出了希望浏览的范围。

```
SHOW TABLES 'page.*';
```

列出前缀为page的表。该模式遵循Java正则表达式语法，因此句点（.）被用作通配符。

```
SHOW PARTITIONS page_view;
```

列出page_view表的所有分区。如果page_view不是分区表，执行该命令会引发错误。

```
DESCRIBE page_view;
```

列出page_view表的列和列类型。

```
DESCRIBE EXTENDED page_view;
```

列出page_view表的列和所有其他属性。这个命令会打印大量的信息，并且格式可能不够清晰。通常用于调试目的。

```
DESCRIBE EXTENDED page_view PARTITION (ds='2008-08-08');
```

列出指定分区（本例中是ds='2008-08-08'）的列和所有其他属性。这个命令同样会打印出大量信息。

3. 更改表

```
ALTER TABLE old_table_name RENAME TO new_table_name;
```

将现有表重命名为新名称。如果具有新名称的表已存在，则返回错误。

```
ALTER TABLE old_table_name REPLACE COLUMNS (col1 TYPE, ...);
```

重命名现有表的列。要确保使用相同的列类型，并为每个预先存在的列包含一个条目。

```
ALTER TABLE tab1 ADD COLUMNS (c1 INT COMMENT 'a new int column', c2 STRING
DEFAULT 'def val');
```

向现有表添加列。

注意，架构中的更改（例如添加列）会保留表的旧分区的架构，以防表是分区表。访问这些列并在旧分区上运行的所有查询都会隐式返回空值或这些列的指定默认值。

在Hive的较高版本中，我们可以配置表的行为，使其在特定分区中找不到某些列时，不引发错误，而是假设这些列的值为空或默认值。

4. 删除表和分区

删除表是一个不可逆的操作。在Hive中，执行删除表的命令将隐式删除表上构建的所有索引。请谨慎使用以下命令：

```
DROP TABLE pv_users;
```

此命令将删除名为pv_users的表及其所有数据和索引。

若要删除特定分区，可以使用以下命令：

```
ALTER TABLE pv_users DROP PARTITION (ds='2008-08-08')
```

此命令将从pv_users表中删除指定的分区（在这个例子中是ds='2008-08-08'）。

注意，删除表或分区的操作将永久移除所有相关数据，而且这些数据可能无法恢复。在执行删除操作之前，请确保已经做好了数据备份或确认不需要这些数据。

5.14.5　加载数据

有多种方法可以将数据加载到Hive表中。用户可以创建指向HDFS中指定位置的外部表。在此特定用法中，用户可以使用HDFS put或copy命令将文件复制到指定位置，并创建一个指向此位置的表，其中包含所有相关行格式信息。完成此操作后，用户可以转换数据并将它们插入任何其他Hive表。例如，文件/tmp/pv_2008-06-08.txt包含2008-06-08提供的逗号分隔页面视图，并且需要将其加载到相应分区的page_view表中，则以下命令序列可以实现此目的：

```
CREATE EXTERNAL TABLE page_view_stg(viewTime INT, userid BIGINT,
            page_url STRING, referrer_url STRING,
            ip STRING COMMENT 'IP Address of the User',
            country STRING COMMENT 'country of origination')
COMMENT 'This is the staging page view table'
ROW FORMAT DELIMITED FIELDS TERMINATED BY '44' LINES TERMINATED BY '12'
STORED AS TEXTFILE
LOCATION '/user/data/staging/page_view';

hadoop dfs -put /tmp/pv_2008-06-08.txt /user/data/staging/page_view

FROM page_view_stg pvs
INSERT OVERWRITE TABLE page_view PARTITION(dt='2008-06-08', country='US')
SELECT pvs.viewTime, pvs.userid, pvs.page_url, pvs.referrer_url, null, null,
pvs.ip
WHERE pvs.country = 'US';
```

在上面的示例中，为目标表中的数组和映射类型插入空值，但如果指定了适当的行格式，这些类型也可能来自外部表。

如果HDFS中已经存在旧数据，用户希望在其上放置一些元数据，以便可以使用Hive查询和操作数据，则此方法非常有用。

此外，Hive支持一种语法，允许将数据从本地文件系统中的文件直接加载到Hive表中，这要求输入数据的格式与表格式一致。如果本地文件/tmp/pv_2008-06-08_us.txt已经包含特定分区的数据（例如，US的数据），并且不需要额外的过滤，可以直接使用以下语法完成加载：

```
    LOAD DATA LOCAL INPATH /tmp/pv_2008-06-08_us.txt INTO TABLE page_view
PARTITION(date='2008-06-08', country='US')
```

路径参数可以采用目录（在这种情况下，目录中的所有文件都被加载）、单个文件名或通配符（在这种情况下，所有匹配的文件都被上传）。如果参数是目录，则它不能包含子目录。同样，通配符必须仅匹配文件名。

如果输入文件/tmp/pv_2008-06-08_us.txt非常大，用户可能会选择并行加载数据（使用Hive外部的工具）。一旦文件位于HDFS中，可以使用以下语法将数据加载到Hive表中：

```
    LOAD DATA INPATH '/user/data/pv_2008-06-08_us.txt' INTO TABLE page_view
PARTITION(date='2008-06-08', country='US')
```

对于这些示例，假设输入.txt文件中的数组和映射字段是空字段。

5.14.6　查询

1. 简单查询

对于所有活动用户，可以使用以下表单的查询：

```
INSERT OVERWRITE TABLE user_active
SELECT user.*
FROM user
WHERE user.active = 1;
```

注意，与SQL不同，我们总是将结果插入表中。我们将在稍后说明用户如何检查这些结果，甚至将它们转储到本地文件。也可以在Beline或Hive CLI中运行以下查询：

```
SELECT user.*
FROM user
WHERE user.active = 1;
```

这将在内部重写一些临时文件，并显示到Hive客户端。

2. 基于分区的查询

查询中使用的分区由系统根据分区列上的where子句条件自动确定。例如，为了获得从域xyz.com引用的2008年3月的所有page_views，可以编写以下查询：

```
INSERT OVERWRITE TABLE xyz_com_page_views
SELECT page_views.*
FROM page_views
WHERE page_views.date >= '2008-03-01' AND page_views.date <= '2008-03-31' AND
      page_views.referrer_url like '%xyz.com';
```

注意，此处使用page_views.date是因为表是用PARTITIONED BY(date DATETIME, country STRING)定义的。

3. 连接

为了获得2008-03-03的page_view的人口统计细分（按性别），需要在userid列上加入page_view表和user表。这可以通过如下查询中的连接来实现：

```
INSERT OVERWRITE TABLE pv_users
SELECT pv.*, u.gender, u.age
FROM user u JOIN page_view pv ON (pv.userid = u.id)
WHERE pv.date = '2008-03-03';
```

为了进行外部连接，用户可以使用LEFT outer、RIGHT outer或FULL outer关键字限定连接，以指示外部连接的类型（左保留、右保留或两侧保留）。例如，为了在上面的查询中进行完整的外部连接，相应的语法如下：

```
INSERT OVERWRITE TABLE pv_users
SELECT pv.*, u.gender, u.age
FROM user u FULL OUTER JOIN page_view pv ON (pv.userid = u.id)
WHERE pv.date = '2008-03-03';
```

为了检查另一个表中是否存在键，用户可以使用LEFT SEMI JOIN，示例如下：

```
INSERT OVERWRITE TABLE pv_users
SELECT u.*
FROM user u LEFT SEMI JOIN page_view pv ON (pv.userid = u.id)
WHERE pv.date = '2008-03-03';
```

为了连接多个表，可以使用以下语法：

```
INSERT OVERWRITE TABLE pv_friends
SELECT pv.*, u.gender, u.age, f.friends
FROM page_view pv JOIN user u ON (pv.userid = u.id) JOIN friend_list f ON (u.id = f.uid)
WHERE pv.date = '2008-03-03';
```

4. 聚合

为了按性别统计不同用户的数量，可以编写以下查询：

```
INSERT OVERWRITE TABLE pv_gender_sum
SELECT pv_users.gender, count (DISTINCT pv_users.userid)
FROM pv_users
GROUP BY pv_users.gender;
```

可以同时执行多个聚合，但是没有两个聚合可以具有不同的DISTINCT列：

```
INSERT OVERWRITE TABLE pv_gender_agg
SELECT pv_users.gender, count(DISTINCT pv_users.userid), count(*), sum(DISTINCT pv_users.userid)
FROM pv_users
GROUP BY pv_users.gender;
```

但是，不允许进行以下查询：

```
INSERT OVERWRITE TABLE pv_gender_agg
SELECT pv_users.gender, count(DISTINCT pv_users.userid), count(DISTINCT pv_users.ip)
FROM pv_users
GROUP BY pv_users.gender;
```

5. 多表/文件插入

聚合或简单选择的输出可以进一步发送到多个表，甚至发送到hadoop-dfs文件（然后可以使用HDFS实用程序对其进行操作）。例如，除性别细分外，还需要按年龄查找唯一页面视图的细分，可以通过以下查询来完成：

```
FROM pv_users
INSERT OVERWRITE TABLE pv_gender_sum
   SELECT pv_users.gender, count_distinct(pv_users.userid)
   GROUP BY pv_users.gender

INSERT OVERWRITE DIRECTORY '/user/data/tmp/pv_age_sum'
   SELECT pv_users.age, count_distinct(pv_users.userid)
   GROUP BY pv_users.age;
```

第一个insert子句将第一个组的结果发送到Hive表，而第二个子句将结果发送到hadoop-dfs文件。

6. 动态分区插入

在前面的示例中，用户必须知道要插入哪个分区，并且在一个insert语句中只能插入一个分区。若要加载到多个分区中，则必须使用multi-insert语句，代码如下：

```
FROM page_view_stg pvs
INSERT OVERWRITE TABLE page_view PARTITION(dt='2008-06-08', country='US')
     SELECT pvs.viewTime, pvs.userid, pvs.page_url, pvs.referrer_url, null,
null, pvs.ip WHERE pvs.country = 'US'
INSERT OVERWRITE TABLE page_view PARTITION(dt='2008-06-08', country='CA')
     SELECT pvs.viewTime, pvs.userid, pvs.page_url, pvs.referrer_url, null,
null, pvs.ip WHERE pvs.country = 'CA'
INSERT OVERWRITE TABLE page_view PARTITION(dt='2008-06-08', country='UK')
     SELECT pvs.viewTime, pvs.userid, pvs.page_url, pvs.referrer_url, null,
null, pvs.ip WHERE pvs.country = 'UK';
```

5.15　实战：Apache Hive 操作示例

Spark SQL支持读取和写入存储在Apache Hive中的数据。本节提供一个示例，演示如何使用Spark来读写Apache Hive的数据。

本节所展示的示例均可以在源码DataSourceHiveExample.java中找到。可以通过以下命令来执行示例：

```
spark-submit --class com.waylau.spark.java.samples.sql.DataSourceHiveExample
spark-java-samples-1.0.0.jar
```

5.15.1　Spark集成Hive

由于Hive有大量的依赖关系，这些依赖关系不包括在默认的Spark分发中，因此需要开发人员确保已安装了Hive依赖。如果在类路径上可以找到Hive依赖，Spark将自动加载它们。注意，这些Hive依赖项必须存在于所有工作节点上，因为它们需要访问Hive序列化和反序列化库（SerDe）才能访问存储在Hive中的数据。

Hive的配置是通过将hive-site.xml、core-site.xml（用于安全配置）和hdfs-site.xml（用于HDFS配置）文件放置在conf/中完成的。

要使用Hive，还需要在Spark应用中添加如下依赖：

```
<dependency>
    <groupId>org.apache.spark</groupId>
    <artifactId>spark-hive_${scala.version}</artifactId>
    <version>${spark.version}</version>
    <scope>provided</scope>
</dependency>
```

否则会报以下异常：

```
Exception in thread "main" java.lang.IllegalArgumentException: Unable to
instantiate SparkSession with Hive support because Hive classes are not found.
        at org.apache.spark.sql.SparkSession$Builder.enableHiveSupport
(SparkSession.scala:883)
        at com.waylau.spark.java.samples.sql.DataSourceHiveExample.main
(DataSourceHiveExample.java:23)
```

5.15.2　创建SparkSession

使用Hive时，必须先实例化SparkSession，包括与持久化Hive元存储的连接、对Hive SerDe的支持以及加载用户定义的Hive函数。即便没有部署Hive，用户仍可以启用Hive支持。当hive-site.xml未配置时，上下文会自动在当前目录中创建metastore_db，并创建由spark.sql.warehouse.dir配置的目录，默认为Spark应用程序启动的当前目录中的目录spark warehouse。示例如下：

```
// warehouseLocation 指向托管数据库和表的仓库位置
String warehouseLocation = new File("spark-warehouse").getAbsolutePath();

SparkSession sparkSession = SparkSession.builder()
    // 设置应用名称
    .appName("DataSourceHiveExample")
    // 本地单线程运行
    .master("local")
    // 设置仓库位置
    .config("spark.sql.warehouse.dir", warehouseLocation)
    // 启用Hive支持
    .enableHiveSupport().getOrCreate();
```

上述代码说明如下：

- 通过config来配置仓库位置。
- 通过enableHiveSupport启用Hive支持，包括与持久化Hive元存储的连接、对Hive SerDe的支持和Hive用户定义函数。

SparkSession为Hive功能提供了内置支持，包括使用HiveQL编写查询的能力、访问Hive UDF以及从Hive表中读取数据的能力。要使用这些功能，不需要对Hive进行特殊设置。

5.15.3　建表

创建Hive表的操作如下：

```
// 建表
sparkSession.sql("CREATE TABLE IF NOT EXISTS src (key INT, value STRING) USING hive");
```

5.15.4　加载数据

从本地文件kv1.txt加载数据到Hive表中，操作如下：

```
// 从本地文件kv1.txt加载数据
sparkSession.sql("LOAD DATA LOCAL INPATH 'kv1.txt' INTO TABLE src");
```

kv1.txt文件是一个二进制文件，需要在运行程序前准备好。

5.15.5　查询

从Hive表查询数据，操作如下：

```
// 查询
sparkSession.sql("SELECT * FROM src").show();

// 关闭SparkSession
sparkSession.stop();
```

sparkSession.sql查询方法返回的是Dataset<Row>，因此可以使用Dataset的show()方法将数据显示出来。

5.15.6　运行

启动应用后，控制台打印内容如下：

```
+---+-------+
|key|  value|
+---+-------+
|238|val_238|
| 86| val_86|
|311|val_311|
| 27| val_27|
|165|val_165|
|409|val_409|
|255|val_255|
|278|val_278|
| 98| val_98|
|484|val_484|
|265|val_265|
```

```
|193|val_193|
|401|val_401|
|150|val_150|
|273|val_273|
|224|val_224|
|369|val_369|
| 66| val_66|
|128|val_128|
|213|val_213|
+---+-------+
only showing top 20 rows
```

同时，在应用的根目录下会生成metastore_db和spark-warehouse两个目录。

5.16 Apache Avro 格式

Apache Avro是一个高效、灵活的数据序列化框架。在大数据和分布式系统的世界中，数据序列化是一个至关重要的环节。数据序列化是将数据结构或对象状态转换为可以存储或传输的格式的过程。在这个过程中，Avro凭借其高效、灵活、易于演化的特性，成为Hadoop生态系统中的佼佼者。本节将对Avro进行详细介绍，包括其定义、特性、应用、架构以及未来发展等方面，力求全面、深入地解析这一优秀的序列化框架。

5.16.1 Avro概述

Avro是Hadoop生态系统中的序列化及RPC框架，设计之初的意图是为Hadoop提供一个高效、灵活且易于演化的序列化及RPC基础库，目前已经发展成一个独立的项目。Avro提供了丰富的数据结构、紧凑高效的二进制数据格式、容器文件用于存储持久化数据以及远程过程调用等功能。

Avro的主要特性说明如下。

- 支持多种语言：Avro支持多种编程语言，包括Java、C、C++、Python、Ruby、Scala和JavaScript等，使得不同语言的应用程序可以轻松地进行数据交换。
- 紧凑的二进制数据格式：Avro使用紧凑的二进制数据格式进行序列化，可以显著减小数据体积，提高传输效率。
- 动态类型定义和架构演化：Avro支持动态类型定义和架构演化，使得在数据结构和版本发生变化时，无须修改现有代码即可进行数据交换。
- 模式（Schema）定义：Avro使用模式（Schema）来定义数据结构，使得数据具有自描述性，便于理解和处理。
- 易于集成到动态语言：Avro提供了与动态语言友好集成的机制，使得在动态语言中处理Avro数据变得更加容易。

Avro广泛应用于大数据处理和分布式系统中，特别是在以下场景中表现出色。

- Hadoop生态系统中的数据交换：Avro作为Hadoop生态系统中的一部分，自然成为Hadoop各组件之间数据交换的首选方案。无论是HDFS、MapReduce还是YARN等组件，都可以使用Avro进行高效的数据序列化与反序列化。
- Kafka消息系统：Kafka是一个流行的分布式消息系统，Avro作为Kafka的默认序列化格式之一，被广泛应用于Kafka中的数据交换。Avro的特性使得Kafka在处理大量数据时能够保持高效和稳定。
- 跨语言数据交换：由于Avro支持多种编程语言，因此它成为跨语言数据交换的理想选择。不同语言的应用程序可以使用Avro进行数据交换，实现无缝对接。

5.16.2　Avro的架构与实现

Avro的架构主要包括以下几个部分。

- 模式（Schema）定义：Avro使用模式（Schema）来定义数据结构。模式通过JSON来描述，可以定义基本类型、复合类型和枚举类型等丰富的数据类型。在读写文件或进行RPC通信时，需要使用模式来解析数据。
- 序列化与反序列化：Avro提供了序列化和反序列化的功能。序列化是将数据结构或对象状态转换为可以存储或传输的格式的过程；反序列化则是将已序列化的数据还原为原始数据结构或对象状态的过程。Avro使用紧凑的二进制数据格式进行序列化，可以显著减小数据体积并提高传输效率。
- 容器文件：Avro支持将数据存储到容器文件中。容器文件是一种用于存储持久化数据的文件格式，可以包含多个Avro数据块以及元数据等信息。容器文件使得Avro数据更加易于管理和使用。
- 远程过程调用（RPC）：Avro还提供了远程过程调用的功能。通过RPC框架，客户端可以调用服务器上的服务并获取结果。Avro的RPC框架支持多种编程语言之间的通信，并且具有高效、稳定和易于扩展的特性。

在实现方面，Avro使用Java语言开发，但提供了多语言支持。Avro的Java库是其主要实现之一，提供了丰富的API和工具来支持序列化、反序列化、模式定义和RPC等功能。此外，Avro还提供了其他语言的库和工具链来支持跨语言数据交换。

5.16.3　Avro类型转换Spark SQL类型

目前，Spark支持读取Avro记录下的所有基本类型和复杂类型，具体对应关系如表5-3所示。

表 5-3　Avro 类型转换 Spark SQL 类型

Avro 类型	Spark SQL 类型
boolean	BooleanType
int	IntegerType
long	LongType
float	FloatType

（续表）

Avro 类型	Spark SQL 类型
double	DoubleType
string	StringType
enum	StringType
fixed	BinaryType
bytes	BinaryType
record	StructType
array	ArrayType
map	MapType

Spark还支持读取并集（union）类型。以下三种类型被视为基本并集类型：

- union(int, long) 将映射到LongType。
- union(float, double) 将映射到DoubleType。
- union(something, null)中的something是Avro支持的任何基本或复杂类型。在Spark SQL中，这将被映射为与Something相同的数据类型，并将nullable设置为true。所有其他并集类型都被认为是复杂的。根据并集的成员，它们将映射到StructType，其中字段名为member0、member1等。这与在Avro和Parquet之间的转换行为保持一致。

除此之外，Spark还支持读取如表5-4所示的Avro逻辑类型。

表 5-4　Avro 逻辑类型

Avro 逻辑类型	Avro 类型	Spark SQL 类型
date	int	DateType
timestamp-millis	long	TimestampType
timestamp-micros	long	TimestampType
decimal	fixed	DecimalType
decimal	bytes	DecimalType

5.16.4　Spark SQL类型转换Avro类型

Spark支持将所有Spark SQL类型写入Avro。对于大多数类型来说，从Spark类型到Avro类型的映射是直接的（例如IntegerType转换为int），但也有一些特殊情况，如表5-5所示。

表 5-5　Spark SQL 类型转换 Avro 类型

Spark SQL 类型	Avro 类型	Avro 逻辑类型
ByteType	int	—
ShortType	int	—
BinaryType	bytes	—
DateType	int	date
TimestampType	long	timestamp-micros
DecimalType	fixed	decimal

还可以使用选项avroSchema指定整个输出Avro模式，以便Spark SQL类型可以转换为其他Avro类型。默认情况下，不应用如表5-6所示的转换，并且需要用户指定Avro模式。

表 5-6 默认情况下不应用的转换

Spark SQL 类型	Avro 类型	Avro 逻辑类型
BinaryType	fixed	—
StringType	enum	—
TimestampType	long	timestamp-millis
DecimalType	bytes	decimal

5.17 实战：Apache Avro 操作示例

自Spark 2.4发布以来，Spark SQL提供了对Apache Avro数据读写的内置支持。

以下是一个简单的示例，演示如何使用Spark读取和写入Avro文件。

本节所展示的示例均可以在源码DataSourceAvroExample.java中找到。可以通过以下命令来执行示例：

```
spark-submit --class com.waylau.spark.java.samples.sql.DataSourceAvroExample
spark-java-samples-1.0.0.jar
```

5.17.1 Spark集成Avro

要使用Avro与Spark集成，需要在Spark应用程序的pom.xml文件中添加如下依赖：

```
<dependency>
   <groupId>org.apache.spark</groupId>
   <artifactId>spark-avro_${scala.version}</artifactId>
   <version>${spark.version}</version>
   <scope>provided</scope>
</dependency>
```

否则会报以下异常：

```
Exception in thread "main" org.apache.spark.sql.AnalysisException: Failed to
find data source: avro. Avro is built-in but external data source module since Spark
2.4. Please deploy the application as per the deployment section of Apache Avro Data
Source Guide.
        at org.apache.spark.sql.errors.QueryCompilationErrors$.
failedToFindAvroDataSourceError(QueryCompilationErrors.scala:1562)
        at org.apache.spark.sql.execution.datasources.DataSource$.
lookupDataSource(DataSource.scala:643)
        at org.apache.spark.sql.execution.datasources.DataSource$.
lookupDataSourceV2(DataSource.scala:697)
        at org.apache.spark.sql.DataFrameReader.load(DataFrameReader.scala:208)
        at org.apache.spark.sql.DataFrameReader.load(DataFrameReader.scala:186)
```

```
        at com.waylau.spark.java.samples.sql.DataSourceAvroExample.main
(DataSourceAvroExample.java:31)
        at java.base/jdk.internal.reflect.NativeMethodAccessorImpl.invoke0(Native
Method)
        at java.base/jdk.internal.reflect.NativeMethodAccessorImpl.
invoke(NativeMethodAccessorImpl.java:77)
        at java.base/jdk.internal.reflect.DelegatingMethodAccessorImpl.
invoke(DelegatingMethodAccessorImpl.java:43)
        at java.base/java.lang.reflect.Method.invoke(Method.java:568)
        at org.apache.spark.deploy.JavaMainApplication.start
(SparkApplication.scala:52)
        at org.apache.spark.deploy.SparkSubmit.
org$apache$spark$deploy$SparkSubmit$$runMain(SparkSubmit.scala:1029)
        at org.apache.spark.deploy.SparkSubmit.doRunMain$1(SparkSubmit.scala:194)
        at org.apache.spark.deploy.SparkSubmit.submit(SparkSubmit.scala:217)
        at org.apache.spark.deploy.SparkSubmit.doSubmit(SparkSubmit.scala:91)
        at org.apache.spark.deploy.SparkSubmit$$anon$2.doSubmit
(SparkSubmit.scala:1120)
        at org.apache.spark.deploy.SparkSubmit$.main(SparkSubmit.scala:1129)
        at org.apache.spark.deploy.SparkSubmit.main(SparkSubmit.scala)
```

需要注意Scala的版本，本例pom.xml文件使用的scala.version变量值是2.12。如果使用的是2.13，则会报以下错误：

```
   Exception in thread "main" java.lang.AbstractMethodError: Receiver class
org.apache.spark.sql.avro.AvroFileFormat does not define or inherit an
implementation of the resolved method 'abstract scala.Option inferSchema
(org.apache.spark.sql.SparkSession, scala.collection.immutable.Map,
scala.collection.Seq)' of interface
org.apache.spark.sql.execution.datasources.FileFormat.
        at org.apache.spark.sql.execution.datasources.DataSource.
$anonfun$getOrInferFileFormatSchema$11(DataSource.scala:208)
        at scala.Option.orElse(Option.scala:447)
        at org.apache.spark.sql.execution.datasources.DataSource.
getOrInferFileFormatSchema(DataSource.scala:205)
        at org.apache.spark.sql.execution.datasources.DataSource.resolveRelation
(DataSource.scala:407)
        at org.apache.spark.sql.DataFrameReader.loadV1Source(DataFrameReader.
scala:229)
        at org.apache.spark.sql.DataFrameReader.$anonfun$load$2
(DataFrameReader.scala:211)
        at scala.Option.getOrElse(Option.scala:189)
        at org.apache.spark.sql.DataFrameReader.load(DataFrameReader.scala:211)
        at org.apache.spark.sql.DataFrameReader.load(DataFrameReader.scala:186)
        at com.waylau.spark.java.samples.sql.DataSourceAvroExample.main
(DataSourceAvroExample.java:31)
        at java.base/jdk.internal.reflect.NativeMethodAccessorImpl.invoke0(Native
Method)
        at java.base/jdk.internal.reflect.NativeMethodAccessorImpl.invoke
(NativeMethodAccessorImpl.java:77)
```

```
        at java.base/jdk.internal.reflect.DelegatingMethodAccessorImpl.invoke
(DelegatingMethodAccessorImpl.java:43)
        at java.base/java.lang.reflect.Method.invoke(Method.java:568)
        at org.apache.spark.deploy.JavaMainApplication.start
(SparkApplication.scala:52)
        at
org.apache.spark.deploy.SparkSubmit.org$apache$spark$deploy$SparkSubmit$$runMain(Spa
rkSubmit.scala:1029)
        at org.apache.spark.deploy.SparkSubmit.doRunMain$1(SparkSubmit.scala:194)
        at org.apache.spark.deploy.SparkSubmit.submit(SparkSubmit.scala:217)
        at org.apache.spark.deploy.SparkSubmit.doSubmit(SparkSubmit.scala:91)
        at org.apache.spark.deploy.SparkSubmit$$anon$2.doSubmit
(SparkSubmit.scala:1120)
        at org.apache.spark.deploy.SparkSubmit$.main(SparkSubmit.scala:1129)
        at org.apache.spark.deploy.SparkSubmit.main(SparkSubmit.scala)
```

5.17.2　创建SparkSession

使用Avro时，必须先实例化SparkSession，代码如下：

```
SparkSession sparkSession = SparkSession.builder()
        // 设置应用名称
        .appName("DataSourceAvroExample")
        // 本地单线程运行
        .master("local").getOrCreate();
```

5.17.3　读取Avro文件

在上一步生成的Avro文件的基础上，实现读取Avro文件，只需要使用DataFrameReader的load()方法，代码如下：

```
// 创建DataFrame
// 返回一个DataFrameReader，可用于读取文件
Dataset<Row> df = sparkSession.read()
    // 文件格式为Avro
    .format("avro")
    // 从指定路径读取文件
    .load("users.avro");
```

上面的示例读取文件时指定了文件格式为Avro。

5.17.4　写入Avro文件

写入文件统一使用Dataset的write()方法，该方法会返回DataFrameWriter对象，而DataFrameWriter的save()方法用于将DataFrame的内容保存在指定路径下。

```
df
    // 指定字段
    .select("name", "favorite_color")
    // 输出
```

```
        .write()
        // 文件格式为Avro
        .format("avro")
        // 指定保存文件的路径
        .save("output/users.avro");

// 显示DataFrame的内容
df.show();

// 打印Schema
df.printSchema();

// 关闭SparkSession
sparkSession.stop();
```

上面的示例保存文件时指定了文件格式为Avro。需要注意的是，上述users.avro是一个目录，而非一个文件。

运行程序后，可以在指定目录下看到所生成的Avro文件。

```
_SUCCESS
part-00000-0680f18e-92e5-45c7-a5f8-5ad204d79017-c000.avro
```

运行应用，可以看到控制台输出内容如下：

```
+------+--------------+----------------+
|  name|favorite_color|favorite_numbers|
+------+--------------+----------------+
|Alyssa|          NULL|  [3, 9, 15, 20]|
|   Ben|           red|              []|
+------+--------------+----------------+

root
 |-- name: string (nullable = true)
 |-- favorite_color: string (nullable = true)
 |-- favorite_numbers: array (nullable = true)
 |    |-- element: integer (containsNull = true)
```

5.18　动手练习

练习 1：使用 DataFrame 创建临时视图

1）任务要求

通过Spark SQL读取数据，将DataFrame注册为临时表，并执行SQL查询。

2）操作步骤

（1）启动Spark Shell。

（2）读取数据文件（如CSV）到DataFrame。

（3）使用createOrReplaceTempView()方法创建临时视图。

（4）使用SparkSession()的sql()方法执行SQL查询。

3）参考代码

```
    import org.apache.spark.sql.SparkSession;
    SparkSession spark = SparkSession.builder().appName("Spark SQL
Example").config("spark.master", "local").getOrCreate();
    Dataset<Row> df = spark.read().format("csv").option("header",
"true").load("path/to/data.csv");
    df.createOrReplaceTempView("people");
    Dataset<Row> results = spark.sql("SELECT * FROM people WHERE age > 30");
    results.show();
```

4）小结

通过此练习，可以掌握如何使用Spark SQL处理结构化数据，包括数据的读取、DataFrame的创建、临时视图的注册以及SQL查询的执行。

练习 2：对 Apache Parquet 数据源进行数据的读取和写入

1）任务要求

从Parquet文件中读取数据，并将处理后的数据写回新的Parquet文件。

2）操作步骤

（1）读取Parquet文件到DataFrame。

（2）对DataFrame进行必要的转换或操作。

（3）将结果DataFrame写入新的Parquet文件。

3）参考代码

```
    Dataset<Row> df = spark.read().parquet("path/to/input.parquet");
    Dataset<Row> modifiedDf = df.withColumn("new_column",
functions.col("existing_column") + 1);
    modifiedDf.write().parquet("path/to/output.parquet");
```

4）小结

此练习展示了如何利用Spark SQL读写高效的列存储格式Parquet文件，这对于大数据处理非常有用。

练习 3：使用 DataFrame 操作数据库

1）任务要求

连接数据库，从表读取数据，对数据进行处理后写回数据库。

2）操作步骤

（1）引入对应数据库的JDBC驱动。

（2）初始化SparkSession时配置连接信息。

（3）读取数据库表数据到DataFrame。

（4）对DataFrame进行数据处理。

（5）将处理后的DataFrame写回数据库。

3）参考代码

```
Dataset<Row> df = spark.read().format("jdbc")
  .option("url", "jdbc:postgresql:dbserver")
  .option("dbtable", "schema.tablename")
  .option("user", "username")
  .option("password", "password")
  .load();
// 数据处理
df.write().format("jdbc")
  .option("url", "jdbc:postgresql:dbserver")
  .option("dbtable", "schema.newtable")
  .option("user", "username")
  .option("password", "password")
  .save();
```

4）小结

这个练习演示了如何使用Spark SQL与关系数据库进行交互，包括数据的读取和写入，这对于ETL任务特别有用。

练习 4：导出数据到 CSV 文件

1）任务要求

将DataFrame中的数据导出到CSV文件。

2）操作步骤

（1）创建或获取一个DataFrame。
（2）调用write()方法并指定输出格式为CSV。
（3）调用csv()方法并指定输出路径。
（4）调用save()方法执行导出。

3）参考代码

```
Dataset<Row> df = ... // DataFrame的创建或获取
df.write().format("csv").save("path/to/output.csv");
```

4）小结

这个练习展示了如何使用Spark SQL将数据导出到CSV格式的简单文本文件，便于数据的分享和迁移。

5.19　本章小结

本章介绍了Spark SQL的基本概念及工作原理，详细介绍了DataFrame和Dataset的常用操作。DataFrame和Dataset的常用操作包括创建临时视图、与RDD的相互转换、Apache Parquet数据源的读取和写入、使用JDBC操作数据库、读取二进制文件、导出数据到CSV文件，以及操作Apache ORC、Apache Hive、Apache Avro等数据格式的示例等。

首先详细介绍了Spark SQL的基本概念和工作原理，包括RDD与Spark SQL的比较以及抉择建议。然后深入了解了Dataset与DataFrame的概念，并对比了它们的优缺点及相互转换的方法。通过实战案例，学习了如何创建SparkSession、DataFrame和Dataset，以及常用的DataFrame和Dataset操作。此外，还探讨了如何在Spark中创建临时视图，并将RDD转换为Dataset。在文件格式方面，介绍了Apache Parquet、ORC和Avro的特点和使用方法，并通过实战示例展示了如何读写这些文件格式。最后，讨论了Apache Hive数据仓库的使用，并展示了如何在Spark中集成Hive进行数据操作。

通过掌握这些知识，我们将能够灵活地使用Spark SQL处理各种结构化数据，实现高效的数据分析和处理任务。

第 6 章

Spark Web UI

Spark Web UI是监控和管理Spark应用程序的有力工具，它提供了一个可视化界面，让开发人员和运维人员可以实时地查看应用程序的运行状态、性能指标和日志信息。本章将详细介绍Spark Web UI的组成、功能、使用方法以及如何根据需要启动不同模式下的Web UI。通过本章的学习，读者将能够有效地利用Spark Web UI来优化和调试Spark作业，以确保应用程序能够高效稳定地运行。

6.1 Web UI 概述

Spark Web UI是Spark提供的一个重要的监控和诊断工具，它允许用户实时查看和分析Spark应用程序的运行状态、性能数据和资源使用情况。

6.1.1 Web UI的组成

Web UI主要由以下几个部分组成。

- Jobs页面：显示Spark应用程序中所有的作业（Job）信息，包括作业ID、提交时间、描述、进度、任务（Task）数、成功/失败的任务数等。用户可以通过此页面了解作业的总体情况和进度。
- Stages页面：显示作业中的各个阶段（Stage）的信息，包括阶段ID、名称、状态（active、pending、completed等）、任务数、进度等。阶段是Spark作业的基本执行单元，用户可以通过此页面深入了解每个阶段的执行情况和性能数据。
- Tasks页面：显示每个阶段的任务信息，包括任务ID、所在阶段ID、尝试次数、状态、执行时间等。任务是Spark作业的最小执行单元，用户可以通过此页面了解每个任务的详细执行情况和性能数据。

- Storage页面：记录着每一个分布式缓存（RDD Cache、DataFrame Cache）的细节，包括缓存级别、已缓存的分区数、缓存比例、内存大小与磁盘大小等。用户可以通过此页面了解数据的存储情况和缓存效果。
- Executors页面：显示Spark集群中所有执行器（Executor）的信息，包括执行器ID、地址、状态、内存使用情况、磁盘使用情况、核心数等。用户可以通过此页面了解集群的资源使用情况和性能瓶颈。

6.1.2　Web UI的功能

Web UI提供了丰富的功能和特性，以满足用户对Spark应用程序的监控和诊断需求。

- 实时监控：Web UI能够实时显示Spark应用程序的运行状态和性能数据，用户可以随时了解作业的执行情况和资源使用情况。
- 详细分析：Web UI提供了丰富的图表和详细数据，可以帮助用户深入分析Spark作业的执行情况和性能瓶颈。例如，用户可以通过查看任务的执行时间和资源使用情况，找出性能瓶颈并进行优化。
- 故障排查：当Spark作业出现错误或异常时，Web UI能够显示详细的错误信息和堆栈跟踪，帮助用户快速定位问题和排查故障。
- 历史记录：Web UI支持保存历史数据，用户可以随时查看历史作业的执行情况和性能数据，进行对比分析和总结经验。

6.1.3　Web UI的使用

使用Web UI非常简单，用户只需要在Spark应用程序启动后，通过浏览器访问Web UI的Web界面即可。在Web界面中，用户可以浏览各个页面并查看相关的数据和图表。

同时，Web UI也提供了丰富的配置选项和API接口，允许用户根据自己的需求进行定制和扩展。例如，用户可以通过配置选项设置UI的显示内容和样式，或者通过API接口获取更详细的数据和进行更复杂的分析。

6.1.4　Web UI的优化

虽然Web UI是一个强大的监控和诊断工具，但在使用过程中需要注意一些优化建议。

- 定期清理历史数据：Web UI会保存大量的历史数据，如果长时间不清理，可能会导致磁盘空间不足。因此，建议定期清理历史数据以释放磁盘空间。
- 合理设置UI的显示内容和样式：根据实际需求合理设置UI的显示内容和样式可以提高用户体验和效率。例如，可以设置只显示关键数据和图表，或者调整图表的样式和颜色等。
- 使用API接口进行更复杂的分析：如果需要进行更复杂的分析或数据可视化，可以使用Web UI提供的API接口获取更详细的数据并进行处理。例如，可以使用API接口获取任务的详细信息和执行时间等数据，进行深入分析和挖掘。

综上所述，Web UI是Spark提供的一个重要的监控和诊断工具，它能够帮助用户实时查看和分析Spark应用程序的运行状态、性能数据和资源使用情况。通过深入了解Web UI的组成、功能和使用方法，用户可以更好地利用这个工具进行Spark作业的监控和诊断工作，提高作业的执行效率和稳定性。

6.2 启动Web UI

要启动Spark Web UI，通常需要运行一个Spark作业或应用程序，因为Spark主节点或Spark驱动程序会自动启动Web UI。本节介绍在一些常见场景下如何访问Web UI。

6.2.1 Standalone模式

在Standalone模式下，访问Web UI的步骤如下：

01 启动Spark主节点进程。这通常通过start-master.sh脚本完成。

02 启动Spark工作节点进程。这通常通过start-workers.sh脚本完成。

03 Spark主节点启动后，默认情况下会在http://主节点IP:8080/上提供Web UI。可以通过访问这个URL来查看集群的状态。

需要注意的是，需确保防火墙和网络设置允许从浏览器访问Web UI的地址和端口。

6.2.2 YARN模式

在YARN模式下，访问Web UI的步骤如下：

01 提交Spark应用程序到YARN。可以通过spark-submit命令完成，并指定--master yarn。

02 YARN会为Spark应用程序分配资源，并启动Spark驱动程序和执行器。

03 Spark驱动程序启动后，会提供一个Web UI的链接。可以通过YARN ResourceManager的Web UI（通常是http://集群IP:8080//cluster/apps）找到这个链接。单击Spark应用程序的链接，然后在页面底部找到Tracking UI或ApplicationMaster的链接，这就是Spark Web UI的地址。

6.2.3 Kubernetes模式

在Kubernetes模式下，访问Web UI的步骤如下：

01 使用Spark Operator或其他工具在Kubernetes上部署Spark应用程序。

02 Kubernetes会为Spark应用程序分配Pod，并在这些Pod中运行Spark驱动程序和执行器。

03 Spark驱动程序Pod启动后，会暴露一个Service。可以通过Kubernetes的Service机制来访问Spark Web UI。通常，需要先找到Spark驱动程序Pod的Service名称，然后使用以下命令获取访问地址：

```
kubectl get svc <service-name> -o jsonpath='{.spec.clusterIP}:{.spec.ports
```

```
[?(@.name=="http")].port}'
```

04 这样就可以通过http://集群IP:端口来访问Spark Web UI。

6.2.4 其他集群管理器

对于其他集群管理器（如Mesos、Cloudera Manager等），启动和访问Spark Web UI的步骤可能会有所不同。但通常需要找到Spark驱动程序或Master进程的地址，并在该地址访问默认的Spark Web UI端口（通常是8080）。

6.3 Jobs 页面

Jobs页面显示Spark应用程序中所有作业的摘要页面和每个作业的详细信息页面。摘要页面显示高级信息，如所有作业的状态、持续时间和进度以及总体事件时间线。单击摘要页面上的作业时，会看到该作业的详细信息页面。详细信息页面进一步显示了事件时间线、DAG可视化以及作业的所有阶段。

图6-1展示了Jobs页面的基本信息。

Spark Jobs (?)

User: pablo
Total Uptime: 9.1 min
Scheduling Mode: FIFO
Active Jobs: 1
Completed Jobs: 7

图 6-1 Jobs 页面的基本信息

- User：当前Spark用户。
- Total Uptime：自Spark应用程序启动以来的时间。
- Scheduling Mode：作业调度模式。
- 每个状态的作业数：活动、已完成、失败。

图6-2展示了事件时间线（Event Timeline）。

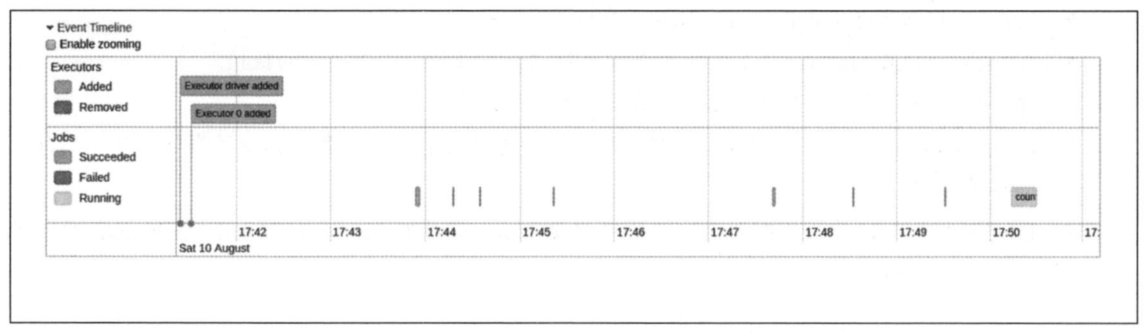

图 6-2 事件时间线

事件时间线是按时间顺序显示与执行者相关的各种作业事件，包括添加和删除等操作。

图6-3展示了按状态分组的作业详细信息。

作业的详细信息包括作业ID、说明（带有到详细作业页面的链接）、提交的时间、持续时间、阶段摘要和任务进度条。

当单击特定作业时，可以看到该作业的详细信息，如图6-4所示。

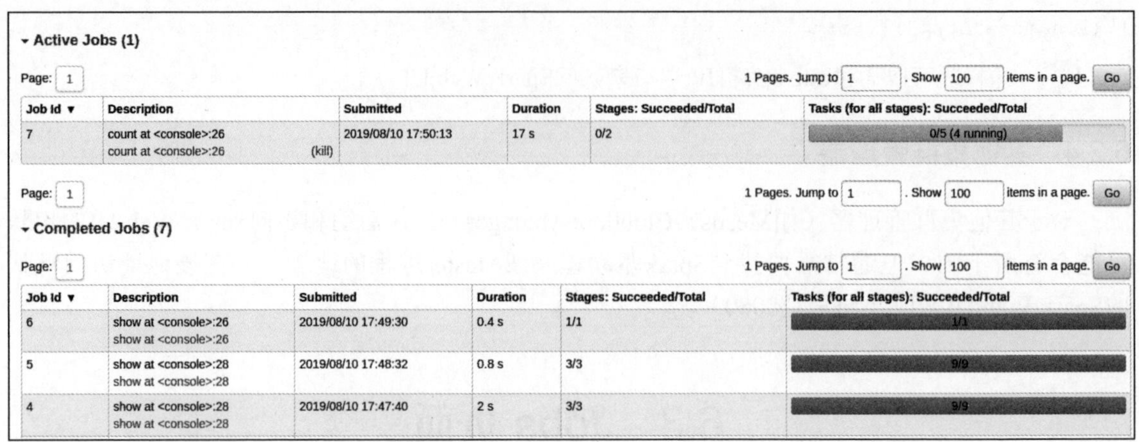

图 6-3　按状态分组的作业详细信息

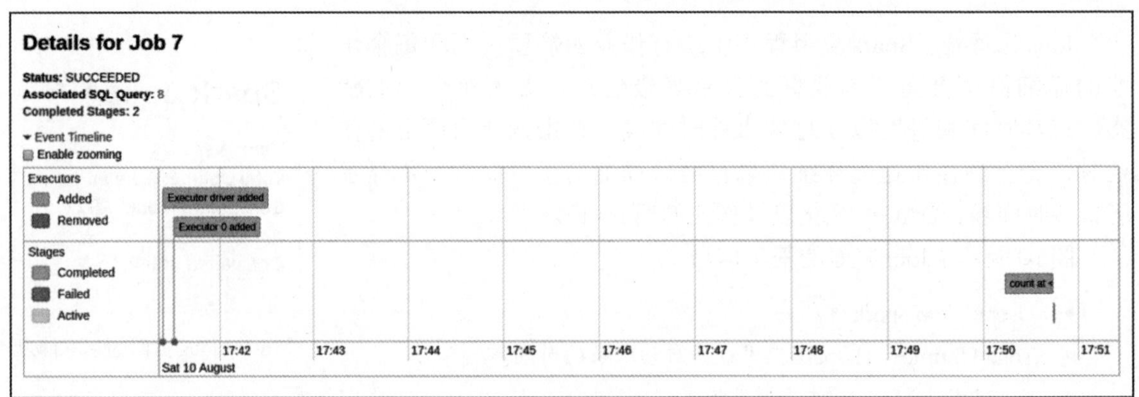

图 6-4　作业的详细信息

此页面显示由作业ID标识的特定作业的详细信息，包括以下内容。

- Status：作业状态（正在运行、成功、失败）。
- Associated SQL Query：关联的SQL查询，指向此作业的SQL选项卡的链接。
- 每个状态的阶段数（活动、挂起、完成、跳过、失败）。
- Event Timeline：事件时间线，按时间顺序显示与执行者相关的各种作业的事件，包括添加和删除等操作。
- DAG可视化：此作业的有向无环图的可视化表示，其中顶点表示RDD或DataFrames，边表示要应用于RDD的操作。

6.4　Stages 页面

Stages页面显示一个摘要页面，其中显示Spark应用程序中所有作业的所有阶段的当前状态。

页面开头是按状态（活动、挂起、完成、跳过和失败）列出所有阶段计数的摘要，如图6-5所示。

Fair Scheduling Pools页面用于展示池属性，如图6-6所示。

之后是每个状态阶段的详细信息（活动、挂起、完成、跳过、失败）。在活动阶段，可以使用终止链接终止阶段。只有在失败阶段，才会显示失败原因。可以通过单击描述来访问任务的详细信息，如图6-7所示。

Stages for All Jobs

Active Stages: 1
Pending Stages: 1
Completed Stages: 13

图 6-5　页面开头

▾ Fair Scheduler Pools (3)

Pool Name	Minimum Share	Pool Weight	Active Stages	Running Tasks	SchedulingMode
production	2	1	1	3	FAIR
test	3	2	0	0	FIFO
default	0	1	0	0	FIFO

图 6-6　池属性

▾ Active Stages (1)

Page: 1　　1 Pages. Jump to 1

Stage Id ▾	Pool Name	Description	Submitted	Duration	Tasks: Succeeded/Total	Input	Output
13	production	show at <console>:26 +details (kill)	2019/08/27 18:25:33	0.2 s	0/4 (4 running)		

Page: 1　　1 Pages. Jump to 1

▾ Pending Stages (1)

Page: 1　　1 Pages. Jump to 1

Stage Id ▾	Pool Name	Description	Submitted	Duration	Tasks: Succeeded/Total	Input	Output	Shuff
14	default	show at <console>:26 +details	Unknown	Unknown	0/200			

Page: 1　　1 Pages. Jump to 1

▾ Completed Stages (13)

Page: 1　　1 Pages. Jump to 1

Stage Id ▾	Pool Name	Description	Submitted	Duration	Tasks: Succeeded/Total	Input	Output	Sl
12	production	show at <console>:26 +details	2019/08/27 18:25:33	0.3 s	4/4			
11	production	show at <console>:28 +details	2019/08/27 18:24:36	0.3 s	1/1			12
10	production	show at <console>:28 +details	2019/08/27 18:24:35	0.3 s	4/4			
9	production	show at <console>:28 +details	2019/08/27 18:24:35	0.3 s	4/4			
8	default	foreach at <console>:27 +details	2019/08/27 18:01:04	93 ms	4/4			
7	default	foreach at <console>:27 +details	2019/08/27 17:59:31	0.5 s	4/4			
6	production	show at <console>:28 +details	2019/08/27 17:56:10	64 ms	1/1			12
5	production	show at <console>:28 +details	2019/08/27 17:56:10	0.2 s	4/4			

图 6-7　任务的详细信息

6.5　Storage 页面

Storage页面显示应用程序中持久化的RDD和DataFrames。

如图6-8所示，摘要页面显示所有RDD的存储级别、大小和分区，详细信息页面显示RDD或DataFrame中所有分区的大小和使用执行器。

Storage

▾ RDDs

ID	RDD Name	Storage Level	Cached Partitions	Fraction Cached	Size in Memory	Size on Disk
1	rdd	Memory Serialized 1x Replicated	5	100%	236.0 B	0.0 B
4	LocalTableScan [count#7, name#8]	Disk Serialized 1x Replicated	3	100%	0.0 B	2.1 KiB

图 6-8　摘要页面

在图6-8中有两个RDD。其中提供了存储级别、分区数量和内存开销等基本信息。注意，新持久化的RDD或DataFrames在具体化之前不会显示在选项卡中。

可以通过单击特定的RDD名称来获取该RDD的数据持久性详细信息，例如在集群上的数据分布情况，如图6-9所示。

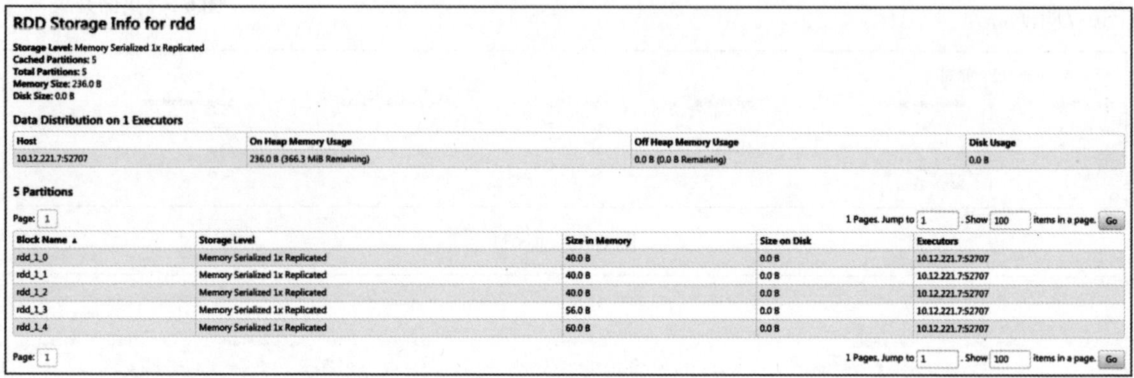

Host	On Heap Memory Usage	Off Heap Memory Usage	Disk Usage
10.12.221.7:52707	236.0 B (366.3 MiB Remaining)	0.0 B (0.0 B Remaining)	0.0 B

Block Name ▲	Storage Level	Size in Memory	Size on Disk	Executors
rdd_1_0	Memory Serialized 1x Replicated	40.0 B	0.0 B	10.12.221.7:52707
rdd_1_1	Memory Serialized 1x Replicated	40.0 B	0.0 B	10.12.221.7:52707
rdd_1_2	Memory Serialized 1x Replicated	40.0 B	0.0 B	10.12.221.7:52707
rdd_1_3	Memory Serialized 1x Replicated	56.0 B	0.0 B	10.12.221.7:52707
rdd_1_4	Memory Serialized 1x Replicated	60.0 B	0.0 B	10.12.221.7:52707

图 6-9　在集群上的数据分布情况

6.6　Environment 页面

Environment页面显示不同环境和配置变量的值，包括JVM、Spark和系统属性，如图6-10所示。

Environment

▾ **Runtime Information**

Name	Value
Java Home	/Library/Java/JavaVirtualMachines/jdk1.8.0_221.jdk/Contents/Home/jre
Java Version	1.8.0_221 (Oracle Corporation)
Scala Version	version 2.12.8

▾ **Spark Properties**

Name	Value
spark.app.id	local-1565684968905
spark.app.name	Spark shell
spark.driver.host	10.12.221.7
spark.driver.port	58229
spark.executor.id	driver
spark.home	/Users/zrf/Dev/OpenSource/spark
spark.jars	
spark.master	local[*]
spark.repl.class.outputDir	/private/var/folders/vt/5vsvtxjj6rz6syxf4ssyxlkm0000gn/T/spark-bae57fcf-5 a5eb-b0148ef86325
spark.repl.class.uri	spark://10.12.221.7:58229/classes
spark.scheduler.mode	FIFO
spark.sql.catalogImplementation	in-memory
spark.submit.deployMode	client
spark.submit.pyFiles	
spark.ui.showConsoleProgress	true

▸ **Hadoop Properties**

▸ **System Properties**

▸ **Classpath Entries**

图 6-10　Environment 页面

Environment页面包含5个部分。这是一个检查属性设置是否正确的地方。第一部分Runtime Information只包含运行时属性，如Java和Scala版本。第二部分Spark Properties列出了应用程序属性，如Spark.app.name。

单击第三部分Hadoop Properties链接将显示与Hadoop和YARN相关的属性。注意，spark.Hadoop.*等属性不在本部分显示，而是在第二部分Spark Properties中显示，如图6-11所示。

▾ Hadoop Properties

Name	Value
dfs.ha.fencing.ssh.connect-timeout	30000
file.blocksize	67108864
file.bytes-per-checksum	512
file.client-write-packet-size	65536
file.replication	1
file.stream-buffer-size	4096
fs.AbstractFileSystem.file.impl	org.apache.hadoop.fs.local.LocalFs
fs.AbstractFileSystem.ftp.impl	org.apache.hadoop.fs.ftp.FtpFs
fs.AbstractFileSystem.har.impl	org.apache.hadoop.fs.HarFs
fs.AbstractFileSystem.hdfs.impl	org.apache.hadoop.fs.Hdfs
fs.AbstractFileSystem.viewfs.impl	org.apache.hadoop.fs.viewfs.ViewFs

图 6-11 Hadoop Properties

第四部分System Properties显示有关JVM的更多详细信息，如图6-12所示。

▾ System Properties

Name	Value
SPARK_SUBMIT	true
awt.toolkit	sun.lwawt.macosx.LWCToolkit
file.encoding	UTF-8
file.encoding.pkg	sun.io
file.separator	/
gopherProxySet	false
java.awt.graphicsenv	sun.awt.CGraphicsEnvironment
java.awt.printerjob	sun.lwawt.macosx.CPrinterJob
java.class.version	52.0

图 6-12 System Properties

最后一部分Classpath Entries列出了从不同源加载的类，这对于解决类冲突非常有用，如图6-13所示。

▾ Classpath Entries

Resource	Source
/Users/zrf/Dev/OpenSource/spark/assembly/target/scala-2.12/jars/RoaringBitmap-0.7.45.jar	System Classpath
/Users/zrf/Dev/OpenSource/spark/assembly/target/scala-2.12/jars/activation-1.1.1.jar	System Classpath
/Users/zrf/Dev/OpenSource/spark/assembly/target/scala-2.12/jars/aircompressor-0.10.jar	System Classpath
/Users/zrf/Dev/OpenSource/spark/assembly/target/scala-2.12/jars/antlr4-runtime-4.7.1.jar	System Classpath
/Users/zrf/Dev/OpenSource/spark/assembly/target/scala-2.12/jars/aopalliance-1.0.jar	System Classpath

图 6-13 Classpath Entries

6.7　Executors 页面

Executors页面显示为应用程序创建的执行器的摘要信息，包括内存和磁盘的使用情况以及任务和混洗信息，如图6-14所示。Storage Memory一列显示的是用于缓存数据的已使用和保留的内存量。

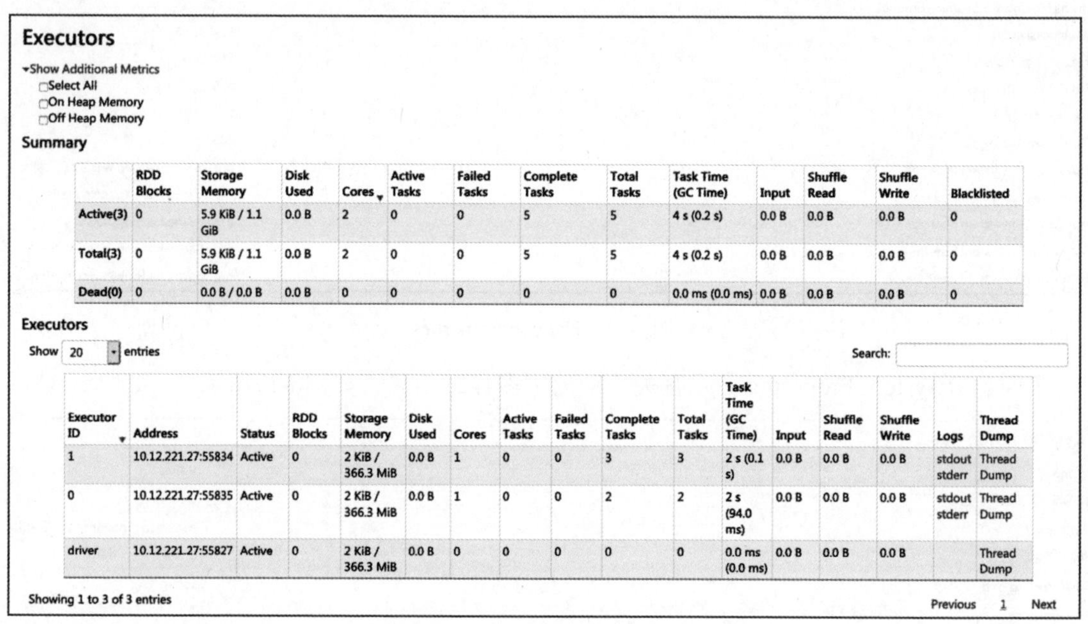

	RDD Blocks	Storage Memory	Disk Used	Cores	Active Tasks	Failed Tasks	Complete Tasks	Total Tasks	Task Time (GC Time)	Input	Shuffle Read	Shuffle Write	Blacklisted
Active(3)	0	5.9 KiB / 1.1 GiB	0.0 B	2	0	0	5	5	4 s (0.2 s)	0.0 B	0.0 B	0.0 B	0
Total(3)	0	5.9 KiB / 1.1 GiB	0.0 B	2	0	0	5	5	4 s (0.2 s)	0.0 B	0.0 B	0.0 B	0
Dead(0)	0	0.0 B / 0.0 B	0.0 B	0	0	0	0	0	0.0 ms (0.0 ms)	0.0 B	0.0 B	0.0 B	0

Executor ID	Address	Status	RDD Blocks	Storage Memory	Disk Used	Cores	Active Tasks	Failed Tasks	Complete Tasks	Total Tasks	Task Time (GC Time)	Input	Shuffle Read	Shuffle Write	Logs	Thread Dump
1	10.12.221.27:55834	Active	0	2 KiB / 366.3 MiB	0.0 B	1	0	0	3	3	2 s (0.1 s)	0.0 B	0.0 B	0.0 B	stdout stderr	Thread Dump
0	10.12.221.27:55835	Active	0	2 KiB / 366.3 MiB	0.0 B	1	0	0	2	2	2 s (94.0 ms)	0.0 B	0.0 B	0.0 B	stdout stderr	Thread Dump
driver	10.12.221.27:55827	Active	0	2 KiB / 366.3 MiB	0.0 B	0	0	0	0	0	0.0 ms (0.0 ms)	0.0 B	0.0 B	0.0 B		Thread Dump

图 6-14　Executors 页面

Executors页面不仅提供资源信息（每个执行器使用的内存、磁盘和内核数量），还提供性能信息，例如GC时间和混洗信息。

单击执行器的stderr链接会在其控制台显示如图6-15所示的标准错误日志。

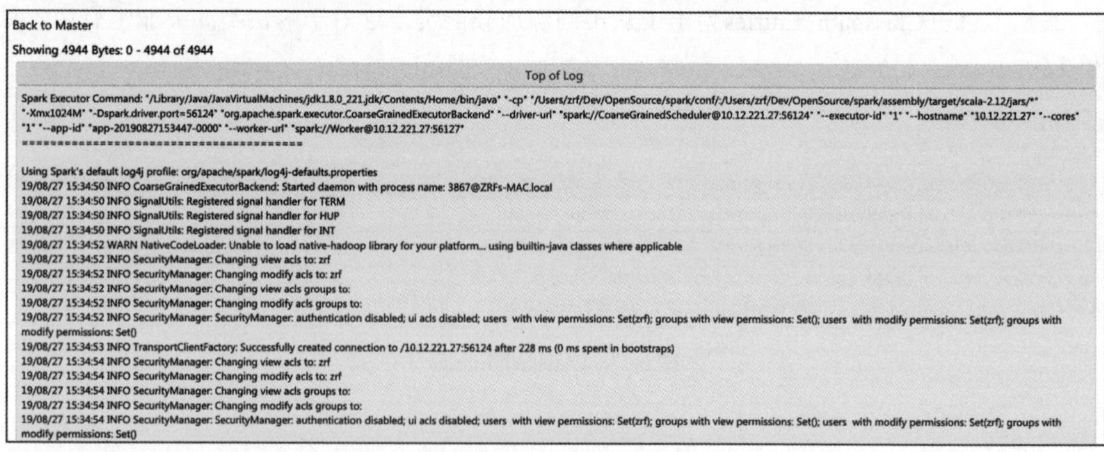

```
Back to Master
Showing 4944 Bytes: 0 - 4944 of 4944
Top of Log
Spark Executor Command: "/Library/Java/JavaVirtualMachines/jdk1.8.0_221.jdk/Contents/Home/bin/java" "-cp" "/Users/zrf/Dev/OpenSource/spark/conf/:/Users/zrf/Dev/OpenSource/spark/assembly/target/scala-2.12/jars/*" "-Xmx1024M" "-Dspark.driver.port=56124" "org.apache.spark.executor.CoarseGrainedExecutorBackend" "--driver-url" "spark://CoarseGrainedScheduler@10.12.221.27:56124" "--executor-id" "1" "--hostname" "10.12.221.27" "--cores" "1" "--app-id" "app-20190827153447-0000" "--worker-url" "spark://Worker@10.12.221.27:56127"
========================================

Using Spark's default log4j profile: org/apache/spark/log4j-defaults.properties
19/08/27 15:34:50 INFO CoarseGrainedExecutorBackend: Started daemon with process name: 3867@ZRFs-MAC.local
19/08/27 15:34:50 INFO SignalUtils: Registered signal handler for TERM
19/08/27 15:34:50 INFO SignalUtils: Registered signal handler for HUP
19/08/27 15:34:50 INFO SignalUtils: Registered signal handler for INT
19/08/27 15:34:52 WARN NativeCodeLoader: Unable to load native-hadoop library for your platform... using builtin-java classes where applicable
19/08/27 15:34:52 INFO SecurityManager: Changing view acls to: zrf
19/08/27 15:34:52 INFO SecurityManager: Changing modify acls to: zrf
19/08/27 15:34:52 INFO SecurityManager: Changing view acls groups to:
19/08/27 15:34:52 INFO SecurityManager: Changing modify acls groups to:
19/08/27 15:34:52 INFO SecurityManager: SecurityManager: authentication disabled; ui acls disabled; users  with view permissions: Set(zrf); groups with view permissions: Set(); users  with modify permissions: Set(zrf); groups with modify permissions: Set()
19/08/27 15:34:53 INFO TransportClientFactory: Successfully created connection to /10.12.221.27:56124 after 228 ms (0 ms spent in bootstraps)
19/08/27 15:34:54 INFO SecurityManager: Changing view acls to: zrf
19/08/27 15:34:54 INFO SecurityManager: Changing modify acls to: zrf
19/08/27 15:34:54 INFO SecurityManager: Changing view acls groups to:
19/08/27 15:34:54 INFO SecurityManager: Changing modify acls groups to:
19/08/27 15:34:54 INFO SecurityManager: SecurityManager: authentication disabled; ui acls disabled; users  with view permissions: Set(zrf); groups with view permissions: Set(); users  with modify permissions: Set(zrf); groups with modify permissions: Set()
```

图 6-15　标准错误日志

单击执行器的Thread Dump链接将显示如图6-16所示的执行器上JVM的线程转储，这对于性能分析非常有用。

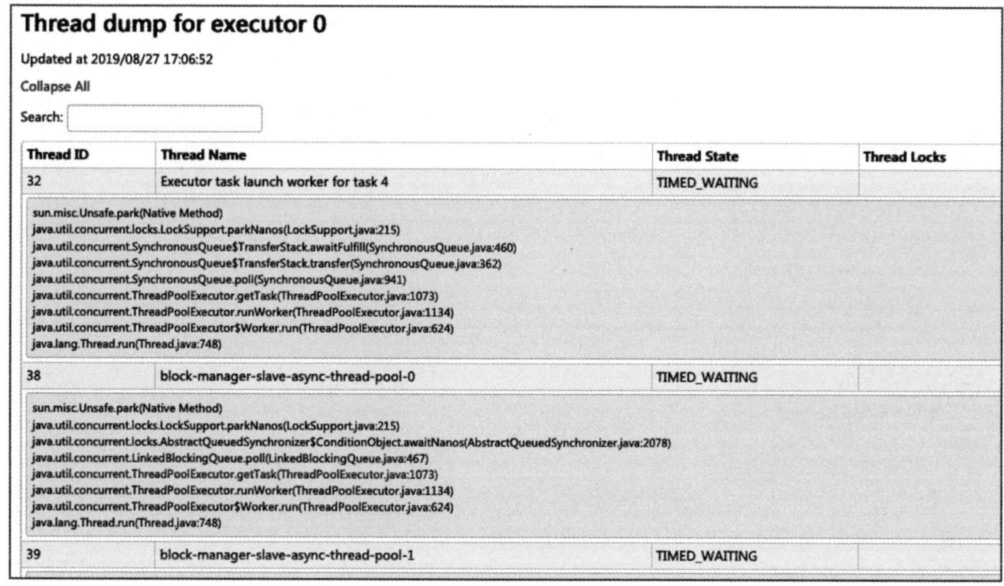
Thread dump for executor 0

Updated at 2019/08/27 17:06:52

Collapse All

Search:

Thread ID	Thread Name	Thread State	Thread Locks
32	Executor task launch worker for task 4	TIMED_WAITING	

```
sun.misc.Unsafe.park(Native Method)
java.util.concurrent.locks.LockSupport.parkNanos(LockSupport.java:215)
java.util.concurrent.SynchronousQueue$TransferStack.awaitFulfill(SynchronousQueue.java:460)
java.util.concurrent.SynchronousQueue$TransferStack.transfer(SynchronousQueue.java:362)
java.util.concurrent.SynchronousQueue.poll(SynchronousQueue.java:941)
java.util.concurrent.ThreadPoolExecutor.getTask(ThreadPoolExecutor.java:1073)
java.util.concurrent.ThreadPoolExecutor.runWorker(ThreadPoolExecutor.java:1134)
java.util.concurrent.ThreadPoolExecutor$Worker.run(ThreadPoolExecutor.java:624)
java.lang.Thread.run(Thread.java:748)
```

Thread ID	Thread Name	Thread State	Thread Locks
38	block-manager-slave-async-thread-pool-0	TIMED_WAITING	

```
sun.misc.Unsafe.park(Native Method)
java.util.concurrent.locks.LockSupport.parkNanos(LockSupport.java:215)
java.util.concurrent.locks.AbstractQueuedSynchronizer$ConditionObject.awaitNanos(AbstractQueuedSynchronizer.java:2078)
java.util.concurrent.LinkedBlockingQueue.poll(LinkedBlockingQueue.java:467)
java.util.concurrent.ThreadPoolExecutor.getTask(ThreadPoolExecutor.java:1073)
java.util.concurrent.ThreadPoolExecutor.runWorker(ThreadPoolExecutor.java:1134)
java.util.concurrent.ThreadPoolExecutor$Worker.run(ThreadPoolExecutor.java:624)
java.lang.Thread.run(Thread.java:748)
```

Thread ID	Thread Name	Thread State	Thread Locks
39	block-manager-slave-async-thread-pool-1	TIMED_WAITING	

图 6-16　线程转储

6.8　SQL 页面

如果应用程序执行Spark SQL查询，SQL页面将显示信息，如查询的持续时间、作业以及物理和逻辑计划，如图6-17所示。

SQL

Completed Queries: 3

▾ Completed Queries (3)

Page: 1　　1 Pages. Jump to 1 . Show 100 items in a page. Go

ID ▾	Description	Submitted	Duration	Job IDs
2	show at <console>:24 +details	2019/08/04 15:23:15	2 s	[1][2][3][4][5]
1	createGlobalTempView at <console>:26 +details	2019/08/04 15:23:09	0.3 s	
0	count at <console>:26 +details	2019/08/04 15:23:01	2 s	[0]

Page: 1　　1 Pages. Jump to 1 . Show 100 items in a page. Go

图 6-17　SQL 页面

有三个DataFrame/SQL操作符显示在列表中。如果单击最后一个查询的show at:24链接，将看到如图6-18所示的DAG和查询执行的详细信息。

查询详细信息页面显示有关查询执行时间、持续时间、关联作业列表和查询执行DAG的信息。第一个区块WholeStageCodegen (1)将多个运算符（LocalTableScan和HashAggregate）编译到一个Java函数中，以提高性能，块中列出了行数和溢出大小等指标。块名称中的标识(1)代表代码生成的唯一标识符。第二个区块Exchange显示混洗交换的指标，包括写入的混洗记录数、总数据大小等。

单击底部的Details链接将显示如图6-19所示的逻辑计划和物理计划，说明Spark如何解析、分析、优化和执行查询。

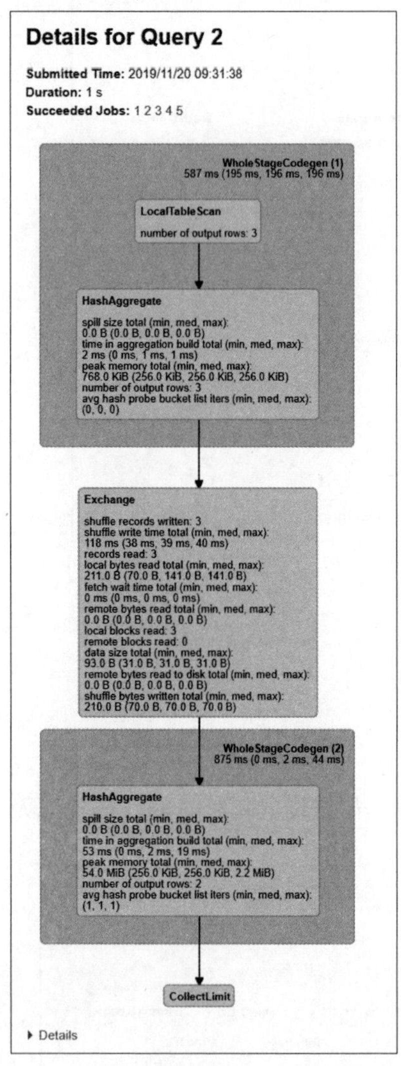

图 6-18　DAG

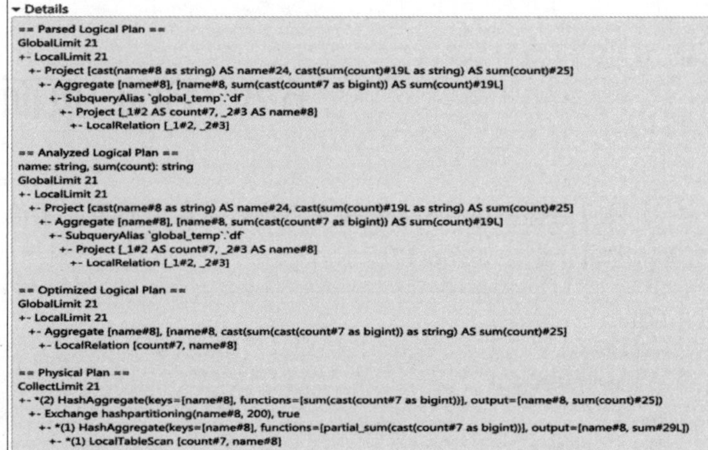

```
▾ Details
== Parsed Logical Plan ==
GlobalLimit 21
+- LocalLimit 21
  +- Project [cast(name#8 as string) AS name#24, cast(sum(count)#19L as string) AS sum(count)#25]
    +- Aggregate [name#8], [name#8, sum(cast(count#7 as bigint)) AS sum(count)#19L]
      +- SubqueryAlias `global_temp`.`df`
        +- Project [_1#2 AS count#7, _2#3 AS name#8]
          +- LocalRelation [_1#2, _2#3]

== Analyzed Logical Plan ==
name: string, sum(count): string
GlobalLimit 21
+- LocalLimit 21
  +- Project [cast(name#8 as string) AS name#24, cast(sum(count)#19L as string) AS sum(count)#25]
    +- Aggregate [name#8], [name#8, sum(cast(count#7 as bigint)) AS sum(count)#19L]
      +- SubqueryAlias `global_temp`.`df`
        +- Project [_1#2 AS count#7, _2#3 AS name#8]
          +- LocalRelation [_1#2, _2#3]

== Optimized Logical Plan ==
GlobalLimit 21
+- LocalLimit 21
  +- Aggregate [name#8], [name#8, cast(sum(cast(count#7 as bigint)) as string) AS sum(count)#25]
    +- LocalRelation [count#7, name#8]

== Physical Plan ==
CollectLimit 21
+- *(2) HashAggregate(keys=[name#8], functions=[sum(cast(count#7 as bigint))], output=[name#8, sum(count)#25])
  +- Exchange hashpartitioning(name#8, 200), true
    +- *(1) HashAggregate(keys=[name#8], functions=[partial_sum(cast(count#7 as bigint))], output=[name#8, sum#29L])
      +- *(1) LocalTableScan [count#7, name#8]
```

图 6-19　逻辑计划和物理计划

6.9　动 手 练 习

练习 1：启动 Web UI 并访问

1）任务要求

（1）在Standalone模式下启动一个Spark应用程序。

（2）访问Spark Web UI以监控应用程序的状态。

2）操作步骤

（1）确保Spark已经正确安装，并且可以在命令行中使用spark-submit命令。
（2）使用spark-submit启动一个简单的Spark应用程序。
（3）记录应用程序运行时控制台输出的Spark Web UI地址。
（4）使用浏览器访问这个地址。

3）参考代码

```
import org.apache.spark.SparkConf;
import org.apache.spark.api.java.JavaSparkContext;

public class SparkWebUIExample {
    public static void main(String[] args) {
        SparkConf conf = new
SparkConf().setAppName("SparkWebUIExample").setMaster("local[*]");
        JavaSparkContext sc = new JavaSparkContext(conf);
        sc.parallelize(Arrays.asList("Hello", "World"), 2).count();
        sc.close();
    }
}
```

代码说明：

首先，创建了一个SparkConf对象，设置了应用程序名称和运行模式。
然后，创建了一个JavaSparkContext对象，并使用它执行了一个简单的并行操作。
最后，关闭了JavaSparkContext。

4）小结

通过这个练习，我们将学会如何启动一个Spark应用程序，并学会如何通过Spark Web UI来监控其运行状态。

练习 2：使用 Web UI 了解集群运行状态

1）任务要求

在一个正在运行的Spark应用程序中，使用Web UI的Jobs、Stages、Storage、Environment、Executors和SQL页面来了解集群的运行状态。

2）操作步骤

（1）确保一个Spark应用程序正在运行。
（2）访问Spark Web UI。
（3）浏览Jobs页面，查看当前运行和已经完成的作业。
（4）浏览Stages页面，查看每个作业的阶段详细信息。
（5）浏览Storage页面，查看RDD和DataFrame的存储信息。
（6）浏览Environment页面，查看应用程序的配置和日志信息。
（7）浏览Executors页面，查看集群中各个执行器的运行状态。

（8）浏览SQL页面，查看与SQL相关的查询和执行计划。

3）小结

通过这个练习，我们将学会如何使用Spark Web UI来监控和调试Spark应用程序，从而更好地理解应用程序的运行情况和性能瓶颈。

6.10 本章小结

本章详细讲解了Spark Web UI的各个方面，包括其基本组成、主要功能和使用技巧。读者现在应该能够理解Web UI在监控和管理Spark应用程序中的重要性，并掌握如何在不同集群管理器（如Standalone、YARN、Kubernetes等）中启动Web UI。此外，本章还介绍了如何使用Jobs、Stages、Storage、Environment、Executors和SQL等页面来获取关键的应用程序信息。通过这些页面，用户可以深入了解应用程序的内部运行机制，从而进行针对性的优化和故障排查。

通过本章的学习，我们能够发现Spark Web UI是一个强大的工具，对于提高Spark应用程序的性能和可靠性至关重要。

第 7 章

Spark Streaming

Apache Spark生态系统提供了Spark Streaming及其继任者Structured Streaming来作为实时数据流处理的重要组件。Spark Streaming和Structured Streaming以其高吞吐量、低延迟和容错性强的特点，成为实时数据流处理的佼佼者。本章首先介绍Spark Streaming，第8章将介绍Structured Streaming。

本章将全面介绍Spark Streaming的原理、操作和应用。通过本章的学习，我们将能够理解Spark Streaming的基本概念、工作原理以及如何进行数据处理和输出。此外，本章还将介绍性能优化、容错机制等高级主题，并提供实战案例，帮助读者将理论知识应用于实际项目开发中。

7.1 Spark Streaming 概述

Spark Streaming是Apache Spark用于处理实时数据流的核心组件之一。本节将详细介绍Spark Streaming的基本概念、原理及应用场景等内容。

7.1.1 数据集类型

现实世界中，所有的数据都是以流式的形态产生的，无论是哪里产生的数据，在产生的过程中都是一条一条地生成，最后经过存储和转换处理，形成各种类型的数据集。根据现实的数据产生方式和数据产生是否含有边界（具有起始点和终止点），将数据分为两种类型的数据集，一种是有界数据集，另一种是无界数据集，如图7-1所示。

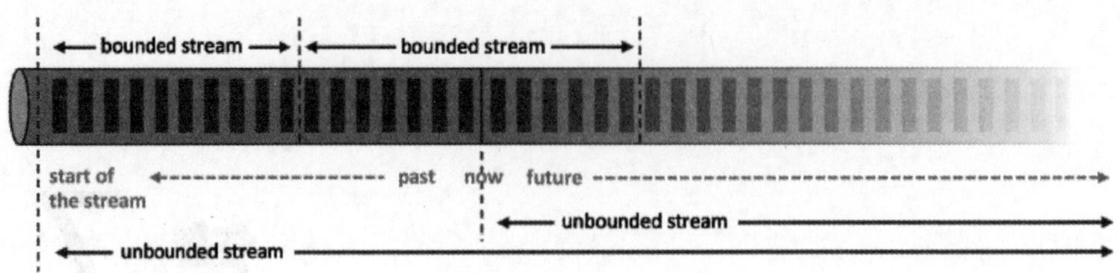

图 7-1　数据集类型

1. 有界数据集

有界数据集具有时间边界，在处理过程中数据一定会在某个时间范围内起始和结束，有可能是一分钟，也有可能是一天。对有界数据集的数据处理被称为批处理（Batch Processing），例如将数据从RDBMS或文件系统等系统中读取出来，然后在分布式系统中处理，最后将处理结果写入存储介质中，这个过程就被称为批处理过程。而针对批数据处理，目前业界比较流行的分布式批处理框架有Apache Hadoop和Apache Spark等。

2. 无界数据集

对于无界数据集，数据从开始生成就一直持续不断地产生新的数据，因此数据是没有边界的，例如服务器的日志、传感器信号数据等。和批量数据处理方式对应，对无界数据集的数据处理方式被称为流数据处理，简称为流处理（Streaming Process）。可以看出，流处理过程的实现复杂度更高，因为需要考虑处理过程中数据的顺序错乱，以及系统容错等方面的问题，因此流处理需要借助专门的流数据处理技术。目前业界的Apache Storm、Apache Spark、Apache Flink等分布式计算引擎都能在不同程度上支持处理流数据。

7.1.2　统一数据处理

有界数据集和无界数据集只是一个相对的概念，主要根据时间的范围而定，可以认为一段时间内的无界数据集其实就是有界数据集，同时有界数据集也可以通过一些方法转换为无界数据集。例如，系统一年的订单交易数据，其本质上应该是有界数据集，但是当我们把它一条一条地按照产生的顺序发送到流式系统，通过流式系统对数据进行处理时，可以认为数据是相对无界的。无界数据也可以拆分成有界数据进行处理，例如将系统产生的数据接入存储系统，按照年或月进行切分，切分成不同时间长度的有界数据集，然后就可以通过批处理方式对数据进行处理。

从以上分析可以得出结论：有界数据集和无界数据集其实是可以相互转换的。有了这样的理论基础，对于不同的数据类型，业界提出了不同的能够统一数据处理的计算框架。

目前，在业界熟知的开源大数据处理框架中，能够同时支持流式计算和批量计算，典型的代表有Apache Spark和Apache Flink两套框架。其中Spark通过批处理模式来统一处理不同类型的数据集，对于流数据是将数据按照批次切分成微批（有界数据集）来进行处理。Flink则从另一个角度出发，通过流处理模式来统一处理不同类型的数据集。Flink用符合数据产生的规律的方式处理流数据，可以将有界数据转换成无界数据统一进行流处理，最终将批处理和流处理统一在一套流式引擎中，这样用户就可以使用一套引擎完成批处理和流处理的任务。

前面提到用户可能需要通过将多种计算框架并行使用来解决不同类型的数据处理，例如使用Flink作为流处理的引擎，使用Spark或MapReduce作为批处理的引擎，这样不仅增加了系统的复杂度，也增加了用户学习和运维的成本。因此，采用Apache Spark或Apache Flink能够在统一的平台中很好地处理流式任务和批量任务。相信这类统一数据处理框架在未来将成为众多大数据处理引擎的一颗明星。

7.1.3　Spark Streaming的基本概念

Spark Streaming是一个基于Spark Core的实时计算框架，用于处理大规模、连续不断的数据流。它可以从多种数据源接收数据，如Kafka、Flume、Twitter、ZeroMQ等，并可以利用Spark的分布式计算能力进行实时处理和分析。

1. DStream

DStream（Discretized Stream）是Spark Streaming的核心概念，它表示一个连续不断的数据流。DStream可以由Kafka、Flume等外部数据源创建，也可以通过对其他DStream应用map()、reduce()、join()、window()等高级函数进行转换生成。在内部，DStream表示为RDD的序列，每个RDD都包含特定时间间隔内的一批数据，如图7-2所示。

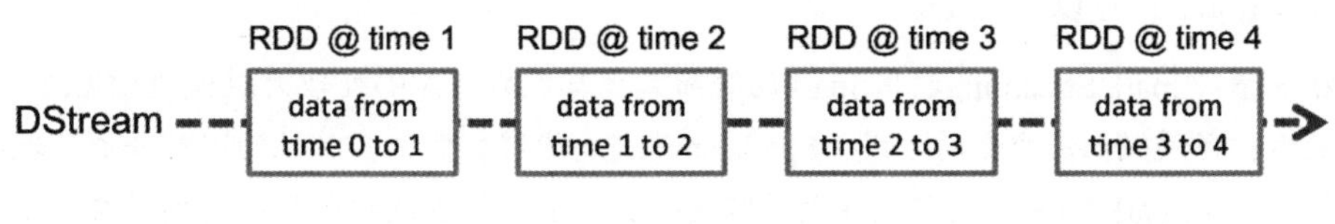

图 7-2　DStream

2. 实时性与容错性

Spark Streaming通过微批次处理的方式实现实时性，即将数据流切分成多个时间片（如几秒或几十秒），然后对每个时间片内的数据进行批处理。这种方式能够在保证实时性的同时，充分利用Spark的分布式计算能力。此外，Spark Streaming还具有强大的容错性，能够在节点故障或数据丢失时自动恢复。

7.1.4　Spark Streaming的工作原理

Spark Streaming的工作原理主要包括以下几个方面：

- 数据流拆分与批处理：Spark Streaming接收实时输入的数据流，并将其以时间片为单位拆分成多个批次（每个批次是一个RDD）。然后，Spark引擎会对每个批次进行分布式处理，并生成以批次组成的结果数据流。
- RDD操作与转换：在Spark Streaming中，每个批次的数据都是一个RDD。因此，可以使用Spark提供的丰富RDD操作（如map、reduce、join等）对每个批次的数据进行处理。此外，还可以通过对DStream应用高级函数（如map、reduce、join、window等）进行转换，以生成新的DStream。

- 窗口操作与状态管理：Spark Streaming支持窗口操作（Window Operation），允许用户定义一个时间窗口来处理流数据。通过窗口操作，可以实现滑动窗口（Sliding Window）和滚动窗口（Tumbling Window）等复杂的数据处理逻辑。此外，Spark Streaming还支持状态管理（State Management），允许用户跟踪和更新流数据中的状态信息。

7.1.5 Spark Streaming的应用场景

Spark Streaming适用于以下场景。

- 实时日志分析：企业可以通过Spark Streaming实时收集和分析日志数据，以监控系统的运行状态、检测异常行为并优化系统性能。
- 实时推荐系统：在电商、社交媒体等领域，Spark Streaming可以实时分析用户行为数据，并生成个性化的推荐结果。
- 实时安全监控：金融机构、政府部门等可以利用Spark Streaming实时分析安全日志数据，以检测潜在的威胁和攻击行为。

7.1.6 Spark Streaming的优势与挑战

Spark Streaming具有以下优势。

- 高吞吐量：Spark Streaming利用Spark的分布式计算能力，能够处理大规模的数据流。
- 低延迟：通过微批次处理的方式，Spark Streaming能够在保证实时性的同时降低处理延迟。
- 容错性强：Spark Streaming具有强大的容错性，能够在节点故障或数据丢失时自动恢复。

Spark Streaming存在以下挑战。

- 数据倾斜：在某些情况下，数据流中的数据可能存在倾斜现象，导致某些节点的负载过高。
- 状态管理复杂性：在需要跟踪和更新流数据中状态信息的场景中，状态管理的复杂性可能增加系统的维护成本。
- 与其他系统的集成：Spark Streaming需要与多种数据源和存储系统进行集成，这可能会增加系统的复杂性和维护成本。

7.1.7 使用Spark Streaming的依赖

如果要使用Spark Streaming，则需要添加如下依赖：

```
<dependency>
    <groupId>org.apache.spark</groupId>
    <artifactId>spark-streaming_${scala.version}</artifactId>
    <version>${spark.version}</version>
    <scope>provided</scope>
</dependency>
```

需要注意的是，上述依赖使用了provided，这意味着Spark依赖项不需要捆绑到应用程序JAR中，因为它们是由集群管理器在运行时提供的。

7.2　DStream 的 transformation 操作

DStream在Spark Streaming中是由一系列连续的RDDs组成的，每个RDD包含在一个特定时间间隔内接收到的数据批次。实际上，Spark Streaming采用了一种微批处理（Micro-batch Processing）的方式，其中“微批”指的是每个批次包含的数据量相对较小，从而能够实现对实时数据流的近似连续处理。

在Spark Streaming中，对DStream应用的任何算子都会被转换成对其内部RDD的对应操作。例如，在示例代码中，可能会展示如何将一个包含原始数据行的DStream（例如lines）转换成另一个DStream（例如words）：

```
    // 创建DStream
    JavaReceiverInputDStream<String> lines = jssc.socketTextStream("localhost",
9999);

    // 将每行文字转成单词
    JavaDStream<String> words = lines.flatMap(x -> Arrays.asList(x.split("
")).iterator());
```

其实作用于lines上的flatMap算子会施加于lines中的每个RDD，并生成新的对应的RDD，而这些新生成的RDD对象就组成了words这个DStream对象。其过程如图7-3所示。

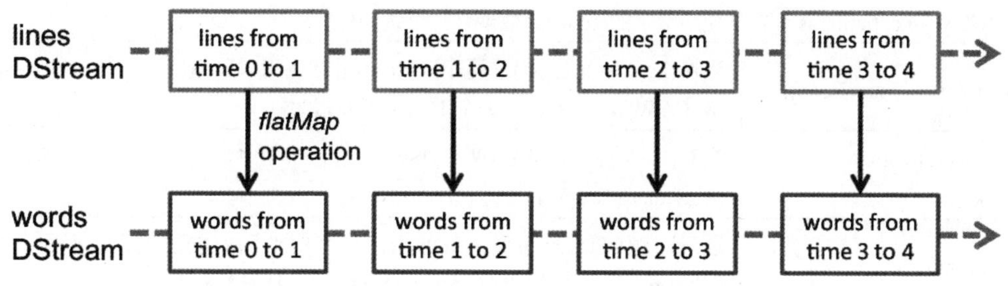

图 7-3　DStream

底层的RDD transformation操作仍然是由Spark引擎来计算的。DStream的算子将这些细节隐藏了起来，并为开发者提供了更为方便的高级API。后续会详细讨论这些高级算子。

与RDD类似，transformation操作允许修改输入DStream中的数据。DStream支持许多在普通Spark RDD上可用的transformation操作。

Dstream的transformation操作分为无状态的（stateless）和有状态的（stateful）。

- 无状态transformation操作：每个批处理都不依赖于先前批次的数据，如map、filter、reduceByKey等均属于无状态的。
- 有状态transformation操作：依赖之前批次的数据或中间结果来计算当前批次的数据，包括updateStatebyKey和window。

7.2.1 DStream的常用操作

与RDD类似，DStream支持许多普通Spark RDD上可用的transformation操作。DStream常用操作如表7-1所示。

表 7-1 DStream 的常用操作

操　作	含　义
map(func)	通过函数func传递源DStream的每个元素，返回一个新的DStream
flatMap(func)	类似于map，但每个输入项都可以映射到0个或多个输出项
filter(func)	只选择func返回true的源DStream的记录，并返回新的DStream
repartition(numPartitions)	通过创建更多或更少的分区来更改此DStream中的并行级别
union(otherStream)	返回一个新的DStream，该DStream包含源DStream和其他DStream中元素的并集
count()	通过计算源DStream的每个RDD中的元素数量，返回单个元素RDD的新DStream
reduce(func)	通过使用函数func（接收两个参数并返回一个）聚合源DStream的每个RDD中的元素，返回单个元素RDD的新DStream。函数应该是结合的和交换的，这样它就可以并行计算
countByValue()	当对K类型元素的DStream进行调用时，返回(K, Long)类型的新DStream，其中每个键的值是其在源DStream的每个RDD中的频率
reduceByKey(func, [numTasks])	使用给定的reduce函数聚合每个键的值
join(otherStream, [numTasks])	当对(K, V)和(K, W)这两个DStream进行调用时，返回一个新的DStream——(K, (V, W))，其中包含每个键的所有元素对
cogroup(otherStream, [numTasks])	当对(K, V)和(K, W)这两个DStream进行调用时，返回一个新的DStream——(K, Seq[V], Seq[W])
transform(func)	通过对源DStream的每个RDD应用一个RDD到RDD的函数，返回一个新的DStream。这可以用于对DStream执行任意RDD操作
updateStateByKey(func)	返回一个新“状态”DStream，其中通过对键的先前状态和键的新值应用给定函数来更新每个键的状态。这可以用于维护每个键的任意状态数据

7.2.2 DStream的窗口操作

DStream支持的窗口操作如表7-2所示。

表 7-2 DStream 的窗口操作

操　作	含　义
window(windowLength, slideInterval)	返回一个新的DStream，该DStream是基于源DStream的窗口批处理计算的
countByWindow(windowLength, slideInterval)	返回DStream在一个滑动窗口内的元素个数

（续表）

操　作	含　义
reduceByWindow(func, windowLength, slideInterval)	基于DStream在一个滑动窗口内的元素，用fun进行聚合，返回一个单元素DStream。func必须满足结合律，以便支持并行计算
reduceByKeyAndWindow(func,windowLength, slideInterval, [numTasks])	基于(K,V)键－值对DStream，将一个滑动窗口内的数据进行聚合，返回一个新的包含(K,V)键－值对的DStream，其中每个value都是各个key经过func聚合后的结果。注意：如果不指定numTasks，其值将使用Spark的默认并行任务数（本地模式下为2，集群模式下由spark.default.parallelism决定）。当然，也可以通过numTasks来指定任务个数
reduceByKeyAndWindow(func, invFunc, windowLength,slideInterval, [numTasks])	和前面的reduceByKeyAndWindow()类似，只是这个版本会使用之前的滑动窗口计算结果，递增地计算每个窗口的归约结果。当新的数据进入窗口时，这些values会被输入func进行归约计算，而这些数据离开窗口时，对应的这些values又会被输入invFunc进行“反归约”计算。例如，把新进入窗口数据中的各个单词个数“增加”到各个单词统计结果上，同时把离开窗口数据中的各个单词的统计个数从相应的统计结果中“减掉”。不过，需要自己定义好“反归约”函数，即：该算子不仅有归约函数（见参数func），还得有一个对应的“反归约”函数（见参数中的invFunc）。和前面的reduceByKeyAndWindow()类似，该算子也有一个可选参数numTasks来指定并行任务数。注意，这个算子需要配置好检查点（Checkpointing）才能用
countByValueAndWindow(windowLength, slideInterval, [numTasks])	基于包含(K,V)键－值对的DStream，返回新的包含(K, Long)键－值对的DStream。其中的Long value都是滑动窗口内key出现次数的计数。和前面的reduceByKeyAndWindow()类似，该算子也有一个可选参数numTasks来指定并行任务数

7.3　DStream的输入

DStream的输入源表示DStream从流源（Streaming Source）接收的输入数据流。每个输入DStream（除文件流外）都与一个Receiver对象相关联，该对象从源接收数据并将其存储到Spark的内存中进行处理。

Spark Streaming提供了以下两类内置输入源。

- 基本输入源：StreamingContext API中直接可用的来源。示例：文件系统和套接字连接。

- 高级输入源：Kafka、Kinesis等资源可以通过额外的实用程序类获得。这些需要添加额外的依赖项。

本节将介绍这两类输入源的使用。

7.3.1　输入源的使用要点

输入源的使用要点如下：

- 当在本地运行Spark Streaming程序时，不要使用local或local[1]作为主节点URL。这两者都意味着只有一个线程用于在本地运行任务。如果使用的是基于Receiver的输入DStream（例如socket、Kafka等），那么将会独占线程来运行Receiver，不会再有任何其他空闲的线程来处理接收到的数据。因此，当在本地运行时，始终使用local[n]作为主节点URL，其中n要大于运行的Receiver的数量。
- 如果是在集群上运行，分配给Spark Streaming应用程序的内核数量必须大于Receiver数量。否则，系统虽然能接收数据，但无法对数据进行处理。

7.3.2　基本输入源

Spark可以通过TCP套接字连接接收的文本数据创建一个DStream。例如，使用StreamingContext上下文可以创建一个DStream，表示来自TCP源的流数据，指定为主机名（如localhost）和端口（如9999）。

```
    JavaReceiverInputDStream<String> lines = jssc.socketTextStream("localhost",
9999);
```

除套接字外，StreamingContext API还提供了从作为输入源的文件创建DStream的方法。为了从与HDFS API兼容的任何文件系统（即HDFS、S3、NFS等）中的文件读取数据，可以通过StreamingContext.fileStream[KeyClass, ValueClass, InputFormatClass]创建DStream，示例如下：

```
    streamingContext.fileStream<KeyClass, ValueClass,
InputFormatClass>(dataDirectory);
```

文件流不需要运行Receiver，因此不需要分配任何核数来接收文件数据。

对于简单的文本文件，最简单的方法是StreamingContext.textFileStream(dataDirectory)，示例如下：

```
    streamingContext.textFileStream(dataDirectory);
```

为了使用测试数据测试Spark Streaming应用程序，还可以使用streamingContext.queueStream(queueOfRDDs)基于RDD队列创建DStream。推送到队列中的每个RDD都将被视为DStream中的一批数据，并像流一样进行处理。示例如下：

```
    streamingContext.queueStream(queueOfRDDs);
```

7.3.3　高级输入源

高级输入源需要依赖外部非Spark库接口，其中一些外部库具有复杂的依赖关系（例如Kafka）。因此，为了最大限度地减少与依赖关系的版本冲突相关问题，从这些源创建DStream的功能已经转移到单独的库中，这些库可以在必要时显式链接。

注意　这些高级输入源在Spark Shell中默认不可用，因此无法在Shell中测试基于这些高级输入源的应用程序。如果想在Spark Shell中使用它们，必须下载相应的Maven工件的JAR文件及其依赖项，并将其添加到类路径中。

Spark支持的高级输入源如下。

- Kafka：Spark Streaming 3.5.1版本与Kafka broker 0.10或更高版本兼容。
- Kinesis：Spark Streaming 3.5.1版本与Kinesis客户端库1.2.1版本兼容。

7.3.4　Receiver的可靠性

根据可靠性的不同，数据源可以分为两类。某些输入源（例如Kafka）支持数据传输确认机制。当接收系统从这些可靠的数据源接收数据并正确确认后，可以确保数据不会因为任何类型的故障而丢失。这区分了两种类型的接收器（Receiver）：

- 可靠接收器：当数据被接收并存储在具有数据复制功能的Spark中时，可靠接收器会向可靠的输入源正确发送确认信息。
- 不可靠接收器：不可靠接收器不会向输入源发送确认信息。这可以适用于不支持确认机制的数据源，或者用于那些不需要或不希望涉及确认过程的可靠输入源。

7.3.5　自定义Receiver

输入DStream也可以从自定义数据源中创建。所要做的就是实现一个用户定义的Receiver，它可以从自定义源接收数据并将其推送到Spark中。

Spark Streaming可以接收来自任意数据源的流数据，唯一要做的就是需要开发人员实现一种Receiver，该Receiver被定制用于从相关数据源接收数据。Spark提供了org.apache.spark.streaming.receiver.Receiver<T>抽象类，只需要实现该抽象类的以下两个方法。

- onStart()：开始接收数据。
- onStop()：停止接收数据。

以下是一个自定义Receiver的示例。

```
package com.waylau.spark.java.samples.streaming;
import java.io.BufferedReader;
import java.io.InputStreamReader;
import java.net.ConnectException;
import java.net.Socket;
```

```
import java.nio.charset.StandardCharsets;

import org.apache.spark.storage.StorageLevel;
import org.apache.spark.streaming.receiver.Receiver;
public class CustomReceiver extends Receiver<String> {

String host = null;
   int port = -1;

   public CustomReceiver(String host_, int port_) {
      super(StorageLevel.MEMORY_AND_DISK_2());
      host = host_;
      port = port_;
   }

   @Override
   public void onStart() {
      // 启动通过连接接收数据的线程
      new Thread(this::receive).start();
   }

   @Override
   public void onStop() {

   }

   /** 创建套接字连接并接收数据，直到Receiver停止 */
   private void receive() {
      Socket socket = null;
      String userInput = null;

      try {
         // 连接到服务器
         socket = new Socket(host, port);

         BufferedReader reader =
            new BufferedReader(new InputStreamReader(socket.getInputStream(),
StandardCharsets.UTF_8));

         // 持续读取数据直到停止或连接断开
         while (!isStopped() && (userInput = reader.readLine()) != null) {
            System.out.println("Received data '" + userInput + "'");
            store(userInput);
         }
         reader.close();
         socket.close();

         // 重新启动以尝试在服务器再次处于活动状态时重新连接
         restart("Trying to connect again");
      } catch (ConnectException ce) {
         // 如果无法连接到服务器，则重启
```

```
            restart("Could not connect", ce);
        } catch (Throwable t) {
            // 若有任何错误，则重启
            restart("Error receiving data", t);
        }
    }
}
```

代码说明：

- 实现了onStart()方法，启动通过连接接收数据的线程。
- receive()方法创建套接字连接并持续接收数据，直到Receiver停止。

自定义Receiver可以通过在Spark Streaming应用程序中调用streamingContext.receiverStream (new CustomReceiver())来使用。以下是使用自定义Receiver实例CustomReceiver接收的数据创建输入DStream的示例：

```
    JavaDStream<String> customReceiverStream = ssc.receiverStream(new
JavaCustomReceiver(host, port));
    JavaDStream<String> words = customReceiverStream.flatMap(s -> ...);
```

7.3.6　自定义可靠的Receiver

要实现一个可靠的Receiver，必须使用持久化存储来保存数据记录。这种存储机制是阻塞式的，仅在所有指定的记录都被成功存储到Spark中之后才会完成。如果Receiver配置的存储级别启用了复制（默认情况下是启用的），则该调用将在复制过程完成后才返回。这确保了数据的可靠存储，并且Receiver现在可以正确地向数据源发送确认信号。因此，即使Receiver在复制数据的过程中发生故障，数据也不会丢失。

不可靠的Receiver无需实现复杂的逻辑。它可以直接从源接收记录，并采用逐条记录的方式进行存储。尽管这种方法没有提供多条记录存储的可靠性保证，但它具有以下优点：

- 系统负责将数据分割成适当大小的块。
- 如果已经设定了速率限制，则系统负责调节接收速率。
- 基于这两个原因，不可靠的Receiver比可靠的Receiver更容易实现。

以下是对两种类型Receiver特性的总结。

- 不可靠的Receiver：易于实现；系统负责块的生成和接收速率的控制；没有容错保证，Receiver发生故障时可能丢失数据。
- 可靠的Receiver：强大的容错保证，可以确保零数据丢失；块的生成和接收速率的控制将由Receiver自身实现；实现的复杂性取决于数据源的确认机制。

7.4　实战：DStream 无状态的 transformation 操作

本节将演示如何编写Spark Streaming程序SparkStreamingSocketSample，来统计从侦听TCP套接字的数据服务器接收到的单词的个数。本节所使用的transformation操作都是无状态的。

7.4.1　创建JavaStreamingContext对象

首先，创建一个JavaStreamingContext对象，它是所有流功能的主要入口点。其次，创建一个具有多个执行线程的本地StreamingContext，批处理间隔为10秒。代码如下：

```
// 配置SparkConf conf = new SparkConf()
        // 本地多线程运行。不能设置成单线程
        .setMaster("local[*]")
        // 设置应用名称
        .setAppName("SparkStreamingSocketSample");

// Streaming上下文，每隔10秒执行一次获取批量数据，然后处理这些数据
JavaStreamingContext javaStreamingContext =
        new JavaStreamingContext(conf, Durations.seconds(10));
```

在上述示例中：

- appName参数用于设置应用程序在群集UI上显示的名称。
- master是指向Spark、Mesos或YARN群集的URL，或者在本地模式下运行时使用的特殊字符串local[*]。
- 在本地运行Spark Streaming程序时，应避免使用local或local[1]作为主URL。因为这将意味着只有一个线程用于本地运行任务。至少需要两个线程：一个作为输入DStream的接收器，另一个作为数据处理器。
- 批处理间隔应根据应用程序的延迟要求和集群资源的可用性进行设置。

7.4.2　创建DStream

使用JavaStreamingContext可以创建一个DStream，该DStream表示来自TCP源的流数据。本例指定主机名为localhost、端口为9999。

```
// 建立输入流，从这个输入流获取数据，用Socket建立，这里是连接到本地的9999
JavaReceiverInputDStream<String> lines =
        javaStreamingContext.socketTextStream("localhost", 9999);
```

此行DStream表示将从数据服务器接收的数据流。此流中的每个记录都是一行文本。然后，按空格将线条拆分为单词：

```
// 从输入流获取的数据，并进行切分
JavaDStream<String> words =
```

```
        lines.flatMap(x -> Arrays.asList(x.split(" ")).iterator());
```

flatMap是DStream的一个transformation操作，它通过从源DStream中的每条记录生成多条新记录来创建新的DStream。在这种情况下，每一行将被拆分为多个单词，单词流表示为单词DStream。

接下来，我们统计一下这些单词出现的次数。

```
// 统计词频
JavaPairDStream<String, Integer> pairs =
        words.mapToPair(s -> new Tuple2<>(s, 1));

JavaPairDStream<String, Integer> wordCounts =
        pairs.reduceByKey((i1, i2) -> i1 + i2);

// 输出计数
wordCounts.print();
```

上述代码可以统计每个单词出现的次数，并把次数打印出来。

7.4.3　启动计算

注意，执行以下代码行时，Spark Streaming仅配置了启动后将执行的计算任务，但实际的处理过程尚未开始。要在设置所有transformation操作后开始处理，最后才是调用start()方法。

```
// 启动JavaStreamingContext
javaStreamingContext.start();

// 等待JavaStreamingContext被中断
javaStreamingContext.awaitTermination();
```

7.4.4　单词发送服务器

为了模拟一个可以连续发送单词的服务器，采用Java的ServerSocket来实现随机单词的发送。实现代码如下：

```
package com.waylau.spark.java.samples.common;

import java.io.BufferedReader;
import java.io.IOException;
import java.io.InputStreamReader;
import java.io.PrintWriter;
import java.net.ServerSocket;
import java.net.Socket;

public class WordSender {

    public static int PORT = 9999;

    public static void main(String[] args) {
        ServerSocket serverSocket = null;
        try {
            // 服务器监听
            serverSocket = new ServerSocket(PORT);
```

```
            System.out.println("WordSender start at: " + PORT);
        } catch (IOException e) {
            System.out.println("WordSender error at: " + PORT);
            System.out.println(e.getMessage());
        }

        // try-with-resource语句自动释放资源
        try (
                // 接受客户端建立连接，生成Socket实例
                Socket clientSocket = serverSocket.accept();

                PrintWriter out = new PrintWriter(
                        clientSocket.getOutputStream(),
                        true);

                // 接收客户端的信息
                BufferedReader in = new BufferedReader(
                        new InputStreamReader(clientSocket
                                .getInputStream()));) {

            // 每1秒发送一次数据，不断发送
            while (true) {
                try {
                    // 暂停1秒
                    Thread.sleep(1000);
                } catch (InterruptedException e) {
                    e.printStackTrace();
                }

                // 获取当前时间
                char word = (char) randomChar();

                // 发送信息给客户端
                out.println(word);
                System.out.println("WordSender -> "
                        + clientSocket
                        .getRemoteSocketAddress()
                        + ":" + word);
            }
        } catch (IOException e) {
            System.out.println(
                    "WordSender exception! " + e.getMessage());
        }
    }

    //生成随机字符
    private static byte randomChar() {
        // 0表示小写字母，1表示大写字母
        int flag = (int) (Math.random() * 2);
        byte resultBt;

        if (flag == 0) {
            // 0 <= bt < 26
            byte bt = (byte) (Math.random() * 26);
            resultBt = (byte) (65 + bt);
```

```
        } else {
            // 0 <= bt < 26
            byte bt = (byte) (Math.random() * 26);
            resultBt = (byte) (97 + bt);
        }

        return resultBt;
    }

}
```

该服务启动后，会不断往客户端发送随机字符。

7.4.5 运行

先启动单词发送服务WordSender，执行命令如下：

```
spark-submit --class com.waylau.spark.java.samples.common.WordSender spark-java-samples-1.0.0.jar
```

再启动SparkStreamingSocketSample，执行命令如下：

```
spark-submit --class
com.waylau.spark.java.samples.streaming.SparkStreamingSocketSample spark-java-samples-1.0.0.jar
```

可以看到控制台输出如下：

```
(e,1)
(R,1)
(k,1)
(l,1)
(o,1)
(s,2)
(M,1)
(a,2)
```

7.5 实战：DStream 有状态的 transformation 操作

本节将演示如何编写Spark Streaming程序SparkStreamingWimdowSample，来统计从侦听TCP套接字的数据服务器接收到的单词个数。本节示例与7.4节示例的区别在于，本节使用窗口计算，允许数据在滑动窗口上应用有状态的transformation操作。

7.5.1 滑动窗口

图7-4说明了Spark Streaming滑动窗口的原理。

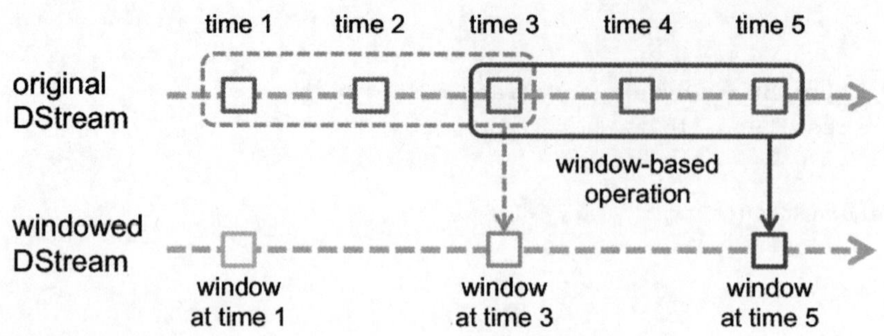

图 7-4　Spark Streaming 滑动窗口

可以看出，每次窗口在源DStream上滑动时，位于窗口内的源RDD都会合并并操作，以生成窗口DStream的RDD。在此特定情况下，该操作应用于数据的最后3个时间单位，并滑动两个时间单位。这表明，任何窗口操作都需要指定两个参数。

- 窗口长度（window length）：窗口的持续时间。
- 滑动间隔（slide interval）：执行窗口操作的间隔。

这两个参数必须是源DStream的批处理间隔的倍数。

常用的滑动窗口API如下。

- window(windowLength, slideInterval)：返回一个新的DStream，该DStream是基于源DStream的窗口批处理计算的。
- countByWindow(windowLength,slideInterval)：返回DStream在一个滑动窗口内的元素个数。
- reduceByWindow(func, windowLength,slideInterval)：基于DStream在一个滑动窗口内的元素，用func进行聚合，返回一个单元素DStream。func必须满足结合律，以便支持并行计算。
- reduceByKeyAndWindow(func,windowLength, slideInterval, [numTasks])：基于(K,V)键－值对DStream，将一个滑动窗口内的数据进行聚合，返回一个新的包含(K,V)键－值对的DStream，其中每个value都是各个key经过func聚合后的结果。注意：如果不指定numTasks，其值将使用Spark的默认并行任务数（本地模式下为2，集群模式下由spark.default.parallelism决定）。当然，也可以通过numTasks来指定任务个数。
- reduceByKeyAndWindow(func,invFunc,windowLength,slideInterval,[numTasks])：和前面的reduceByKeyAndWindow()类似，只是这个版本会用之前滑动窗口的计算结果，递增地计算每个窗口的归约结果。当新的数据进入窗口时，这些values会被输入func进行归约计算，而这些数据离开窗口时，对应的这些values又会被输入invFunc进行“反归约”计算。举个简单的例子，把新进入窗口数据中的各个单词个数“增加”到各个单词统计结果上，同时把离开窗口数据中的各个单词的统计个数从相应的统计结果中“减掉”。不过，需要自己定义好“反归约”函数，即：该算子不仅有归约函数（见参数func），还得有一个对应的“反归约”函数（见参数中的invFunc）。和前面的reduceByKeyAndWindow()类似，该算子也有一个可选参数numTasks来指定并行任务数。注意，这个算子需要配置好检查点（Checkpointing）才能用。
- countByValueAndWindow(windowLength,slideInterval, [numTasks])：基于包含(K,V)键－值对的DStream，返回新的包含(K,Long)键－值对的DStream。其中的Long value都是滑动窗口内key

出现次数的计数。和前面的reduceByKeyAndWindow()类似，该算子也有一个可选参数numTasks来指定并行任务数。

7.5.2 编写滑动窗口示例

在7.5.1节示例的基础上，稍作修改来说明窗口操作。例如，每10秒统计一次最后30秒数据的词频。

```
// 每10秒来统计最后30秒数据
JavaPairDStream<String, Integer> wordCounts = pairs
    .reduceByKeyAndWindow((i1, i2) -> i1 + i2,
        // 窗口长度
        Durations.seconds(30),
        // 滑动间隔
        Durations.seconds(10));
```

7.5.3 运行

先启动单词发送服务WordSender，执行命令如下：

```
spark-submit --class com.waylau.spark.java.samples.common.WordSender spark-java-samples-1.0.0.jar
```

再启动SparkStreamingWimdowSample，执行命令如下：

```
spark-submit --class
com.waylau.spark.java.samples.streaming.SparkStreamingWimdowSample spark-java-samples-1.0.0.jar
```

可以看到控制台输出如下：

```
(Q,1)
(R,1)
(f,1)
(h,5)
(i,1)
(V,1)
(k,2)
(X,1)
(l,1)
(D,3)
```

7.6 DStream的输出操作

输出操作允许DStream的数据被推送到数据库或文件系统等外部系统。由于输出操作实际上允许外部系统使用转换后的数据，因此它们会触发所有数据流transformation的实际执行（类似于RDD的操作）。

7.6.1 常用的输出操作

目前，Spark Streaming定义了以下输出操作。

- print()：在运行流应用程序的驱动程序节点上打印DStream中每批数据的前10个元素。这对于开发和调试非常有用。
- saveAsTextFiles(prefix, [suffix])：将此DStream的内容保存为文本文件。每个批处理间隔的文件名“prefix-时间戳.suffix”是基于前缀和后缀生成的。
- saveAsObjectFiles(prefix, [suffix])：将此DStream的内容保存为序列化Java对象的SequenceFiles。每个批处理间隔的文件名“prefix-时间戳.suffix”是基于前缀和后缀生成的。
- saveAsHadoopFiles(prefix, [suffix])：将此DStream的内容保存为Hadoop文件。每个批处理间隔的文件名“prefix-时间戳.suffix”是基于前缀和后缀生成的。
- foreachRDD(func)：将函数func应用于流生成的每个RDD最通用的输出运算符。此函数应将每个RDD中的数据推送到外部系统，例如将RDD保存到文件中，或通过网络将其写入数据库。注意，函数func是在运行流式应用程序的驱动程序进程中执行的，其中通常会有RDD操作，这些操作将强制计算流式RDD。

7.6.2 foreachRDD设计模式

foreachRDD是一个强大的原语，它允许将数据发送到外部系统。然而，重要的是要了解如何正确有效地使用此原语。以下是一些需要避免的常见错误。

通常，将数据写入外部系统需要创建一个连接对象（例如，到远程服务器的TCP连接），并使用它将数据发送到远程系统。为此，开发人员可能会无意中尝试在Spark驱动程序中创建一个连接对象，然后试图在Spark工作程序中使用它来保存RDD中的记录。示例如下：

```
dstream.foreachRDD(rdd -> {
  Connection connection = createNewConnection();       // 在驱动程序中执行
  rdd.foreach(record -> {
    connection.send(record);                           // 在工作节点中执行
  });
});
```

上述示例的方式是不正确的，因为这需要将连接对象序列化并从驱动程序发送到工作程序。这样的连接对象很少在机器之间传输。此错误可能表现为串行化错误（连接对象不可串行化）、初始化错误（需要在工作者处初始化连接对象）等。正确的解决方案是在工作节点处创建连接对象。

然而，这可能会导致另一个常见的错误——为每个记录创建一个新的连接。例如：

```
dstream.foreachRDD(rdd -> {
  rdd.foreach(record -> {
    Connection connection = createNewConnection();
    connection.send(record);
```

```
    connection.close();
  });
});
```

通常，创建连接对象会带来时间和资源开销。因此，为每个记录创建和销毁连接对象可能会产生不必要的高开销，并且会显著降低系统的总体吞吐量。更好的解决方案是使用rdd.foreachPartition()创建一个连接对象，并使用该连接发送rdd分区中的所有记录。

```
dstream.foreachRDD(rdd -> {
  rdd.foreachPartition(partitionOfRecords -> {
    Connection connection = createNewConnection();
    while (partitionOfRecords.hasNext()) {
      connection.send(partitionOfRecords.next());
    }
    connection.close();
  });
});
```

上述做法可以分摊连接创建时的开销。

最后，这可以通过在多个RDD/批中重用连接对象来进一步优化。可以维护连接对象的静态池，这些连接对象可以在多个批的RDD被推送到外部系统时重用，从而进一步降低开销。

```
dstream.foreachRDD(rdd -> {
  rdd.foreachPartition(partitionOfRecords -> {
    // ConnectionPool是一个静态的、延迟初始化的连接池
    Connection connection = ConnectionPool.getConnection();
    while (partitionOfRecords.hasNext()) {
      connection.send(partitionOfRecords.next());
    }
    ConnectionPool.returnConnection(connection); // 返回到池中以供将来重用
  });
});
```

注意，池中的连接应按需延迟创建，如果有一段时间未使用，则会超时。这实现了向外部系统最有效地发送数据。

其他需要记住的要点：DStreams由输出操作延迟执行，就像RDD由RDD操作延迟执行一样。具体来说，DStream输出操作内部的RDD操作强制处理接收到的数据。因此，如果应用程序没有任何输出操作，或者有像foreachRDD()这样的输出操作，但其中没有任何RDD操作，那么将不会执行任何操作。系统将简单地接收数据并将其丢弃。

默认情况下，每次执行一个输出操作。它们是按照应用程序中定义的顺序执行的。

7.7　实战：DStream 的输出操作

Spark Streaming的输出操作允许DStream的数据被推送到数据库或文件系统等外部系统。由于输出操作实际上允许外部系统使用transformation操作后的数据，因此它们会触发所有数据

流transformation操作的实际执行（类似于RDD的操作）。

本节将演示如何编写Spark Streaming程序SparkStreamingSaveAsTextFilesSample，来将数据写入外部文件。

7.7.1 将DStream输出到文件

SparkStreamingSaveAsTextFilesSample程序的核心代码如下：

```
// 配置
SparkConf conf = new SparkConf()
        // 本地多线程运行。不能设置成单线程
        .setMaster("local[*]")
        // 设置应用名称
        .setAppName("SparkStreamingSaveAsTextFilesSample");

// Streaming上下文，每隔10秒执行一次获取批量数据，然后处理这些数据
JavaStreamingContext javaStreamingContext =
        new JavaStreamingContext(conf, Durations.seconds(10));

// 建立输入流，从这个输入流中获取数据，用Socket建立，这里是连接到本地的9999
JavaReceiverInputDStream<String> lines =
        javaStreamingContext.socketTextStream(
                "localhost", 9999);

// 从输入流获取的数据，进行切分
JavaDStream<String> words =
        lines.flatMap(x -> Arrays
                .asList(x.split(" ")).iterator());

// 转换DStream
DStream<String> dstream = words.dstream();

// 保存到指定文件
dstream.saveAsTextFiles("output/words-output", "txt");

// 启动JavaStreamingContext
javaStreamingContext.start();

// 等待JavaStreamingContext被中断
javaStreamingContext.awaitTermination();
```

上述代码与前面几节的示例类似，都是从TCP源获取流数据。本例指定主机名为localhost、端口为9999。

7.7.2 运行

先启动单词发送服务WordSender，执行命令如下：

```
spark-submit --class com.waylau.spark.java.samples.common.WordSender spark-java-samples-1.0.0.jar
```

再启动SparkStreamingSaveAsTextFilesSample，执行命令如下：

```
    spark-submit --class com.waylau.spark.java.samples.streaming.
SparkStreamingSaveAsTextFilesSample spark-java-samples-1.0.0.jar
```

执行完成之后，可以看到产生了一个output/words-output-1715678280000.txt文件目录，该目录包含以下内容：

```
    _SUCCESS
```

7.8 Spark Streaming 使用 DataFrame 和 SQL 操作

在Spark Streaming中可以轻松地对流数据使用DataFrames和SQL操作。必须使用StreamingContext正在使用的SparkContext创建SparkSession。此外，必须这样做另一个原因在于，便于在驱动程序出现故障时重新启动。

以下是创建SparkSession的一个延迟实例化的单例实例。

```
    /** Java Bean用于将RDD转换DataFrame */
    public class JavaRow implements java.io.Serializable {
      private String word;

      public String getWord() {
        return word;
      }

      public void setWord(String word) {
        this.word = word;
      }
    }

    ...

    /** 程序内部的DataFrame操作 */

    JavaDStream<String> words = ...

    words.foreachRDD((rdd, time) -> {
      // 获取SparkSession实例
      SparkSession spark =
SparkSession.builder().config(rdd.sparkContext().getConf()).getOrCreate();

      // 将RDD[String]转换为RDD[case class]，再转换为DataFrame
      JavaRDD<JavaRow> rowRDD = rdd.map(word -> {
        JavaRow record = new JavaRow();
        record.setWord(word);
        return record;
      });
      DataFrame wordsDataFrame = spark.createDataFrame(rowRDD, JavaRow.class);
```

```
    // 使用DataFrame创建临时视图
    wordsDataFrame.createOrReplaceTempView("words");

    // 使用SQL对表进行字数统计并打印
    DataFrame wordCountsDataFrame =
      spark.sql("select word, count(*) as total from words group by word");
    wordCountsDataFrame.show();
});
```

上述示例是一个单词计数示例，使用DataFrames和SQL生成单词计数。每个RDD都被转换为一个DataFrame，注册为临时表，然后使用SQL进行查询。

还可以在来自不同线程的流数据上定义表运行SQL查询（即与正在运行的StreamingContext异步）。只需确保将StreamingContext设置为记住足够数量的流数据，以便查询可以运行。否则，不知道任何异步SQL查询的StreamingContext将在查询完成之前删除旧的流数据。例如，如果想查询最后一批数据，但查询可能需要5分钟才能运行，那么可以调用streamingContext.remember(Minutes(5))。

7.9　Spark Streaming 检查点

Spark Streaming作为Apache Spark的一个重要组件，为大规模实时数据处理提供了强有力的支持。然而，在实际应用中，流应用程序需要全天候运行，因此必须能够处理与应用程序逻辑无关的故障，如系统故障、JVM崩溃等。为此，Spark Streaming引入了检查点（Checkpointing）机制，用于从故障中恢复，以确保数据处理的连续性和准确性。本节将详细介绍Spark Streaming检查点的概念、原理、应用场景、配置方法以及优化策略，以期为开发者提供全面的指导和参考。

7.9.1　Spark Streaming检查点概念及原理

Spark Streaming检查点是一种容错机制，用于在流应用程序运行过程中，将足够的信息保存到容错存储系统（如HDFS、S3等），以便在发生故障时能够从检查点恢复。检查点包括两种类型的数据：元数据检查点（Metadata Checkpointing）和数据检查点（Data Checkpointing）。

- 元数据检查点：将定义流处理的信息保存到容错存储中，包括用于创建流应用程序的配置、DStream操作集合以及不完整的批次等。元数据检查点主要用于从运行流应用程序的驱动程序的节点故障中恢复。
- 数据检查点：将生成的RDD保存到可靠的存储中。对于需要跨多个批次组合数据的有状态转换（如updateStateByKey或reduceByKeyAndWindow使用反函数），数据检查点是必需的。在这种转换中，生成的RDD依赖于先前批次的RDD，导致依赖链的长度随时间增加。为了避免恢复时间的无限增加，有状态转换的中间RDD会定期进行数据检查点操作，存储到可靠的存储中，以切断过长的依赖链。

7.9.2 应用场景

检查点机制在以下场景中特别有用。

- 需要从驱动程序故障中恢复的应用程序：元数据检查点能够保存流应用程序的配置、操作集合和未完成批次等信息，使得在驱动程序节点发生故障时能够迅速恢复应用程序状态。
- 使用有状态转换的应用程序：对于需要跨多个批次组合数据的有状态转换操作，数据检查点能够保存中间RDD到可靠存储，以避免恢复时间的无限增加。

7.9.3 配置方法

在Spark Streaming中配置检查点的步骤如下：

01 选择一个可靠的存储系统作为检查点目录，如HDFS或S3。

02 在Spark Streaming应用程序中，通过调用streamingContext.checkpoint(checkpointDirectory)方法设置检查点目录。其中，checkpointDirectory是存储检查点信息的目录路径。

03 （可选）对于使用有状态转换的应用程序，还需要在streamingContext.checkpoint (checkpointDirectory)之后调用相应的转换操作（如updateStateByKey或reduceByKeyAndWindow），并传入一个检查点间隔参数（以秒为单位），以指定RDD检查点的频率。

观察以下示例：

```
// 创建一个可以创建和设置新JavaStreamingContext的工厂对象
JavaStreamingContextFactory contextFactory = new JavaStreamingContextFactory() {
  @Override public JavaStreamingContext create() {
    JavaStreamingContext jssc = new JavaStreamingContext(...);  // 新的上下文
    JavaDStream<String> lines = jssc.socketTextStream(...);     // 创建DStreams
    ...
    jssc.checkpoint(checkpointDirectory);                       // 设置检查点目录
    return jssc;
  }
};

// 从检查点数据中获取JavaStreamingContext或创建一个新的检查点数据
JavaStreamingContext context = JavaStreamingContext.getOrCreate
(checkpointDirectory, contextFactory);

// 对需要进行的上下文进行额外设置
// 无论它正在启动还是重新启动
context. ...

// 启动上下文
context.start();
context.awaitTermination();
```

7.9.4 优化策略

为了提高检查点的效率和性能，可以采用以下优化策略：

- 选择高性能的存储系统作为检查点目录，如使用HDFS的高性能版本或分布式文件系统，如S3。
- 合理设置检查点间隔，避免过于频繁或过于稀疏的检查点操作。过于频繁的检查点操作会增加存储和计算开销，而过于稀疏的检查点操作则可能导致恢复时间过长。
- 对于大型数据集和复杂的流应用程序，可以考虑使用分布式缓存来缓存热点数据和常用的计算结果，以减少不必要的计算和存储开销。
- 监控和日志记录：定期检查检查点目录的状态和大小，以确保检查点数据的完整性和可用性。同时，记录相关的日志信息，以便进行故障排查和性能调优。

7.9.5 总结与展望

Spark Streaming检查点机制为流应用程序提供了强大的容错能力，使得应用程序能够在发生故障时迅速恢复并继续运行。通过合理配置和优化检查点策略，可以进一步提高应用程序的性能和稳定性。未来，随着大数据和实时计算技术的不断发展，检查点机制将继续发挥重要作用，并可能结合更多的新技术和算法进行优化和改进。

7.10 Spark Streaming性能优化

Spark Streaming作为Spark生态系统中的一个重要组件，为实时数据流处理提供了可扩展、高吞吐量和容错性强的解决方案。然而，随着数据处理规模的增大和复杂性的提高，性能问题逐渐成为制约Spark Streaming应用进一步发展的瓶颈。因此，对Spark Streaming进行性能优化显得尤为重要。

Spark Streaming性能优化是一个复杂且重要的主题，它涉及多个方面，以确保实时数据流处理的效率、可扩展性和容错性。以下是对Spark Streaming性能优化的详细描述。

7.10.1 数据接收并行度调优

数据接收是Spark Streaming处理流程中的第一步，也是性能优化的关键环节之一。以下是一些针对数据接收并行度的优化策略。

- 创建多个输入DStream：每一个输入DStream都会在某个工作节点的执行器上启动一个Receiver。因此，可以通过创建多个输入DStream并配置它们接收不同分区的数据，来达到接收多个数据流的效果。这样可以提高数据接收的并行度，从而提高整体吞吐量。
- 配置Kafka分区与Receiver的映射：当使用Kafka作为数据源时，可以通过调整Kafka分区与Receiver的映射关系来优化数据接收。具体来说，可以将每个Kafka分区映射到一个或多个Receiver上，以实现并行接收数据。同时，还需要根据Kafka集群的负载情况来调整Receiver的数量和配置。

- 调整Block时间间隔：spark.streaming.blockInterval参数决定了产生一个Block的时间间隔。适当调整该参数可以优化数据接收和处理的性能。例如，减小Block时间间隔可以减少单个批次的处理时间，但可能会增加任务的启动开销和内存占用。因此，需要根据实际情况进行权衡和调整。

7.10.2　批处理时间优化

批处理时间是Spark Streaming处理流程中的另一个重要性能指标。以下是一些针对批处理时间的优化策略。

- 减少每批次处理的数据量：通过调整spark.streaming.batchDuration参数来减小每个批次的时间间隔，从而减少每个批次处理的数据量。这可以降低单个任务的计算复杂度，提高处理速度。但需要注意的是，过小的批次时间间隔可能会导致任务调度和内存管理的开销增加。
- 优化任务调度：Spark使用DAGScheduler进行任务调度。通过优化DAGScheduler的调度策略可以减少任务的等待时间和执行时间。例如，可以使用更高效的资源分配算法、优化任务并行度以及减少任务之间的依赖关系等。
- 使用高效的数据结构和算法：在Spark Streaming中处理数据时，选择合适的数据结构和算法可以显著提高性能。例如，使用HashMap代替ArrayList进行数据存储和查找操作可以提高效率，使用高效的排序和聚合算法可以减少计算量等。

7.10.3　内存管理优化

内存管理是Spark Streaming性能优化的另一个重要方面。以下是一些针对内存管理的优化策略。

- 调整JVM堆大小：通过调整JVM的堆大小来优化Spark Streaming的内存使用。过小的堆大小可能会导致频繁的GC操作并降低性能，而过大的堆大小则会增加内存占用和启动开销。因此，需要根据实际情况进行调整。
- 使用缓存机制：对于频繁访问的数据可以使用Spark的缓存机制进行缓存，以减少磁盘I/O和网络传输的开销。同时，还需要注意缓存的失效策略和容量限制等问题。
- 优化垃圾回收配置：垃圾回收（Garbage Collection，GC）是JVM中重要的内存管理机制之一。通过优化GC的配置可以减少GC的停顿时间和频率，从而提高性能。例如，可以选择合适的GC算法、调整GC的触发条件和参数等。

7.10.4　容错性优化

容错性是Spark Streaming的另一个重要特性之一。以下是一些针对容错性的优化策略。

- 启用持久化存储：通过将处理结果保存到持久化存储（如HDFS、Parquet等）中可以在出现故障时恢复数据并继续处理。这可以提高系统的可靠性和容错性。
- 使用检查点机制：Spark Streaming提供了检查点机制来保存DStream的元数据信息和转换操作的状态信息。在出现故障时，可以从检查点恢复并继续处理数据。这可以减少数据丢失和重新计算的开销并提高系统的容错性。

- 优化任务重试策略：在Spark Streaming中，可以通过配置任务的重试策略来提高系统的容错性。例如，可以设置任务的最大重试次数、重试间隔和失败重试策略等参数来优化任务的重试行为。

7.10.5　其他优化策略

除前面介绍的优化外，还有一些其他的优化策略可以提高Spark Streaming的性能。

- 使用广播变量：当需要在多个任务之间共享只读数据时，可以使用广播变量来避免数据的重复传输和复制开销。
- 减少跨节点数据传输：通过优化数据分区和任务调度策略可以减少跨节点数据传输的开销，从而提高性能。
- 监控和诊断：使用Spark的监控和诊断工具可以实时查看系统的运行状态和性能指标并进行针对性的优化。例如，可以使用Spark UI查看任务的执行情况和资源使用情况，使用GC日志分析工具分析GC。

7.11　Spark Streaming 容错机制

在分布式系统中，节点故障和数据丢失是不可避免的。为了确保Spark Streaming应用在故障发生时能够继续稳定运行，并且最大限度地减少数据丢失，容错机制的设计至关重要。

Spark Streaming容错机制是一个复杂而关键的系统设计，它确保了Spark Streaming应用在处理大规模、实时数据流时的高可用性和数据一致性。以下是对Spark Streaming容错机制的详细阐述。

7.11.1　Spark Streaming容错机制概述

Spark Streaming的容错机制主要基于RDD的容错性原理。RDD是一个不可变的、确定的、可重新计算的分布式数据集。每个RDD都会记录其计算过程的血缘关系（Lineage），这样当某个RDD的某个分区的数据丢失时，可以通过重新执行该RDD的计算过程来恢复数据。

然而，与RDD不同，Spark Streaming中的数据流通常是实时、连续的，并且大多数情况下是通过网络接收的。因此，Spark Streaming需要一种特殊的容错机制来确保数据的可靠性和一致性。

7.11.2　基于文件的数据源容错机制

当所有的输入数据都存储在一个容错的文件系统（如HDFS）中时，Spark Streaming可以从文件系统中读取数据，并在发生故障时从失败点恢复处理。这种容错机制提供了“一次且仅一次”（Exactly-Once）的语义，确保所有数据只会被处理一次。

具体来说，Spark Streaming会定期将输入数据分成多个批次（Batch），每个批次对应一个

RDD。当某个批次处理失败时，Spark Streaming会重新计算该批次的RDD，并从失败点继续处理后续的数据。由于输入数据存储在容错文件系统中，因此重新计算的过程不会丢失任何数据。

7.11.3 基于Receiver的数据源容错机制

除基于文件的数据源外，Spark Streaming还支持通过网络接收数据。在这种情况下，容错机制依赖于可靠的Receiver和数据的复制机制。

1. 可靠的 Receiver

可靠的Receiver在接收到数据后，会将数据复制到多个工作节点的执行器内存中。默认的复制因子是2，这意味着每个接收到的数据都会在两个节点上进行备份。当某个节点发生故障时，其他节点上的备份数据可以确保数据的可靠性。

可靠的Receiver还会在数据接收和复制完成后向数据源发送确认消息。如果Receiver在数据接收和复制完成之前发生故障，数据源会重新发送未确认的数据，确保数据不会丢失。

2. 数据的复制机制

为了确保数据的可靠性和一致性，Spark Streaming采用了数据复制机制。当Receiver接收到数据时，它会将数据复制到多个工作节点的执行器内存中。这样，即使某个节点发生故障，其他节点上的备份数据也可以继续被处理。

此外，Spark Streaming还提供了WAL（Write-Ahead Logging）机制来进一步确保数据的可靠性。WAL机制会将每个批次的数据先写入一个预写日志（Write-Ahead Log）中，然后将数据分发到各个节点进行处理。如果某个节点在处理过程中发生故障，可以通过读取预写日志来恢复数据。

7.11.4 驱动程序节点的容错机制

在Spark Streaming中，驱动程序节点负责整个应用的调度和协调。如果驱动程序节点发生故障，整个应用将会停止运行。为了解决这个问题，Spark Streaming提供了驱动程序节点的容错机制。

具体来说，Spark Streaming会将应用的元数据（如配置信息、DStream操作等）保存到可靠的存储系统（如HDFS）中。当驱动程序节点发生故障时，可以从可靠的存储系统中恢复元数据，并重新启动一个新的驱动程序节点来继续运行应用。

此外，Spark Streaming还支持将已生成的RDDs保存到可靠的存储系统（如HDFS）中。这对于需要依赖前面批次数据的stateful转换操作尤为重要。通过定期将中间生成的RDDs保存到可靠存储中，可以切断过长的依赖链，提高应用的容错性和稳定性。

综上所述，Spark Streaming的容错机制是一个复杂而关键的系统设计。它基于Spark RDD的容错性原理，结合实时数据流的特点，通过数据复制、WAL机制、可靠的Receiver和驱动程序节点的容错机制等多种手段来确保数据的可靠性和一致性。这些容错机制为Spark Streaming应用提供了高可用性和容错能力，使得它能够在分布式系统中稳定地运行并处理大规模、实时数 据流。

7.12　实战：Spark Streaming 与 Kafka 集成

本节演示Spark Streaming与Kafka的集成，并编写一个示例演示如何通过Spark Streaming与Kafka来实现消息的生产与消费。

7.12.1　Spark Streaming集成Kafka

要使用Kafka，需要在Spark Streaming应用pom.xml中添加如下依赖：

```
<dependency>
    <groupId>org.apache.spark</groupId>
    <artifactId>spark-streaming-kafka-0-10_2.12</artifactId>
    <version>${spark.version}</version>
    <scope>compile</scope>
</dependency>
```

需要注意的是，不要手动添加对org.apache.kafka工件（例如kafka-clients）的依赖项。spark-streaming-kafka-0-10工件已经具有适当的可传递依赖性，针对因不同的版本引起的兼容性问题已经做了很好的处理。

7.12.2　自定义生产者

本小节介绍自定义Kafka生产者。以下是一个典型的Kafka生产者示例，该示例每隔1秒就会发送一条消息。

```
package com.waylau.spark.java.samples.streaming;

import java.util.Properties;

import org.apache.kafka.clients.producer.KafkaProducer;
import org.apache.kafka.clients.producer.ProducerConfig;
import org.apache.kafka.clients.producer.ProducerRecord;
import org.apache.kafka.common.serialization.StringSerializer;

public class CustomKafkaProducer {
    /**
     * 定义主题
     */
    private static String TOPIC = "test_topic";

    public static void main(String[] args) throws Exception {
        // 构造生产者
        Properties p = new Properties();
        p.put(ProducerConfig.BOOTSTRAP_SERVERS_CONFIG, "192.168.1.78:9094");
        p.put(ProducerConfig.KEY_SERIALIZER_CLASS_CONFIG, StringSerializer.class);
```

```
        p.put(ProducerConfig.VALUE_SERIALIZER_CLASS_CONFIG,
StringSerializer.class);

        try (KafkaProducer<String, String> kafkaProducer = new KafkaProducer<>(p)) {
            // 持续发送数据
            int size = 1000;
            for (int i = 0; i < size; i++) {
                // 构造消息
                String msg = "Hi, " + i;
                ProducerRecord<String, String> record = new ProducerRecord<>(TOPIC,
msg);

                kafkaProducer.send(record);
                System.out.println("send: " + msg);
                Thread.sleep(1000);
            }
        }
        // try语句会自动关闭生产者

    }
}
```

7.12.3 构造消费者

7.12.2节的示例所自定义的生产者是一个纯粹的Kafka应用，并不包含Spark的代码。那么，如何在Spark中消费Kafka的消息呢？构造消费者SparkStreamingKafkaSample的示例如下：

```
package com.waylau.spark.java.samples.streaming;

import java.util.Arrays;
import java.util.Collection;
import java.util.HashMap;
import java.util.Map;

import org.apache.kafka.clients.consumer.ConsumerConfig;
import org.apache.kafka.clients.consumer.ConsumerRecord;
import org.apache.kafka.common.serialization.StringDeserializer;
import org.apache.spark.SparkConf;
import org.apache.spark.api.java.JavaPairRDD;
import org.apache.spark.api.java.function.PairFunction;
import org.apache.spark.api.java.function.VoidFunction;
import org.apache.spark.streaming.Durations;
import org.apache.spark.streaming.api.java.JavaInputDStream;
import org.apache.spark.streaming.api.java.JavaPairDStream;
import org.apache.spark.streaming.api.java.JavaStreamingContext;
import org.apache.spark.streaming.kafka010.ConsumerStrategies;
import org.apache.spark.streaming.kafka010.KafkaUtils;
import org.apache.spark.streaming.kafka010.LocationStrategies;

import scala.Tuple2;
```

```
    public class SparkStreamingKafkaSample {
        /**
         * 定义主题
         */
        private static String TOPIC = "test_topic";

        public static void main(String[] args) throws InterruptedException {
            // 配置
            SparkConf conf = new SparkConf()
                // 本地多线程运行。不能设置成单线程
                .setMaster("local[*]")
                // 设置应用名称
                .setAppName("SparkStreamingKafkaSample");

            // Streaming上下文，每隔10秒执行一次获取批量数据，然后处理这些数据
            JavaStreamingContext javaStreamingContext = new JavaStreamingContext(conf,
Durations.seconds(10));

            // 定义Kafka参数
            Map<String, Object> kafkaParams = new HashMap<>();
            kafkaParams.put(ConsumerConfig.BOOTSTRAP_SERVERS_CONFIG,
"192.168.1.78:9094");
            kafkaParams.put(ConsumerConfig.KEY_DESERIALIZER_CLASS_CONFIG,
StringDeserializer.class);
            kafkaParams.put(ConsumerConfig.VALUE_DESERIALIZER_CLASS_CONFIG,
StringDeserializer.class);
            kafkaParams.put(ConsumerConfig.GROUP_ID_CONFIG, "testGroup");

            // 配置topic
            Collection<String> topics = Arrays.asList(TOPIC);

            // Spark Streaming直接从Kafka的消费者API读取数据
            JavaInputDStream<ConsumerRecord<String, String>> javaInputDStream =
                KafkaUtils.createDirectStream(javaStreamingContext,
LocationStrategies.PreferConsistent(),
                    ConsumerStrategies.Subscribe(topics, kafkaParams));

            JavaPairDStream<String, String> javaPairDStream =
javaInputDStream.mapToPair(new PairFunction<>() {
                private static final long serialVersionUID = 1L;

                @Override
                public Tuple2<String, String> call(ConsumerRecord<String, String>
consumerRecord) throws Exception {
                    return new Tuple2<>(consumerRecord.key(), consumerRecord.value());
                }
            });

            javaPairDStream.foreachRDD((VoidFunction<JavaPairRDD<String,
String>>)javaPairRDD -> javaPairRDD
                .foreach((VoidFunction<Tuple2<String, String>>)tuple2 ->
```

```
System.out.println(tuple2._2)));

        // 启动JavaStreamingContext
        javaStreamingContext.start();

        // 等待JavaStreamingContext被中断
        javaStreamingContext.awaitTermination();

        // 关闭
        javaStreamingContext.close();
    }

}
```

上述代码的重点是KafkaUtils.createDirectStream，该方法实现了Spark Streaming直接从Kafka的消费者API读取数据。

在Spark Streaming中，有两种主要的方式来消费Kafka的数据：基于Receiver的方式和基于Direct的方式。KafkaUtils.createDirectStream是通过基于Direct的方式实现的。

1. 基于 Receiver 的方式

在早期版本的Spark Streaming中，主要使用基于Receiver的方式来从Kafka读取数据。这种方式使用了一个Kafka Receiver来接收Kafka中的数据，并将其存储在Spark Executor的内存中。然而，这种方式存在一些问题，如数据丢失的可能性（如果在Receiver和Spark Executor之间发生故障）和数据的重复消费。

2. 基于 Direct 的方式

KafkaUtils.createDirectStream是基于Direct实现的，它解决了基于Receiver的方式的一些问题。在基于Direct的方式中，Spark Streaming直接从Kafka的消费者API读取数据，而不是使用Receiver。这意味着每个Spark分区都会有一个Kafka consumer实例，并且直接从Kafka的分区中读取数据。

这种方式有以下几个优点。

- 更高的可靠性：由于数据直接从Kafka读取，而不是通过Receiver存储在Executor的内存中，因此减少了数据丢失的可能性。
- 更低的延迟：在基于Receiver的方式中，Receiver需要将数据从Kafka拉取到Executor的内存中，然后进行处理。而在Direct中，数据直接由Kafka消费者读取并处理，减少了这一中间步骤的延迟。
- 更简单的并行性：每个Spark分区直接与Kafka的分区对应，使得并行性更加简单和直观。

7.12.4 启动Kafka服务器

如果未安装Kafka服务器，则应先安装。本书采用Docker Compose的方式，示例如下：

```
services:
  kafka-server-1:
```

```
    image: bitnami/kafka:3.7.0          # 可替换为适合自己环境的Spark镜像
    environment:
      - TZ=Asia/Shanghai                # 配置程序默认时区为上海（中国标准时间）
      - KAFKA_CFG_NODE_ID=0
      - KAFKA_CFG_PROCESS_ROLES=controller,broker
      - KAFKA_CFG_LISTENERS=PLAINTEXT://:9092,CONTROLLER://:9093,EXTERNAL://:9094
      - KAFKA_CFG_ADVERTISED_LISTENERS=PLAINTEXT://kafka-server-1:9092,
EXTERNAL://192.168.1.78:9094
      - KAFKA_CFG_LISTENER_SECURITY_PROTOCOL_MAP=CONTROLLER:PLAINTEXT,
EXTERNAL:PLAINTEXT,PLAINTEXT:PLAINTEXT
      - KAFKA_CFG_CONTROLLER_QUORUM_VOTERS=0@kafka-server-1:9093
      - KAFKA_CFG_CONTROLLER_LISTENER_NAMES=CONTROLLER
    ports:
      - '9094:9094'                     # 端口
    volumes:
      - /data/kafka:/bitnami/kafka
```

上述配置中，9092端口是提供给内部使用的，9094端口是提供给外部使用的。

7.12.5　运行

在Kafka服务器已经启动的前提下，先启动CustomKafkaProducerr，执行命令如下：

```
spark-submit --class com.waylau.spark.java.samples.streaming.CustomKafkaProducer
spark-java-samples-1.0.0.jar
```

此时会打印如下日志信息：

```
send: Hi, 0
send: Hi, 1
send: Hi, 2
send: Hi, 3
send: Hi, 4
send: Hi, 5
send: Hi, 6
send: Hi, 7
send: Hi, 8
send: Hi, 9
send: Hi, 10
send: Hi, 11
send: Hi, 12
send: Hi, 13
send: Hi, 14
send: Hi, 15
send: Hi, 16
send: Hi, 17
send: Hi, 18
send: Hi, 19
send: Hi, 20
send: Hi, 21
```

```
// 为节约篇幅，省略部分内容
```

再启动SparkStreamingKafkaSample，执行命令如下：

```
spark-submit --class
com.waylau.spark.java.samples.streaming.SparkStreamingKafkaSample spark-java-
samples-1.0.0.jar
```

执行完成之后，此时会打印如下日志信息：

```
24/06/09 22:33:00 INFO KafkaRDD: Computing topic test_topic, partition 0 offsets
36 -> 46
Hi, 36
Hi, 37
Hi, 38
Hi, 39
Hi, 40
Hi, 41
Hi, 42
Hi, 43
Hi, 44
Hi, 45

24/06/09 22:33:10 INFO KafkaRDD: Computing topic test_topic, partition 0 offsets
46 -> 56
Hi, 46
Hi, 47
Hi, 48
Hi, 49
Hi, 50
Hi, 51
Hi, 52
Hi, 53
Hi, 54
Hi, 55

24/06/09 22:33:20 INFO KafkaRDD: Computing topic test_topic, partition 0 offsets
56 -> 66
Hi, 56
Hi, 57
Hi, 58
Hi, 59
Hi, 60
Hi, 61
Hi, 62
Hi, 63
Hi, 64
Hi, 65

24/06/09 22:33:30 INFO KafkaRDD: Computing topic test_topic, partition 0 offsets
66 -> 76
Hi, 66
```

```
Hi, 67
Hi, 68
Hi, 69
Hi, 70
Hi, 71
Hi, 72
Hi, 73
Hi, 74
Hi, 75
```

上述日志说明，SparkStreamingKafkaSample每隔10秒就能成功处理一次数据。

7.13　动手练习

练习 1：DStream 无状态的 transformation 操作

1）任务要求

使用Spark Streaming处理实时数据流，实现单词计数功能。

2）操作步骤

（1）创建JavaStreamingContext对象。

（2）从Socket源创建DStream。

（3）对DStream进行flatMap和map操作，将每行文本分割为单词，并计算每个单词出现的次数。

（4）启动Spark Streaming计算。

（5）发送单词到服务器，并通过Spark Streaming接收处理。

（6）输出结果到控制台。

3）参考代码

```
import org.apache.spark.SparkConf;
import org.apache.spark.api.java.JavaSparkContext;
import org.apache.spark.streaming.Duration;
import org.apache.spark.streaming.api.java.JavaStreamingContext;

public class WordCount {
    public static void main(String[] args) throws InterruptedException {
        // 创建Spark配置对象
        SparkConf conf = new
SparkConf().setMaster("local[2]").setAppName("WordCount");
        // 创建JavaSparkContext对象
        JavaSparkContext sc = new JavaSparkContext(conf);
        // 创建JavaStreamingContext对象，设置批处理间隔为1秒
        JavaStreamingContext jssc = new JavaStreamingContext(sc, new
Duration(1000));
```

```
        // 从Socket源创建DStream，监听9999端口
        JavaReceiverInputDStream<String> lines =
jssc.socketTextStream("localhost", 9999);

        // 对DStream进行flatMap和map操作，将每行文本分割为单词，并计算每个单词出现的次数
        JavaDStream<String> words = lines.flatMap(line ->
Arrays.asList(line.split(" ")).iterator());
        JavaPairDStream<String, Integer> wordCounts = words.mapToPair(word -> new
Tuple2<>(word, 1)).reduceByKey((a, b) -> a + b);

        // 打印结果到控制台
        wordCounts.print();

        // 启动Spark Streaming计算
        jssc.start();
        // 等待计算终止
        jssc.awaitTermination();
    }
}
```

4）小结

本练习展示了如何使用Spark Streaming处理实时数据流，实现单词计数功能。通过创建JavaStreamingContext对象，从Socket源创建DStream，对DStream进行flatMap和map操作，将每行文本分割为单词，并计算每个单词出现的次数。最后，启动Spark Streaming计算并输出结果到控制台。

练习 2：DStream 有状态的 transformation 操作（滑动窗口）

1）任务要求

使用Spark Streaming处理实时数据流，实现基于滑动窗口的单词计数功能。

2）操作步骤

（1）创建JavaStreamingContext对象。

（2）从Socket源创建DStream。

（3）对DStream进行flatMap和map操作，将每行文本分割为单词，并计算每个单词在滑动窗口内出现的次数。

（4）启动Spark Streaming计算。

（5）发送单词到服务器，并通过Spark Streaming接收处理。

（6）输出结果到控制台。

3）参考代码

```
import org.apache.spark.SparkConf;
import org.apache.spark.api.java.JavaSparkContext;
import org.apache.spark.streaming.Duration;
import org.apache.spark.streaming.State;
```

```
import org.apache.spark.streaming.StateSpec;
import org.apache.spark.streaming.api.java.JavaPairDStream;
import org.apache.spark.streaming.api.java.JavaStreamingContext;

import java.util.Arrays;
import java.util.Iterator;
import java.util.List;
import java.util.Map;
import java.util.HashMap;
import scala.Tuple2;

public class WordCountWindow {
    public static void main(String[] args) throws InterruptedException {
        // 创建Spark配置对象
        SparkConf conf = new
SparkConf().setMaster("local[2]").setAppName("WordCountWindow");
        // 创建JavaSparkContext对象
        JavaSparkContext sc = new JavaSparkContext(conf);
        // 创建JavaStreamingContext对象，设置批处理间隔为1秒
        JavaStreamingContext jssc = new JavaStreamingContext(sc, new
Duration(1000));

        // 从Socket源创建DStream，监听9999端口
        JavaReceiverInputDStream<String> lines =
jssc.socketTextStream("localhost", 9999);

        // 对DStream进行flatMap和map操作，将每行文本分割为单词
        // 并计算每个单词在滑动窗口内出现的次数
        JavaDStream<String> words = lines.flatMap(line -> Arrays.asList
(line.split(" ")).iterator());
        JavaPairDStream<String, Integer> wordCounts = words.mapToPair(word -> new
Tuple2<>(word, 1)).updateStateByKey(
            (Function<List<Integer>, Optional<Integer>>) values -> {
                int sum = 0;
                for (Integer value : values) {
                    sum += value;
                }
                return Optional.of(sum);
            });

        // 定义滑动窗口的长度为30秒，每隔10秒触发一次计算
        wordCounts.window(new Duration(30000), new Duration(10000)).print();

        // 启动Spark Streaming计算
        jssc.start();
        // 等待计算终止
        jssc.awaitTermination();
    }
}
```

4）小结

本练习展示了如何使用Spark Streaming处理实时数据流，实现基于滑动窗口的单词计数功能。通过创建JavaStreamingContext对象，从Socket源创建DStream，对DStream进行flatMap和map操作，将每行文本分割为单词，并计算每个单词在滑动窗口内出现的次数。最后，启动Spark Streaming计算并输出结果到控制台。

练习 3：编写一个 Spark Streaming 应用程序

1）任务要求

编写一个Spark Streaming应用程序，该程序从Kafka中读取数据，对数据进行处理，并将处理结果输出到控制台。

2）操作步骤

（1）配置Spark Streaming环境。
（2）创建Spark Streaming应用程序。
（3）集成Kafka。
（4）自定义生产者和消费者。
（5）启动Kafka服务器。
（6）运行Spark Streaming应用程序。

3）参考示例

```
import org.apache.spark.SparkConf;
import org.apache.spark.api.java.JavaRDD;
import org.apache.spark.api.java.function.Function;
import org.apache.spark.streaming.Duration;
import org.apache.spark.streaming.api.java.JavaDStream;
import org.apache.spark.streaming.api.java.JavaPairDStream;
import org.apache.spark.streaming.api.java.JavaStreamingContext;
import org.apache.spark.streaming.kafka.KafkaUtils;
import org.apache.spark.streaming.kafka.OffsetRange;

import kafka.serializer.StringDecoder;
import scala.Tuple2;

import java.util.*;

public class SparkStreamingKafkaExample {
    public static void main(String[] args) throws InterruptedException {
        // 1. 配置Spark Streaming环境
        SparkConf conf = new
SparkConf().setAppName("SparkStreamingKafkaExample").setMaster("local[*]");
        JavaStreamingContext jssc = new JavaStreamingContext(conf, new
Duration(1000));

        // 2. 集成Kafka
        Map<String, String> kafkaParams = new HashMap<>();
```

```
        kafkaParams.put("metadata.broker.list", "localhost:9092");
        kafkaParams.put("auto.offset.reset", "smallest");
        kafkaParams.put("group.id", "testGroup");
        kafkaParams.put("key.deserializer", StringDecoder.class.getName());
        kafkaParams.put("value.deserializer", StringDecoder.class.getName());

        Set<String> topics = Collections.singleton("testTopic");
        JavaPairInputDStream<String, String> messages =
KafkaUtils.createDirectStream(
                jssc,
                String.class,
                String.class,
                StringDecoder.class,
                StringDecoder.class,
                kafkaParams,
                topics);

        // 3. 自定义生产者和消费者
        // 在这里，我们不需要自定义生产者，因为使用KafkaUtils.createDirectStream方法
        // 直接从Kafka中读取数据
        // 对于消费者，我们可以在下面的代码中看到如何将处理后的数据输出到控制台

        // 4. 启动Kafka服务器（这一步需要在命令行中完成，而不是在代码中）
        // 请确保Kafka服务器已经在本地运行，并且有一个名为testTopic的主题

        // 5. 运行Spark Streaming应用程序
        messages.foreachRDD((rdd, time) -> {
            // 对每个批次的数据进行处理
            JavaRDD<String> words = rdd.flatMap(tuple2 ->
Arrays.asList(tuple2._2.split(" ")).iterator());
            JavaPairRDD<String, Integer> wordCounts = words.mapToPair(word -> new
Tuple2<>(word, 1))
                    .reduceByKey((a, b) -> a + b);
            wordCounts.foreach(wordCount -> System.out.println("Time: " + time + "
Word: " + wordCount._1 + " Count: " + wordCount._2));
        });

        jssc.start();
        jssc.awaitTermination();
    }
}
```

4）小结

在这个示例中，我们首先配置了Spark Streaming环境，然后集成了Kafka，并使用KafkaUtils.createDirectStream()方法从Kafka中读取数据。接着，我们对每个批次的数据进行处理，计算每个单词出现的次数，并将结果输出到控制台。最后，我们启动了Spark Streaming应用程序，并在完成后等待其终止。

7.14　本 章 小 结

本章首先介绍了Spark Streaming的基本原理，包括数据集类型、统一数据处理、基本概念、工作原理等。随后，详细讲解了DStream的transformation操作，包括常用操作和窗口操作，以及DStream的输入源的使用要点和可靠性。接着，通过实战案例演示了DStream的无状态和有状态transformation操作，以及如何使用DataFrame和SQL进行操作。此外，本章还深入探讨了Spark Streaming检查点的概念、原理、应用场景、配置方法和优化策略。在性能优化方面，介绍了数据接收并行度调优、批处理时间优化、内存管理优化和容错性优化等策略。最后，讨论了Spark Streaming的容错机制，并通过与Kafka的集成案例展示了Spark Streaming在实际项目中的应用。

第 8 章 Structured Streaming

Spark Structured Streaming是一个基于Spark SQL引擎的流数据处理API。Structured Streaming扩展了批处理模式的Spark SQL引擎，支持对实时数据进行连续的、容错的、高性能的处理。本章将从Structured Streaming的基本概念入手，逐步引导读者理解如何创建和操作流式DataFrame/Dataset，以及如何执行各种流式查询操作，包括窗口操作和连接操作等。此外，本章还将探讨Structured Streaming如何处理事件时间和延迟数据、容错语义，并与传统的Spark Streaming进行比较。通过实战案例，我们将学习如何利用Structured Streaming进行词频统计、窗口操作、与Kafka集成等高级应用，同时掌握输出接收器的选择、消除重复数据、状态存储管理、启动流式查询、异步进度跟踪以及连续处理等关键概念和技术。

8.1 Structured Streaming 概述

Structured Streaming是一个基于Spark SQL引擎的可扩展容错流处理引擎，因此可以像在静态数据上批处理计算一样进行流处理。可以使用Dataset/DataFrame API来表示流聚合、事件时间窗口、流到批的连接等。

Structured Streaming通过检查点和预写日志确保端到端的容错性。简而言之，Structured Streaming提供快速、可扩展、容错的端到端流处理能力，而无须用户对流进行推理。

在内部，默认情况下，Structured Streaming查询使用微批处理引擎进行处理，该引擎将数据流作为一系列小批作业进行处理，从而实现低至100毫秒的端到端延迟和容错保证。自Spark 2.3以来，Spark又引入了一种新的低延迟处理模式，称为连续处理（Continuous Processing），它可以实现低至1毫秒的端到端延迟。

8.1.1 基本概念

Structured Streaming中的关键思想是将实时数据流视为连续附加的表，将流处理表示为标准的类批处理查询，就像在静态表上一样。

Structured Streaming将实时数据流处理当作无界输入表上的增量查询运行，将输入数据流视为“输入表”，到达流上的每个数据项都像附加到输入表的新行一样，如图8-1所示。

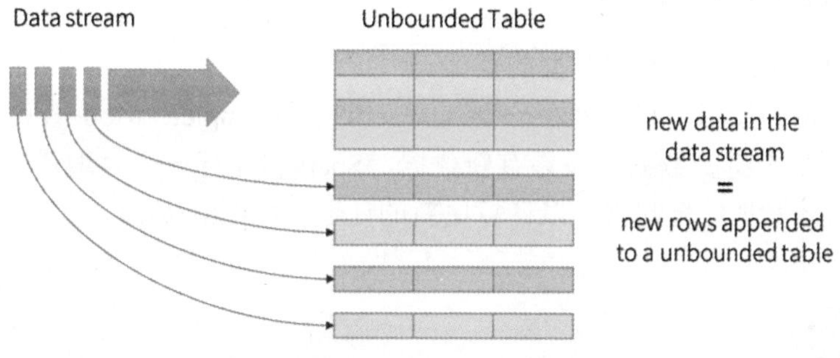

图 8-1　无界输入表

对输入的查询将生成“结果表”。每个触发间隔（例如每1秒），新行都会附加到输入表，最终更新结果表。每当结果表更新时，可以将更改的结果行写入外部接收器，如图8-2所示。

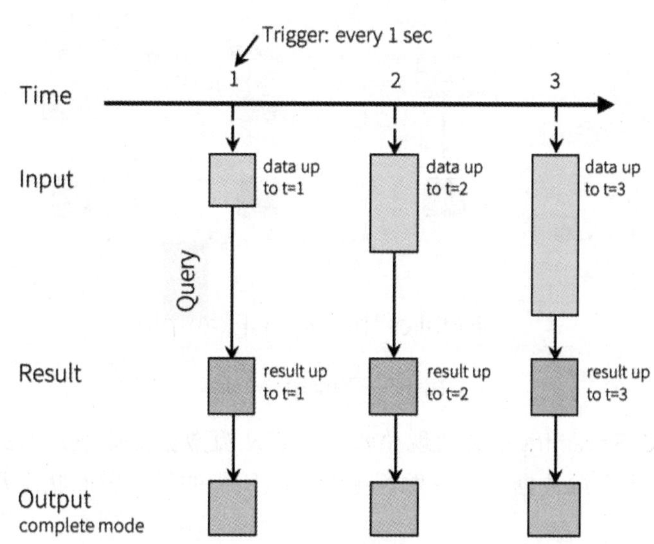

图 8-2　Structured Streaming 编程模型

“输出”定义为写入外部存储的内容。输出可以在不同的模式下定义。

- Complete Mode（完全模式）：整个更新的结果表将写入外部存储。如何处理整个表的写入，由存储连接器决定。
- Append Mode（追加模式）：只有自上次触发器以来在结果表中追加的新行才会写入外部存储。这仅适用于预期结果表中现有行不会更改的查询。

- Update Mode（更新模式）：只有自上次触发器以来在结果表中更新的行才会写入外部存储。注意，这与完全模式不同，因为此模式仅输出自上次触发器以来更改的行。如果查询不包含聚合，则它将等效于追加模式。

注意，每种模式都适用于某些类型的查询。

为了说明此模型的使用，我们来看一个示例。当启动Complete Mode查询时，Spark将持续检查套接字连接中是否有新数据。如果有新数据，Spark将运行一个“增量”查询，该查询将以前的运行计数与新数据结合起来，以计算更新的计数，如图8-3所示。

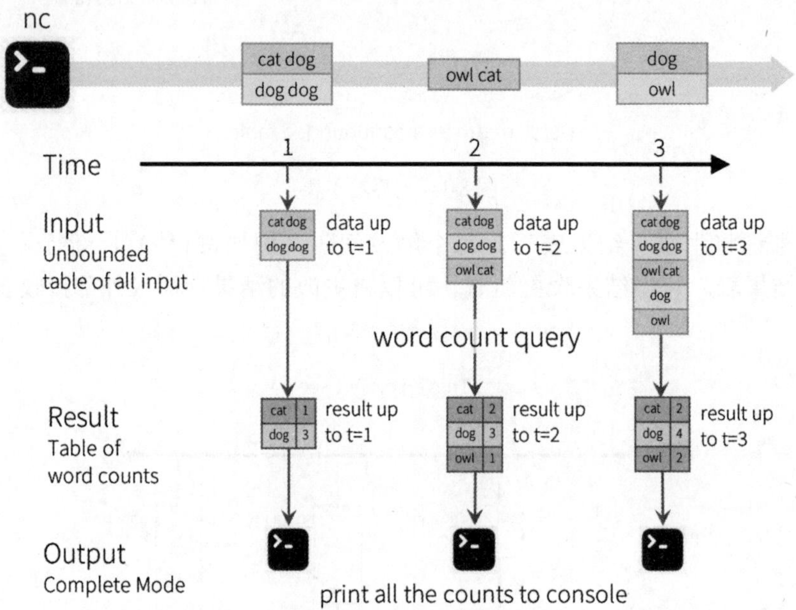

图 8-3　Complete Mode

注意，Structured Streaming不会实现整张表。它从流数据源读取最新的可用数据，增量处理以更新结果，然后丢弃源数据。它只保留更新结果所需的最小中间状态数据（例如，前面示例中的中间计数）。

Structured Streaming与许多其他流处理引擎有很大的不同。许多流系统要求用户自己维护正在运行的聚合，因此必须考虑容错和数据一致性。在Structured Streaming中，Spark负责在有新数据时更新结果表，从而使用户不必对其进行推理。

8.1.2　处理事件时间和延迟数据

事件时间（Event-Time）是嵌入数据本身的时间。对于许多应用程序，可能希望在此事件时间上操作。例如，如果想获取物联网设备每分钟生成的事件数量，那么可能希望使用生成数据的时间（即数据中的事件时间），而不是Spark接收这些事件的时间。在Structured Streaming中，来自设备的每个事件都是表中的一行，事件时间是行中的列值。这允许基于窗口的聚合

（例如每分钟的事件数）只是事件时间列上的一种特殊类型的分组和聚合。每个时间窗口都是一个组，每一行都可以属于多个窗口/组。因此，这种基于事件时间窗口的聚合查询可以在静态数据集（例如，从收集的设备事件日志）和数据流上一致定义，使用户的工作更加 轻松。

此外，Structured Streaming根据事件时间可以很自然地处理比预期晚到达的数据。由于Spark正在更新结果表，因此它可以完全控制在存在延迟数据时更新旧聚合，并清理旧聚合以限制中间状态数据的大小。

8.1.3 容错语义

提供端到端的Exactly-Once语义是Structured Streaming设计的核心目标之一。所谓端到端Exactly-Once，意味着数据源中的每条数据将被精确地处理一次，确保输出结果既不重复又不丢失。为了达成这一目标，Spark设计了Structured Streaming的源、接收器和执行引擎，以可靠地跟踪处理的确切进度。这样，即使遇到任何类型的故障，系统也可以通过重新启动或重新处理来恢复。

假设每个流数据源都具备偏移量来追踪流中的读取位置。执行引擎使用检查点和预写日志记录每个触发周期内正在处理的数据的偏移范围。流接收器被设计为能够确保处理的幂等性。通过结合使用可重播的数据源和幂等的接收器，Structured Streaming能够确保在任何故障情况下维持端到端的Exactly-Once语义。

8.1.4 Spark Streaming与Structured Streaming的比较

Spark Streaming和Structured Streaming都是Apache Spark的流处理框架，但它们之间存在一些关键差异。

Spark Streaming是Spark最初的流处理框架，采用微批（Micro-batch）处理的形式来进行流处理。它提供了基于RDD的Dstream API，每个时间间隔内的数据为一个RDD，可以源源不断地对RDD进行处理来实现流处理。Spark Streaming具有高吞吐量、容错性强、易于使用、实时处理、可扩展性和多种数据源支持等特点。它支持的数据输入源很多，如Kafka、Flume、Twitter、ZeroMQ和简单的TCP套接字等。数据输入后，可以使用Spark的高度抽象原语（如map、reduce、join、window等）进行运算，结果也能保存在很多地方，如HDFS、数据库等。

Structured Streaming是Spark 2.0版本提出的新的实时流框架。相比于Spark Streaming，Structured Streaming有以下优点。

- 结构化流式处理：Structured Streaming以结构化的方式操作流数据，能够像使用Spark SQL处理离线的批处理一样处理流数据，代码更简洁，写法更简单。
- 基于事件时间：Structured Streaming基于事件时间进行处理，相比Spark Streaming的处理时间更精确，更符合业务场景。
- 解决了Spark Streaming存在的问题：Structured Streaming解决了Spark Streaming存在的代码升级、DAG图变化引起的任务失败、无法断点续传等问题。

此外，Structured Streaming采用了无界表的概念，流数据相当于往一个表上不断追加行。每一个批处理间隔为一个批，也就是一个RDD，对RDD进行操作就可以源源不断地接收、处理数据。流上的每一条数据都类似于将一行新数据添加到表中。

总的来说，Spark Streaming和Structured Streaming各有其特点。Spark Streaming适合那些需要高吞吐量和容错能力的场景，而Structured Streaming则更适合那些需要更精确的时间处理和更简洁的代码的场景。在选择框架时，需要根据具体的业务需求和技术环境来决定。

8.2　创建流式 DataFrame/Dataset

在Spark中，无论是Scala、Java、Python还是R语言，都可以使用readStream()方法来创建一个流式DataFrame（Streaming DataFrame），代表从外部数据源接收的实时数据流。这个流式DataFrame随后可以进行各种transformation和action操作来处理数据。

8.2.1　从输入源创建DataFrame/Dataset

Structured Streaming有一些内置的输入源，说明如下。

- 文件源：读取作为数据流写入目录中的文件。文件将按照修改时间的顺序进行处理。如果设置了latestFirst，则顺序将颠倒。支持的文件格式有文本、CSV、JSON、ORC、Parquet。
- Kafka源：从Kafka读取数据。
- 套接字源（用于测试）：从套接字连接读取UTF8文本数据。侦听服务器套接字位于驱动程序中。注意，此数据源仅用于测试，因为不提供端到端的容错保证。
- 速率源（用于测试）：以每秒指定的行数生成数据，每个输出行包含一个时间戳和值。其中，timestamp是包含消息调度时间的timestamp类型，value是包含消息计数的Long类型，从0开始作为第一行。此数据源用于测试和性能基准测试。
- 每个微批源的速率（用于测试）：以每个微批的指定行数生成数据，每个输出行包含一个时间戳和值。其中，timestamp是包含消息调度时间的timestamp类型，value是包含消息计数的Long类型，从0开始作为第一行。与速率数据源不同，该数据源为每个微批提供了一组一致的输入行，而不考虑查询执行情况（触发器配置、查询滞后等），例如，批0将产生0999，批1将产生10001999，以此类推。生成时间也是如此。此数据源用于测试和性能基准测试。

以下是一个使用Kafka输入源的示例：

```
import org.apache.spark.sql.SparkSession;
import org.apache.spark.sql.Dataset;
import org.apache.spark.sql.Row;
import org.apache.spark.sql.streaming.DataStreamReader;

DataStreamReader streamReader = sparkSession.readStream();
Dataset<Row> df = streamReader
  .format("kafka")
```

```
    .option("kafka.bootstrap.servers", "host1:port1,host2:port2")
    .option("subscribe", "topic1,topic2")
    .option("startingOffsets", "earliest")
    .load();
```

以上示例中的Kafka选项（如kafka.bootstrap.servers、subscribe、startingOffsets等）是特定的，并且取决于使用的数据源和数据格式。对于其他类型的数据源（如文件系统、JDBC等），将需要指定不同的选项。

一旦创建了流DataFrame，就可以使用DataFrame API，从而处理实时数据流。

8.2.2 流式DataFrame/Dataset的模式推理与分区

在Structured Streaming中，流式DataFrame/Dataset的模式推理（Schema Inference）和分区（Partitioning）与静态DataFrame/Dataset的处理方式类似，但也有一些特定于流处理的考虑。

1. 模式推理

当从支持的源读取流数据时，Spark会自动为DataFrame/Dataset推断模式（Schema）。Spark会检查初始的数据记录来确定DataFrame/Dataset的模式，然后使用这个模式来处理后续的所有数据记录。

例如，当从Kafka主题或CSV文件读取数据时，Spark会基于遇到的前几行数据自动推断模式。如果事先知道数据的结构，也可以明确提供一个模式。

2. 分区

在Structured Streaming中，分区是指将数据跨多个Spark集群的执行器（Executor）进行分布。分区有助于优化数据处理，因为Spark可以在每个分区内部本地执行转换和聚合操作，从而减少数据混洗和网络通信。

对于流式DataFrame/Dataset，分区的工作方式与静态DataFrame/Dataset类似，但有以下特定于流处理的考虑。

- 动态分区：在静态DataFrame中，通常根据特定列或列集对数据进行一次分区。但在流式DataFrame中，分区可能会随着新数据的到达而动态变化，因为分区是基于当前数据分布的，这可能会随时间而变化。
- 水印（Watermark）：当在Structured Streaming中使用水印（例如，用于处理延迟数据）时，需要确保分区策略与水印兼容。否则，可能会遇到诸如错误地过滤掉延迟数据或状态丢失等问题。
- 重新分区：如果需要更改流式DataFrame的分区，可以使用repartition()或coalesce()方法。但是，在流处理上下文中，这些操作可能会很昂贵，因为它们需要在集群中重新混洗数据。因此，在重新分区之前，需要在优化处理和重新分区成本之间进行仔细权衡。
- 有状态操作：当使用如mapGroupsWithState()或flatMapGroupsWithState()等有状态操作时，DataFrame的分区变得至关重要。这些操作要求相同的行组始终由同一个执行器处理以保持状态一致性。因此，需要确保为有状态操作使用的分区策略适合自己的数据和用例。

总的来说，流式DataFrame/Dataset的模式推理和分区与静态DataFrame/Dataset的处理方式类似，但需要考虑流处理的特性，如动态数据分布、水印和有状态操作。正确地设置模式和分区策略对于优化Structured Streaming作业的性能和正确性至关重要。

8.3　Structured Streaming 操作

本节详细介绍Structured Streaming操作，内容包括基本操作、窗口操作、连接操作等。

8.3.1　基本操作

Structured Streaming支持DataFrame/Dataset上的大多数常见操作，示例如下：

```
import org.apache.spark.api.java.function.*;
import org.apache.spark.sql.*;
import org.apache.spark.sql.expressions.javalang.typed;
import org.apache.spark.sql.catalyst.encoders.ExpressionEncoder;

public class DeviceData {
  private String device;
  private String deviceType;
  private Double signal;
  private java.sql.Date time;

  // 省略Getter/setter方法
}

Dataset<Row> df = ...;
Dataset<DeviceData> ds = df.as(ExpressionEncoder.javaBean(DeviceData.class));

// 选择signal大于10的device
df.select("device").where("signal > 10");
ds.filter((FilterFunction<DeviceData>) value -> value.getSignal() > 10)
  .map((MapFunction<DeviceData, String>) value -> value.getDevice(),
Encoders.STRING());

// 按照deviceType计数
df.groupBy("deviceType").count();

// 每种deviceType的平均signal
ds.groupByKey((MapFunction<DeviceData, String>) value -> value.getDeviceType(),
Encoders.STRING())
  .agg(typed.avg((MapFunction<DeviceData, Double>) value -> value.getSignal()));
```

还可以将流式DataFrame/Dataset注册为临时视图，然后对其应用SQL命令：

```
df.createOrReplaceTempView("updates");

// 返回新的DataFrame
spark.sql("select count(*) from updates");
```

如果想要识别DataFrame/Dataset是否具有流数据，可以通过使用df.isStreaming()来实现：

```
df.isStreaming();
```

8.3.2　窗口操作

Structured Streaming的窗口操作提供了一种强大的工具，用于处理具有时间属性的实时数据流。通过定义不同的窗口类型和聚合函数，用户可以轻松地计算窗口内数据的统计信息。这种操作适用于处理具有时间属性的数据流，如物联网设备的实时数据、网络流量数据等。

1. 窗口类型

- 滚动窗口（Tumbling Window）：每个窗口是固定大小的，并且窗口之间不重叠。例如，每5分钟一个滚动窗口。
- 滑动窗口（Sliding Window）：窗口之间可以重叠。滑动窗口由两个参数定义：窗口大小和滑动间隔。例如，每1分钟滑动一个5分钟的窗口。

2. 窗口操作的使用

在Structured Streaming中，窗口操作通常与聚合函数（如count()、avg()、sum()等）一起使用，以计算窗口内数据的统计信息。

以下是一个使用滚动窗口进行计数的示例：

```
Dataset<Row> words = ...
// 按窗口和word对数据进行分组，并计算每组的计数
Dataset<Row> windowedCounts = words.groupBy(
  functions.window(words.col("timestamp"), "10 minutes", "5 minutes"),
  words.col("word")
).count();
```

3. 注意事项

- 水印（Watermark）：在处理实时数据流时，数据可能会延迟到达。为了处理这种情况，Structured Streaming引入了水印的概念。水印用于指定可以安全地考虑“过时”并可以从状态中删除的最旧时间戳。
- 性能优化：窗口操作可能会涉及大量的数据处理和状态管理。因此，在使用窗口操作时，需要关注性能优化，如选择合适的时间窗口大小、滑动间隔和聚合函数，以及优化数据流的处理逻辑。

8.3.3　连接操作

Structured Streaming的连接操作（Join Operation）是其核心功能之一，允许用户将流式Dataset/DataFrame与另一个流式或静态的Dataset/DataFrame进行连接。

1. 流－静态连接

自Spark 2.0引入流－静态连接（Stream-Static Join）以来，Structured Streaming就支持流和静态DataFrame/Dataset之间的连接（内部连接和某种类型的外部连接）。

流－静态连接具有以下特点：

- 允许流式Dataset/DataFrame与静态Dataset/DataFrame进行连接操作。
- 连接结果将会是渐进性的增量改变的，类似于之前的流聚合的结果。
- 流静态连接不是有状态的，因此不需要状态管理。

以下是一个流－静态连接的示例。

```
Dataset<Row> staticDf = spark.read(). ...;
Dataset<Row> streamingDf = spark.readStream(). ...;

// 内部连接一个静态DF
streamingDf.join(staticDf, "type");

// 左外连接一个静态DF
streamingDf.join(staticDf, "type", "left_outer");
```

注意，流－静态连接不是有状态的，因此不需要状态管理。

2. 流－流连接

在Spark 2.3中，Spark增加了对流－流连接（Stream-Stream Join）的支持。

在两个数据流之间生成连接结果的挑战在于，在任何时间点，连接两侧的Dataset都是不完整的，这使得在输入之间找到匹配变得更加困难。流－流连接给出的解决方案如下：

- 将过去的输入缓冲为流状态，这样我们就可以将每个未来的输入与过去的输入进行匹配，并相应地生成连接结果。
- 自动处理延迟的、乱序的数据，并可以使用水印（Watermarking）来限制状态。

在Spark 2.3及之后的版本中，可以直接连接两个流式Datasets/DataFrames，示例如下：

```
import static org.apache.spark.sql.functions.expr

Dataset<Row> impressions = spark.readStream(). ...
Dataset<Row> clicks = spark.readStream(). ...

// 在事件时间列上应用水印
Dataset<Row> impressionsWithWatermark =
impressions.withWatermark("impressionTime", "2 hours");
Dataset<Row> clicksWithWatermark = clicks.withWatermark("clickTime", "3 hours");

// 具有事件时间限制的连接
impressionsWithWatermark.join(
  clicksWithWatermark,
  expr(
    "clickAdId = impressionAdId AND " +
    "clickTime >= impressionTime AND " +
```

```
    "clickTime <= impressionTime + interval 1 hour ")
);
```

流一流连接需要管理状态，以便将未来的输入与过去的输入进行匹配。

3. 支持的连接类型

Structured Streaming支持多种类型的连接，包括内部连接、左外连接、右外连接等。

对于流一流连接，任何类型的列和任何类型的连接条件在内连接上都能被支持。

4. 延迟处理

Structured Streaming引入了微批处理引擎来处理流数据，将流数据当作一系列的小批Job来处理。

从Spark 2.3开始，引入了新的低延迟处理模型：Continuous Processing，延迟低至1毫秒。

8.3.4　不支持的DataFrame/Dataset操作

Structured Streaming不支持的DataFrame/Dataset操作有以下几种。

- 流式Dataset不支持limit以及获取前*N*行。
- 不支持distinct操作。
- 只有在聚合之后且处于完全输出模式（Complete Output Mode）下，流式Dataset才支持排序操作。
- 少部分类型的外部连接不受支持。
- 更新和完成模式（Update and Complete Mode）不支持在流式Dataset上连接多个有状态操作。
- 在附加模式（Append Mode）下，不支持mapGroupsWithState/flatMapGroupsWithState操作后接其他有状态操作。
- 此外，还有一些Dataset方法不能用于流式Dataset。它们是立即运行查询并返回结果的操作，这在流式Dataset上没有意义。相反，这些功能可以通过显式启动流式查询来实现。
- count()无法从流式Dataset中返回单个计数。相反，使用ds.groupBy().count()将返回一个包含运行计数的流式Dataset。
- foreach()改为使用ds.writeStream.foreach(⋯)。
- show()使用控制台接收器。

如果尝试这些操作中的任何一个，将会得到类似operation XYZ is not supported with streaming DataFrames/Datasets的AnalysisException。虽然其中一些可能会在Spark的未来版本中得到支持，但还有一些从根本上讲很难在流数据上有效实现。例如，不支持对输入流进行排序，因为这需要跟踪流中接收的所有数据。

8.4 Structured Streaming 统计来自 Socket 数据流的词频

本节将演示如何编写Structured Streaming程序StructuredStreamingSocketSample，来统计从侦听TCP套接字的数据服务器接收到的单词个数。

8.4.1 创建SparkSession

在前面的章节中，已经介绍了Spark SQL。本质上，Structured Streaming是基于Spark SQL引擎的，因此有着与Spark SQL一致的用法。

创建一个本地的SparkSession，这是与Structured Streaming相关的所有功能的起点。

```
SparkSession sparkSession = SparkSession.builder()
        // 设置应用名称
        .appName("StructuredStreamingSocketSample")
        // 本地单线程运行
        .master("local")
        .getOrCreate();
```

8.4.2 创建DataFrame

有了SparkSession之后，就可以创建DataFrame了。接下来，我们创建一个流式DataFrame，该流式DataFrame表示从侦听localhost:9999的服务器接收的文本数据，并转换DataFrame以计算字数。

```
// 创建一个流式DataFrame，该流式DataFrame表示从侦听localhost:9999的服务器接收的文本数据
Dataset<Row> lines = sparkSession
        // 返回一个DataStreamReader，可用于将流数据作为DataFrame读取
        .readStream()
        // 设置数据源格式
        .format("socket")
        // 服务器地址
        .option("host", "localhost")
        // 端口
        .option("port", 9999)
        .load();

// 将lines拆成words
Dataset<String> words = lines.as(Encoders.STRING())
        .flatMap((FlatMapFunction<String, String>) x
                -> Arrays.asList(x.split(" ")).iterator(),
            Encoders.STRING());
```

```
// 统计词频
Dataset<Row> wordCounts = words.groupBy("value")
        .count();
```

其中，readStream()方法用于返回一个DataStreamReader，该DataStreamReader可用于将流数据作为DataFrame读取；format()方法用于加载Socket数据，并将结果作为DataFrame返回。

此DataFrame lines表示包含流文本数据的无界表。该表包含一列名为value的字符串，流文本数据中的每一行都将成为表中的一行。注意，当前没有接收任何数据，因为我们只是在设置转换，而且尚未启动转换。接下来，使用.as(Encoders.STRING())将DataFrame转换为字符串的Dataset，以便我们可以应用平面映射操作将每一行拆分为多个单词。生成的单词Dataset包含所有单词。最后，通过按Dataset中的唯一值分组并对其进行计数定义了DataFrame wordCounts。注意，这是一个流DataFrame，表示流的运行字数。

8.4.3　执行查询

现在，我们已经设置了对流数据的查询。接下来真正开始接收数据并计算计数。为此，通过outputMode("complete")来确保每次更新计数时，都会将完整的计数结果输出到控制台。然后使用start()启动流处理。

```
// 开始运行查询，将运行计数打印到控制台
StreamingQuery query = wordCounts.writeStream()
    // 必须是complete模式
    .outputMode("complete")
    // 输出到控制台
    .format("console").start();

// 等待StreamingQuery被中断
query.awaitTermination();
```

8.4.4　运行

启动单词发送服务WordSender，执行命令如下：

```
spark-submit --class com.waylau.spark.java.samples.common.WordSender spark-java-samples-1.0.0.jar
```

先启动单词发送服务，再启动StructuredStreamingSocketSample，执行命令如下：

```
spark-submit --class
com.waylau.spark.java.samples.sql.streaming.StructuredStreamingSocketSample spark-java-samples-1.0.0.jar
```

可以看到，控制台输出如下：

```
-------------------------------------------
Batch: 7
-------------------------------------------
+-----+-----+
|value|count|
```

```
+-----+-----+
|    K|    1|
|    l|    3|
|    x|    1|
|    g|    2|
|    F|    1|
|    m|    1|
|    E|    1|
|    T|    1|
|    f|    1|
|    B|    2|
|    n|    2|
|    k|    1|
|    Y|    1|
|    L|    1|
|    U|    5|
|    V|    1|
|    v|    3|
|    D|    1|
|    O|    1|
|    z|    1|
+-----+-----+
only showing top 20 rows
```

8.5 实战：Structured Streaming 窗口操作

Structured Streaming还提供了窗口计算，允许数据在滑动窗口上应用转换。

本节将演示如何编写Structured Streaming程序StructuredStreamingSocketSample来实现窗口操作。

8.5.1 在事件时间上执行窗口操作

滑动事件时间窗口上的聚合对于结构化流来说很简单，并且与分组聚合非常相似。在分组聚合中，为用户指定的分组列中的每个唯一值维护聚合值（例如计数）。如果是基于窗口的聚合，则为行的事件时间所属的每个窗口维护聚合值。下面通过一个插图来理解这一点，如图8-4所示。

想象一下，流现在包含行以及生成行的时间。希望在10分钟窗口内计算单词，每5分钟更新一次。也就是说，在10分钟窗口（如12:00～12:10、12:05～12:15、12:10～12:20等）对接收到的单词进行计数。注意，12:00～12:10是指12:00之后但12:10之前到达的数据。现在，想想12:07接收到的一个词。此词应增加在两个窗口12:00～12:10和12:05～12:15相对应的计数。因此，计数将由分组键（即word）和窗口（可以从事件时间计算）两者索引。

由于此窗口的操作类似于分组，因此在代码中可以使用groupBy()和window()操作来表示窗口化聚合。

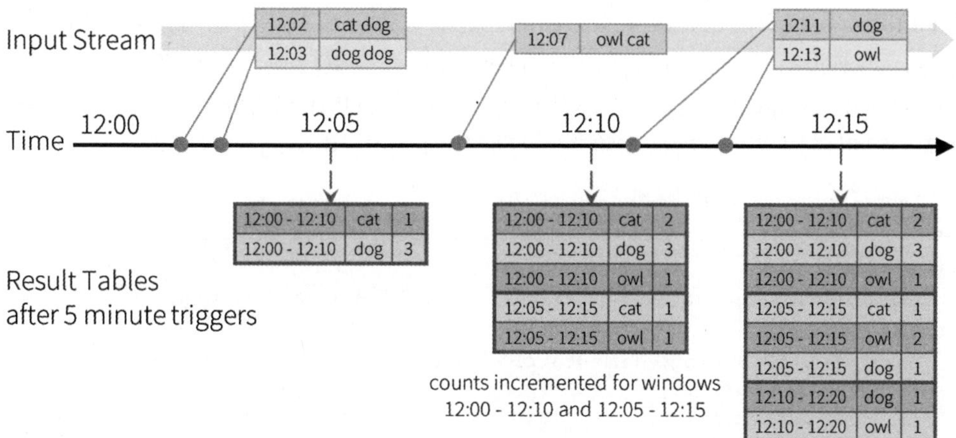

图 8-4　结果表

8.5.2　创建SparkSession

创建一个本地的SparkSession，这是与Structured Streaming相关的所有功能的起点。

```
SparkSession sparkSession = SparkSession.builder()
        // 设置应用名称
        .appName("StructuredStreamingWindowSample")
        // 本地单线程运行
        .master("local").getOrCreate();
```

8.5.3　创建DataFrame

有了SparkSession之后，就可以创建DataFrame了。接下来，让我们创建一个流式DataFrame，该流式DataFrame表示从侦听localhost:9999的服务器接收的文本数据，并转换DataFrame以计算字数。

```
// 创建一个流式DataFrame，该流式DataFrame表示从侦听localhost:9999的服务器接收的文本数据
Dataset<Row> lines = sparkSession.readStream()
    // 设置数据源格式
    .format("socket")
    // 服务器地址
    .option("host", "localhost")
    // 端口
    .option("port", 9999)
    // 输出内容包括时间戳
    .option("includeTimestamp", true).load();
```

其中，readStream()方法用于返回一个DataStreamReader，该DataStreamReader可用于将流数据作为DataFrame读取；format()方法用于加载Socket数据，并将结果作为DataFrame返回；指定参数includeTimestamp为true，则会在输出的内容中包含时间戳。

此DataFrame lines表示包含流文本数据的无界表。流文本数据中的每一行都将成为表中的一行。注意，当前没有接收任何数据，因为我们只是在设置转换，而且尚未启动转换。接下来，使用as(Encoders.tuple(Encoders.STRING(), Encoders.TIMESTAMP()))对DataFrame进行转换，以便我们可以应用平面映射操作将每一行拆分为word、timestamp两列数据。

```
// 将lines拆成words，保留时间戳
Dataset<Row> words = lines.as(Encoders.tuple(Encoders.STRING(),
Encoders.TIMESTAMP()))
    .flatMap((FlatMapFunction<Tuple2<String, Timestamp>, Tuple2<String,
Timestamp>>)t -> {
        List<Tuple2<String, Timestamp>> result = new ArrayList<>();

        for (String word : t._1.split(" ")) {
            result.add(new Tuple2<>(word, t._2));
        }

        return result.iterator();

    }, Encoders.tuple(Encoders.STRING(), Encoders.TIMESTAMP()))

    .toDF("word", "timestamp");
```

最后，按照window和word列对数据进行分组，并计算每组的计数。这里需要指定窗口长度大小和滑动间隔。

```
// 统计词频
// 按窗口和单词对数据进行分组，并计算每组的计数
Dataset<Row> wordCounts = words.groupBy(functions.window(words.col("timestamp"),
    // 窗口长度
    "10 seconds",
    // 滑动间隔
    "5 seconds"), words.col("word"))
.count()
.orderBy("window");
```

8.5.4　执行查询

现在，我们已经设置了对流数据的查询。接下来真正开始接收数据并计算计数。为此，我们通过outputMode("complete")来确保每次更新计数时，都会将完整的计数结果输出到控制台。然后使用start()启动流处理。

```
// 开始运行查询，将运行计数打印到控制台
StreamingQuery query = wordCounts.writeStream()
    // 必须是complete模式
    .outputMode("complete")
    // 输出到控制台
    .format("console")
    // 不清理
    .option("truncate", "false").start();
```

```
    // 等待StreamingQuery被中断
    query.awaitTermination();
```

8.5.5 运行

启动单词发送服务WordSender，执行命令如下：

```
spark-submit --class com.waylau.spark.java.samples.common.WordSender spark-java-samples-1.0.0.jar
```

先启动单词发送服务，再启动StructuredStreamingWindowSample，执行命令如下：

```
spark-submit --class
com.waylau.spark.java.samples.sql.streaming.StructuredStreamingWindowSample spark-java-samples-1.0.0.jar
```

可以看到，控制台输出如下：

```
-------------------------------------------
Batch: 4
-------------------------------------------
+------------------------------------------+----+-----+
|window                                    |word|count|
+------------------------------------------+----+-----+
|{2024-05-15 23:11:15, 2024-05-15 23:11:25}|w   |1    |
|{2024-05-15 23:11:15, 2024-05-15 23:11:25}|h   |1    |
|{2024-05-15 23:11:20, 2024-05-15 23:11:30}|y   |1    |
|{2024-05-15 23:11:20, 2024-05-15 23:11:30}|i   |1    |
|{2024-05-15 23:11:20, 2024-05-15 23:11:30}|h   |1    |
|{2024-05-15 23:11:20, 2024-05-15 23:11:30}|D   |1    |
|{2024-05-15 23:11:20, 2024-05-15 23:11:30}|C   |1    |
|{2024-05-15 23:11:20, 2024-05-15 23:11:30}|w   |1    |
|{2024-05-15 23:11:20, 2024-05-15 23:11:30}|u   |1    |
|{2024-05-15 23:11:25, 2024-05-15 23:11:35}|Z   |1    |
|{2024-05-15 23:11:25, 2024-05-15 23:11:35}|y   |1    |
|{2024-05-15 23:11:25, 2024-05-15 23:11:35}|W   |1    |
|{2024-05-15 23:11:25, 2024-05-15 23:11:35}|d   |1    |
|{2024-05-15 23:11:25, 2024-05-15 23:11:35}|u   |1    |
|{2024-05-15 23:11:25, 2024-05-15 23:11:35}|T   |1    |
|{2024-05-15 23:11:25, 2024-05-15 23:11:35}|C   |1    |
|{2024-05-15 23:11:25, 2024-05-15 23:11:35}|D   |1    |
|{2024-05-15 23:11:25, 2024-05-15 23:11:35}|i   |1    |
|{2024-05-15 23:11:25, 2024-05-15 23:11:35}|b   |1    |
|{2024-05-15 23:11:30, 2024-05-15 23:11:40}|b   |1    |
+------------------------------------------+----+-----+
only showing top 20 rows
```

8.6 Structured Streaming 输出接收器

Structured Streaming内建了很多输出接收器。什么是输出接收器？例如，在前面章节示例中的writeStream.format("console")就是使用了控制台接收器，用于将结果输出到控制台。

本节将详细介绍各类输出接收器的用法。

8.6.1 文件接收器

文件接收器用于将内容输出到目录。示例如下：

```
// 文件接收器用于将内容输出到目录
writeStream
    .format("parquet")        // 可以是 "orc" "json" "csv"等
    .option("path", "path/to/destination/dir")
    .start()
```

文件接收器可以接收如下参数。

- path：输出目录的路径，必须指定。
- retention：输出文件的生存时间（Time-to-Live，TTL）。提交的批处理早于TTL的输出文件最终将被排除在元数据日志中。

8.6.2 Kafka接收器

Kafka接收器用于将内容输出到Kafka。示例如下：

```
// Kafka接收器用于将内容输出到Kafka
writeStream
    .format("kafka")
    .option("kafka.bootstrap.servers", "host1:port1,host2:port2")
    .option("topic", "updates")
    .start()
```

8.6.3 Foreach接收器

Foreach接收器用于对输出的内容进行计算。示例如下：

```
// Foreach接收器用于对输出的内容进行计算
writeStream
    .foreach(...)
    .start()
```

8.6.4 Console接收器

Console接收器用于将内容输出到控制台。示例如下：

```
// Console接收器用于将内容输出到控制台
writeStream
    .format("console")
    .start()
```

Console接收器可以接收如下参数。

- numRows：每个触发器要打印的行数（默认值为20）。
- truncate：如果太长，是否截断输出（默认值为true）。

8.6.5 内存接收器

内存接收器用于将内容输出到内存表。示例如下：

```
// 内存接收器用于将内容输出到内存表
writeStream
    .format("memory")
    .queryName("tableName")
    .start()
```

8.7 消除重复数据

Structured Streaming是Spark SQL引擎上的一个可扩展和容错的流处理引擎，它允许用户使用处理静态数据的方式来处理流数据。在实时流式应用中，消除重复数据是一个常见的需求，Structured Streaming提供了几种策略来实现这一目的。以下是Structured Streaming消除重复数据的几种方法。

8.7.1 使用唯一身份标识符

可以使用唯一身份标识符（如GUID）来消除重复数据：

- 当流数据中包含唯一标识符时，可以通过这个标识符来消除重复的数据记录。
- 可以通过调用dropDuplicates()方法并传入唯一标识符的列名来实现。

例如，假设guid是唯一标识符的列名，那么在未使用水印时，消除重复数据的方式如下：

```
// 假设列名：guid、eventTime, ...
Dataset<Row> streamingDf = spark.readStream(). ...;

// 未使用水印时就用guid列
streamingDf.dropDuplicates("guid");
```

8.7.2 结合使用水印

还可以结合使用水印（Watermark）来消除重复数据：

- 如果数据的到达存在一个延迟的上限，可以在事件时间列上定义一个水印。
- 当使用水印时，Structured Streaming会删除早于水印时间的重复数据。这限制了查询必须维护的状态的数量。

示例如下：

```
// 假设列名：guid、eventTime, ...
Dataset<Row> streamingDf = spark.readStream(). ...;

// 使用水印，并使用guid和eventTime列
streamingDf
  .withWatermark("eventTime", "10 seconds")
  .dropDuplicates("guid", "eventTime");
```

在上述示例代码中，eventTime是事件时间列，10 seconds是延迟的上限，guid是唯一标识符列。

针对无水印的情况，如果对重复记录到达的时间没有限制，那么查询会保留所有的过去记录作为状态用于去重。这种情况下，所有的历史数据都需要被保留，直到确定它们不再是重复的。

使用水印时需要注意以下两点：

- 在使用水印时，需要确保水印时间的选择能够反映数据的实际延迟情况，以避免误删数据。
- 对于无水印的情况，需要注意状态管理，因为需要保留大量的历史数据来进行去重。

总的来说，Structured Streaming提供了灵活的方式来消除流数据中的重复记录，用户可以根据具体的应用场景和需求来选择合适的方法。在实际应用中，建议根据数据的特性和业务的需求来选择合适的去重策略，并考虑性能和状态管理的问题。

8.8 状态存储

状态存储（State Store）是Structured Streaming中的一个重要组件，它负责存储跨批次的状态结果，使得流式计算能够记忆历史数据并进行增量式查询。以下是对Structured Streaming状态存储的详细介绍。

8.8.1 状态存储与恢复

状态存储与恢复的过程如下：

（1）状态存储存储了每个批次的状态，包括成功完成的批次和正在处理的批次。

（2）为了保证可恢复性，状态存储必须至少保留最近两个批次的状态。如果某个批次失败，Spark可以从上一个成功完成的批次开始重新计算。

（3）状态存储中还存在对于旧状态的垃圾回收机制，以避免无限期地保留旧数据。

8.8.2 状态分片与读写

状态分片与读写的原理如下：

（1）在一个应用中，可能会有多个需要状态的Operator，而Operator本身也是分区执行的。因此，状态存储的分片以operatorId+partitionId为切分依据。

（2）每个分片是以key-value存储的，key和value的类型都是UnsafeRow（可以理解为SparkSQL中的Object通用类型）。

（3）状态的读入和写出都是以分片为基本单位进行的，支持按key查询或更新。

8.8.3 版本管理

随着StreamExecution不断执行批次，同一个Operator同一个分区的状态也会不断更新，以产生新版本的数据。

状态的版本与StreamExecution的进展一致，当StreamExecution的某个批次完成时，该批次对应的状态版本将被持久化。

8.8.4 状态存储的实现

Structured Streaming提供了两种内置的状态存储进行程序实现。最终用户还可以通过扩展StateStoreProvider接口来实现他们自己的状态存储提供程序。

1. HDFS 状态存储提供程序

HDFS后端状态存储提供程序是StateStoreProvider和StateStore的默认实现，其中所有数据在第一阶段存储在内存映射中，然后由HDFS兼容文件系统中的文件进行备份。对存储的所有更新都必须以事务方式成组进行，每组更新都会增加存储的版本。这些版本可用于在正确的存储版本上重新执行更新（通过RDD操作中的重试），并重新生成存储版本。

2. RocksDB 状态存储实现

从Spark 3.2版本开始，引入了新的内置状态存储提供程序，即基于RocksDB的状态存储提供程序。这对于需要维护大量状态键的流式查询来说是一个重要的改进。

当流式查询中包含有状态的操作（如流式聚合、流式去重、流一流连接、mapGroupsWithState或flatMapGroupsWithState），并且需要维护数百万个状态键时，使用HDFSBackedStateStore实现可能会导致JVM垃圾回收暂停时间过长，从而影响微批处理时间的一致性。这是因为HDFSBackedStateStore将状态数据保存在执行器的JVM内存中，大量的状态对象会给JVM带来内存压力，导致垃圾回收暂停时间增加。

为了解决这个问题，可以使用基于RocksDB的状态管理解决方案。这种解决方案将状态数据保存在本地磁盘和原生内存中，而不是JVM内存中，从而减少了JVM的内存压力，并提高了状态管理的效率。此外，Structured Streaming会自动将状态更改保存到用户提供的检查点位置，从而提供与默认状态管理相同的容错保证。

要启用基于RocksDB的状态存储提供程序，可以在Spark配置中设置spark.sql.streaming.stateStore.providerClass为org.apache.spark.sql.execution.streaming.state.RocksDBStateStoreProvider。

例如，在Spark提交命令中，可以通过--conf参数来设置这个配置：

```
spark-submit \
  --class your.main.Class \
  --conf
"spark.sql.streaming.stateStore.providerClass=org.apache.spark.sql.execution.streami
ng.state.RocksDBStateStoreProvider" \
  ... # 其他配置和参数
```

或者，在SparkSession初始化时，通过.config()方法来设置：

```
val spark = SparkSession
  .builder()
  .appName("Your App Name")
  .config("spark.sql.streaming.stateStore.providerClass",
"org.apache.spark.sql.execution.streaming.state.RocksDBStateStoreProvider")
  ... # 其他配置
  .getOrCreate()
```

启用基于RocksDB的状态存储提供程序后，流式查询将能够更有效地管理大量状态数据，减少JVM垃圾回收暂停时间，并使得处理时间一致。

表8-1展示了更多RocksDB状态存储提供程序的配置项。

表 8-1　RocksDB 状态存储提供程序常用配置

配　置	含　义	默 认 值
spark.sql.streaming.stateStore.rocksdb.compactOnCommit	是否对RocksDB实例执行范围压缩以进行提交操作	False
spark.sql.streaming.stateStore.rocksdb.changelog-Checkpointing.enabled	在RocksDB状态存储提交期间是否上载更改日志而不是快照	False
spark.sql.streaming.stateStore.rocksdb.blockSizeKB	RocksDB BlockBasedTable的每个块打包的用户数据的近似大小（KB），这是RocksDB的默认SST文件格式	4
spark.sql.streaming.stateStore.rocksdb.blockCacheSizeMB	块缓存的大小容量（MB）	8
spark.sql.streaming.stateStore.rocksdb.lockAcquireTimeoutMs	RocksDB实例在加载操作中获取锁的等待时间（以毫秒为单位）	60000
spark.sql.streaming.stateStore.rocksdb.maxOpenFiles	RocksDB实例可以使用的打开文件数。值-1表示打开的文件始终处于打开状态。如果达到打开文件的限制，RocksDB将从打开的文件缓存中收回条目，并关闭这些文件描述符，然后从缓存中删除这些条目	−1

（续表）

配　置	含　义	默 认 值
spark.sql.streaming.stateStore.rocksdb.resetStatsOnLoad	是否在加载时重置RocksDB的所有统计数据	True
spark.sql.streaming.stateStore.rocksdb.trackTotalNumberOfRows	是否跟踪状态存储中的总行数	True
spark.sql.streaming.stateStore.rocksdb.writeBufferSizeMB	RocksDB 中 MemTable 的 最 大大小	−1
spark.sql.streaming.stateStore.rocksdb.maxWriteBufferNumber	RocksDB 中 活 动 和 不 可 变 的 MemTables的最大数量	−1
spark.sql.streaming.stateStore.rocksdb.boundedMemoryUsage	单个节点上RocksDB状态存储实例的总内存使用量是否有限制	False
spark.sql.streaming.stateStore.rocksdb.maxMemoryUsageMB	单个节点上RocksDB状态存储实例的总内存限制（MB）	500
spark.sql.streaming.stateStore.rocksdb.writeBufferCacheRatio	写入缓冲区占用的总内存是使用maxMemoryUsageMB在单个节点上的所有RocksDB实例中分配的内存的一小部分	0.5
spark.sql.streaming.stateStore.rocksdb.highPriorityPoolRatio	高优先级池中的块所占用的总内存是使用maxMemoryUsage-MB在单个节点上的所有RocksDB实例中分配的内存的一部分	0.1

8.9　启动流式查询

在前面的章节中，已经初步接触了流式查询。本节将对其进行深入探讨。

8.9.1　流式查询的参数

要启动流式查询，需要使用通过Dataset.writeStream()返回的DataStreamWriter。在这个接口中，需要指定以下一个或多个设置。

- 输出接收器（Sink）的详细信息：包括数据格式、位置等。例如，可能需要指定将数据写入Kafka、HDFS、Parquet文件或其他存储系统。
- 输出模式（Output Mode）：指定写入输出接收器的内容。输出模式有以下三种。
    - Append Mode（追加模式）：只有在新数据到达时才会写入。
    - Complete Mode（完整模式）：每次都会输出全量结果数据集，即每次触发时都会重新计算整个结果并写入。
    - Update Mode（更新模式）：仅当结果集中的行被更新时才写入。这通常与包含唯一键的流数据集一起使用。

- 查询名称（Query Name）：可选项，为查询指定一个唯一的名称以便识别。这在同时运行多个流查询时非常有用。
- 触发间隔（Trigger Interval）：可选项，指定触发间隔。如果没有指定，系统将尽快检查新数据的可用性，一旦前一个处理完成就会触发。如果因为前一个处理未完成而错过了触发时间，系统将立即触发处理。
- 检查点位置（Checkpoint Location）：对于可以保证端到端容错的一些输出接收器，需要指定系统写入所有检查点信息的位置。这应该是一个HDFS兼容的容错文件系统上的目录。检查点用于在发生故障时恢复流式查询的状态，从而确保数据不会丢失，并且可以从上一次成功的检查点开始继续处理。

下面是一个使用Scala编写的简单示例，用于演示如何设置这些参数：

```
import org.apache.spark.sql.streaming.Trigger

// 假设df是DataFrame/Dataset
val query = df
  .writeStream
  .format("parquet")                            // 指定输出格式为Parquet
  .outputMode("append")                         // 使用追加模式
  .option("path", "/path/to/destination")       // 指定输出位置
  .option("checkpointLocation", "/path/to/checkpoint/dir")     // 指定检查点位置
  .trigger(Trigger.ProcessingTime("10 seconds"))               // 设置触发间隔为10秒
  .start()                                                     // 开始流处理

query.awaitTermination()                                       // 等待查询终止
```

8.9.2 foreach和foreachBatch

foreach和foreachBatch操作允许在流查询的输出上应用任意操作和写入逻辑。它们的使用场景略有不同——foreach允许对每一行应用自定义的写入逻辑，而foreachBatch允许对每个微批次的输出应用任意操作和自定义逻辑。下面更详细地了解foreach和foreachBatch的使用方法。

1. foreach

foreach操作允许将一个函数应用于流查询输出DataFrame/Dataset的每一行。当想对每个单独的行执行一些自定义写入逻辑时，foreach非常有用。

以下是在Scala中使用foreach的示例：

```
val query = df
  .writeStream
  .foreach(new ForeachWriter[Row] {
    def open(partitionId: Long, version: Long): Boolean = {
      // 初始化写入资源
      true
    }

    def process(value: Row): Unit = {
```

```
        // 自定义逻辑来处理每一行
        // 可以在这里将行写入外部系统
      }

      def close(errorOrNull: Throwable): Unit = {
        // 清理资源
      }
    })
    .start()

  query.awaitTermination()
```

在这个例子中，实现了使用ForeachWriter接口来定义打开资源、处理每一行和关闭资源的行为。

2. foreachBatch

foreachBatch操作允许将一个函数应用于流查询输出DataFrame/Dataset的每个微批次。当想要执行批次级别的操作，或者写入逻辑需要整个微批次可用时，foreachBatch非常有用。

以下是在Scala中使用foreachBatch的示例：

```
  val query = df
    .writeStream
    .foreachBatch { (batchDF: DataFrame, batchId: Long) =>
      // 自定义逻辑来处理整个微批次
      // 可以在这里执行转换、聚合或将批次写入外部系统
      batchDF.write.format("parquet").mode("append").save("/path/to/destination
/batch-" + batchId)
    }
    .start()

  query.awaitTermination()
```

在这个例子中，传递给foreachBatch的lambda函数接收了两个参数：表示当前微批次的DataFrame和批次的ID。在函数内部，可以对整个批次执行任何必要的转换、聚合或写入操作。

3. 关键差异

foreach和foreachBatch的关键差异如下。

- 粒度：foreach在每一行上操作，而foreachBatch在每个微批次上操作。
- 资源管理：使用foreach时，资源管理（例如，打开和关闭连接）需要在ForeachWriter中处理。使用foreachBatch时，在批次级别拥有更多的资源管理控制权。
- 批次级别操作：foreachBatch允许执行需要整个微批次可用的批次级别操作，如跨多个分区的聚合或连接。
- 性能：在某些情况下，在批次级别操作（foreachBatch）可能比逐行操作（foreach）更高效。但是，这取决于具体的用例和自定义逻辑的复杂性。

选择foreach还是foreachBatch取决于用户的具体需求和想对流查询输出应用的自定义逻辑的性质。

8.9.3 流式表API

从Spark 3.1开始，还可以使用DataStreamReader.table()将表读取为流式DataFrame，并使用DataStreamWriter.toTable()将流式DataFrame写入表。以下是一个使用流式表API的例子。

```
SparkSession spark = ...

// 创建流式DataFrame
Dataset<Row> df = spark.readStream()
  .format("rate")
  .option("rowsPerSecond", 10)
  .load();

// 将DataFrame写入表
df.writeStream()
  .option("checkpointLocation", "path/to/checkpoint/dir")
  .toTable("myTable");

// 检查表的结果
spark.read().table("myTable").show();

// 对源数据集执行transform，并写入新表
spark.readStream()
  .table("myTable")
  .select("value")
  .writeStream()
  .option("checkpointLocation", "path/to/checkpoint/dir")
  .format("parquet")
  .toTable("newTable");

// 检查新表的结果
spark.read().table("newTable").show();
```

8.9.4 触发器

流式查询的触发器（Trigger）设置定义了流数据处理的时间，决定了查询是作为具有固定批处理间隔的微批量查询执行，还是作为连续处理查询执行。以下是支持的不同类型的触发器。

1. 默认触发器

如果没有显式指定触发器，默认情况下，查询将以微批处理模式执行。一旦前一个微批处理完成，就会立即触发下一个微批处理。

2. 固定间隔微批

在固定间隔微批中，查询将以微批量模式执行，其中微批次以用户指定的间隔启动。例如，可以使用 Trigger.ProcessingTime("2 seconds") 来设置每2秒触发一次微批处理。

如果先前的微批次在该间隔内完成，则引擎将等待该间隔结束，然后开始下一个微批次。

如果前一个微批次需要的时间超过完成的时间间隔（即错过了区间边界），那么下一个微批次将在前一个微批次完成后立即开始（即不会等待下一个间隔边界）。

如果没有可用的新数据，则不会启动微批次。

3. 一次性微批（已废弃）

一次性微批（已废弃）查询将执行仅一个微批处理所有可用的数据，然后自行停止。这在希望定期启动集群，处理自上一个时间段以来可用的所有内容，然后关闭集群的场景中非常有用。

使用Trigger.Once()可以实现一次性微批。

该触发器已经废弃，建议采用Available-now微批次触发器作为替代。

4. Available-now 微批

Available-now微批与查询一次性微批触发器类似，查询将处理所有可用的数据，然后自行停止。不同之处在于，它将基于源选项（例如文件源的maxFilesPerTrigger）以（可能）多个微批处理数据，这将带来更好的查询可扩展性。

此触发器为处理提供了强有力的保证：无论上一次运行中剩下多少批，都能确保执行时的所有可用数据在终止前得到处理。此触发器将首先处理所有未提交的批次。

每个批次都会设置水印，如果最后一个批次设置了提前水印，则在终止前不会再执行任何数据批次的处理。这有助于保持较小且可预测的状态大小和有状态运算符输出的较小延迟。

5. 使用固定 checkpoint 间隔的连续处理模式

这是一个实验性的接口，从Spark 2.3开始引入。它允许查询以新的低延迟、连续处理模式执行，可以实现小于1毫秒的端到端延迟，并至少保证一次容错。

使用Trigger.Continuous("1 second") 可以设置连续处理模式，并指定检查点间隔（如1秒）。这意味着连续处理引擎将每秒记录查询的进度。

注意，自Spark 2.4起，在连续处理模式下，仅支持特定类型的查询和数据源。

这些触发器类型提供了对流式查询执行方式的灵活控制，可以根据具体的应用场景和需求选择合适的触发器设置。

以下是使用各类触发器的示例。

```
import org.apache.spark.sql.streaming.Trigger

// 默认触发器
df.writeStream
  .format("console")
  .start();

// 固定间隔微批
```

```
df.writeStream
  .format("console")
  .trigger(Trigger.ProcessingTime("2 seconds"))
  .start();

// 一次性微批
df.writeStream
  .format("console")
  .trigger(Trigger.Once())
  .start();

// Available-now
df.writeStream
  .format("console")
  .trigger(Trigger.AvailableNow())
  .start();

// 连续处理模式
df.writeStream
  .format("console")
  .trigger(Trigger.Continuous("1 second"))
  .start();
```

8.9.5 管理流式查询

启动查询时创建的StreamingQuery对象可用于监视和管理查询。示例如下：

```
// 获取查询对象
StreamingQuery query = df.writeStream().format("console").start();

// 从检查点数据获取在重新启动时持续存在的正在运行的查询的唯一标识符
query.id();

// 获取此查询运行的唯一id，该id将在每次启动/重新启动时生成
query.runId();

// 获取自动生成的名称或用户指定的名称
query.name();

// 打印查询的详细说明
query.explain();

// 停止
query.stop();

// 阻塞直到查询终止
query.awaitTermination();

// 如果查询因错误而终止，则为异常
query.exception();

// 此查询的最新进度更新的数组
query.recentProgress();

// 此流式查询的最新进度更新
query.lastProgress();
```

可以在单个SparkSession中启动任意数量的查询。它们将同时运行，共享集群资源。可以使用sparkSession.streams()来获取StreamingQueryManager，它可以用于管理当前活动的查询：

```
SparkSession spark = ...
// 获取当前活动的流式查询的列表
spark.streams().active();
// 通过查询对象的唯一id来获取查询对象
spark.streams().get(id);
spark.streams().awaitAnyTermination();
```

8.10　异步进度跟踪

在Structured Streaming中，异步进度跟踪是一个关键特性，它使得流处理管道能够以异步方式与微批中的实际数据处理并行创建进度检查点，从而降低了与维护offsetLog和commitLog相关的延迟。本节将对Structured Streaming的异步进度跟踪进行深入的介绍和分析。

8.10.1　异步进度跟踪的概念与重要性

在流处理过程中，数据的实时性和一致性是两个至关重要的方面。传统的流处理方式往往需要在数据处理和进度跟踪之间进行权衡，导致在实时性和一致性上难以达到理想的效果。而Structured Streaming的异步进度跟踪特性，通过将进度跟踪与数据处理过程分离，实现了两者之间的并行处理，从而大大提高了流处理的实时性和一致性。

具体来说，异步进度跟踪允许流处理管道在微批处理过程中并行地创建进度检查点。这意味着在处理每个微批数据时，系统可以同时更新进度信息并将其持久化到存储系统中。一旦微批处理完成并产生新的结果，系统就可以立即将结果输出到外部系统（如数据库、Kafka等），而无须等待进度信息的更新。这种并行处理方式大大降低了处理延迟，提高了流处理的实时性。

图8-5所示的是异步进度跟踪的示意图。

同时，异步进度跟踪通过检查点和预写日志机制保证了数据的一致性。在流处理过程中，由于数据源的不可预测性和系统的故障风险，可能会出现数据丢失或重复的情况。而检查点和预写日志机制可以确保在每个检查点处，系统的状态都是一致的，并且可以恢复到任何一个检查点处的状态。这保证了即使在系统出现故障的情况下，也不会丢失已经处理过的数据或产生重复的数据。

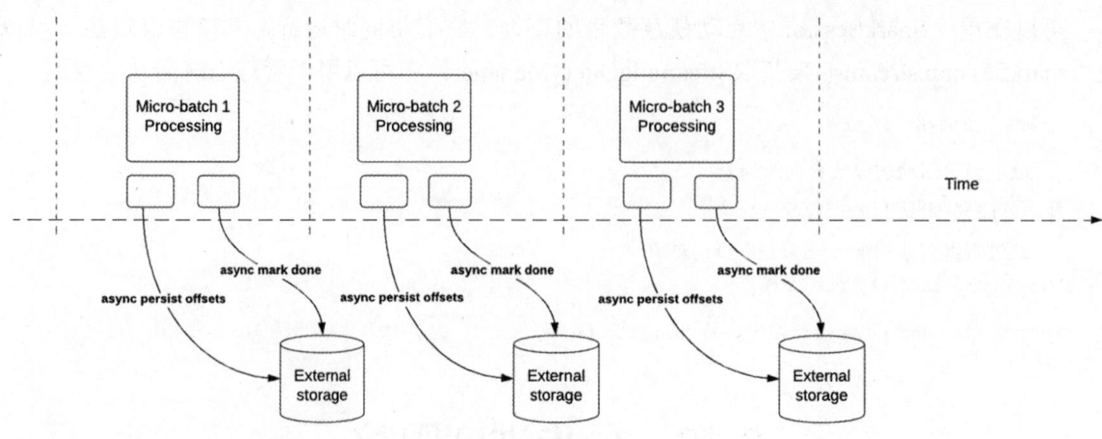

图 8-5　异步进度跟踪的示意图

8.10.2　异步进度跟踪的实现机制

Structured Streaming的异步进度跟踪主要通过以下几个步骤来实现。

01 初始化阶段：在流处理作业启动时，系统会初始化一个进度跟踪器（Progress Tracker）和一个检查点管理器（Checkpoint Manager）。进度跟踪器负责跟踪流处理作业的进度信息，包括已经处理过的数据偏移量（Offset）和检查点信息。检查点管理器则负责将检查点信息持久化到存储系统中。

02 数据处理阶段：在每个微批处理过程中，系统会从数据源中读取数据，并通过Dataset/DataFrame API对数据进行处理。同时，进度跟踪器会并行地更新进度信息，并将其发送到检查点管理器进行持久化。这个过程是异步的，不会影响数据的正常处理流程。

03 结果输出阶段：一旦微批处理完成并产生新的结果，系统就可以将结果输出到外部系统。此时，进度跟踪器会检查是否所有的进度信息都已经成功持久化到存储系统中。如果是的话，系统就可以安全地将结果输出到外部系统；否则，系统会等待进度信息更新完成后再进行输出。

04 检查点恢复阶段：在系统出现故障或需要重启时，检查点管理器会从存储系统中加载最近的检查点信息，并将其提供给进度跟踪器进行恢复。进度跟踪器会根据检查点信息更新系统的状态，并继续从上一次的偏移量处读取数据进行处理。这个过程保证了即使在系统出现故障的情况下，也不会丢失已经处理过的数据或产生重复的数据。

8.10.3　使用示例

以下是使用异步进度跟踪的一个示例。

```
val stream = spark.readStream
  .format("kafka")
  .option("kafka.bootstrap.servers", "host1:port1,host2:port2")
  .option("subscribe", "in")
  .load()
val query = stream.writeStream
```

```
    .format("kafka")
   .option("topic", "out")
   .option("checkpointLocation", "/tmp/checkpoint")
   // 启用异步进度跟踪
   .option("asyncProgressTrackingEnabled", "true")
    .start()
```

表8-2展示了异步进度跟踪的配置项。

表 8-2　异步进度跟踪的配置项

配　置	含　义	默 认 值
asyncProgressTrackingEnabled	是否启用异步进度跟踪	false
asyncProgressTrackingCheckpointIntervalMs	提交偏移和完成提交的间隔（单位为毫秒）	1000

8.10.4　使用限制

截至目前，该异步进度跟踪功能具有以下限制：只有在使用Kafka Sink的无状态查询中才支持异步进度跟踪。

这种异步进度跟踪不能保证一次性端到端处理，因为在失败的情况下有可能会更改批处理的偏移范围。

8.11　连 续 处 理

Spark 2.3中引入的连续处理（Continuous Processing）是一种新的、实验性的流式执行模式，它与Spark的默认微批处理（Micro-batch Processing）引擎在多个关键特性上有所不同。

8.11.1　启用连续处理

要在连续处理模式下运行受支持的查询，只需指定一个以所需检查点间隔为参数的连续触发器。例如：

```
import org.apache.spark.sql.streaming.Trigger;

spark
  .readStream
  .format("kafka")
  .option("kafka.bootstrap.servers", "host1:port1,host2:port2")
  .option("subscribe", "topic1")
  .load()
  .selectExpr("CAST(key AS STRING)", "CAST(value AS STRING)")
  .writeStream
  .format("kafka")
  .option("kafka.bootstrap.servers", "host1:port1,host2:port2")
  .option("topic", "topic1")
```

```
// 启用连续处理
.trigger(Trigger.Continuous("1 second"))
.start();
```

上述示例中，1秒的检查点间隔意味着连续处理引擎将每秒记录查询的进度。生成的检查点的格式与微批处理引擎兼容，因此任何查询中都可以使用任何触发器重新启动。例如，以微批处理模式启动的受支持查询可以在连续模式下重新启动，反之亦然。注意，任何时候切换到连续模式，都将获得至少一次容错保证。

8.11.2 连续处理与微批处理的比较

以下是这两种处理模式的比较。

1. 连续处理

- 低延迟：连续处理的主要优势是能够提供非常低的端到端延迟，大约是1毫秒。这对于需要实时响应的应用程序非常有用。
- 至少一次容错保证：在容错性方面，连续处理提供“至少一次”（at-least-once）的保证。这意味着在出现故障时，数据可能会被处理多次，但绝不会丢失。
- 无须修改应用逻辑：对于某些类型的查询，用户可以选择在连续处理模式下执行它们，而无须修改应用程序的逻辑（即无须更改DataFrame/Dataset操作）。

2. 微批处理

- 较高延迟：与连续处理相比，微批处理通常具有更高的延迟，最佳情况下，大约是100毫秒。这是因为它将数据分成小的批次进行处理，而不是实时逐条处理。
- 精确一次容错保证：微批处理提供“精确一次”（exactly-once）的容错保证。这意味着在出现故障时，数据会被准确地处理一次，不会丢失，也不会重复。
- 更广泛的适用性：由于微批处理引擎已经成熟并经过广泛测试，它适用于更广泛的用例和场景。

选择哪种处理模式取决于具体的应用需求，分别说明如下：

- 低延迟优先：如果应用程序需要实时响应，并且对数据的准确性有一定的容忍度（即可以接受“至少一次”的处理），那么连续处理可能是更好的选择。
- 精确性优先：如果应用程序对数据的准确性有严格的要求，并且可以接受稍微高一点的延迟，那么微批处理可能是更合适的选择。
- 无须修改应用逻辑：对于某些类型的查询，Spark允许用户在不修改应用逻辑的情况下选择不同的执行模式。这为用户提供了更大的灵活性和便利性。

需要注意的是，连续处理在Spark 2.3中仍然是一个实验性的功能，并且可能在未来版本中发生变化。因此，在决定使用它之前，务必仔细评估其稳定性和适用性。

8.12　实战：Structured Streaming 与 Kafka 集成

本节演示Structured Streaming与Kafka的集成，并编写一个示例演示如何通过Structured Streaming与Kafka来实现消息的生产与消费。

8.12.1　Structured Streaming集成Kafka

要使用Kafka，还需要在Structured Streaming应用pom.xml中添加如下依赖：

```
<dependency>
    <groupId>org.apache.spark</groupId>
    <artifactId>spark-streaming-kafka-0-10_2.12</artifactId>
    <version>${spark.version}</version>
    <scope>compile</scope>
</dependency>
```

同时，还需要在Shade插件中增加transformer配置：

```
<plugin>
    <groupId>org.apache.maven.plugins</groupId>
    <artifactId>maven-shade-plugin</artifactId>
    <version>${maven-shade-plugin.version}</version>
    <configuration>
        <!--增加transformer配置-->
        <transformers>
            <transformer
                    implementation="org.apache.maven.plugins.shade.resource.
ServicesResourceTransformer"/>
        </transformers>
    </configuration>

    ...
</plugin>
```

如果不添加上述配置，则应用可能抛出如下异常：

```
    Exception in thread "main" org.apache.spark.sql.AnalysisException: Failed to
find data source: kafka. Please deploy the application as per the deployment section
of Structured Streaming + Kafka Integration Guide.
        at org.apache.spark.sql.errors.QueryCompilationErrors$.
failedToFindKafkaDataSourceError(QueryCompilationErrors.scala:1568)
        at org.apache.spark.sql.execution.datasources.DataSource$.
lookupDataSource(DataSource.scala:645)
        at org.apache.spark.sql.streaming.DataStreamReader.loadInternal
(DataStreamReader.scala:158)
        at org.apache.spark.sql.streaming.DataStreamReader.load
(DataStreamReader.scala:145)
```

```
        at com.waylau.spark.java.samples.sql.streaming.
StructuredStreamingKafkaSample.main(StructuredStreamingKafkaSample.java:42)
        at java.base/jdk.internal.reflect.NativeMethodAccessorImpl.invoke0(Native
Method)
        at java.base/jdk.internal.reflect.NativeMethodAccessorImpl.
invoke(NativeMethodAccessorImpl.java:77)
        at java.base/jdk.internal.reflect.DelegatingMethodAccessorImpl.
invoke(DelegatingMethodAccessorImpl.java:43)
        at java.base/java.lang.reflect.Method.invoke(Method.java:568)
        at org.apache.spark.deploy.JavaMainApplication.start
(SparkApplication.scala:52)
        at org.apache.spark.deploy.SparkSubmit.
org$apache$spark$deploy$SparkSubmit$$runMain(SparkSubmit.scala:1029)
        at org.apache.spark.deploy.SparkSubmit.doRunMain$1(SparkSubmit.scala:194)
        at org.apache.spark.deploy.SparkSubmit.submit(SparkSubmit.scala:217)
        at org.apache.spark.deploy.SparkSubmit.doSubmit(SparkSubmit.scala:91)
        at org.apache.spark.deploy.SparkSubmit$$anon$2.doSubmit
(SparkSubmit.scala:1120)
        at org.apache.spark.deploy.SparkSubmit$.main(SparkSubmit.scala:1129)
        at org.apache.spark.deploy.SparkSubmit.main(SparkSubmit.scala)
```

8.12.2 构造消费者

构造消费者StructuredStreamingKafkaSample，示例如下：

```
package com.waylau.spark.java.samples.sql.streaming;

import java.util.concurrent.TimeoutException;

import org.apache.spark.sql.Dataset;
import org.apache.spark.sql.Row;
import org.apache.spark.sql.SparkSession;
import org.apache.spark.sql.streaming.StreamingQuery;
import org.apache.spark.sql.streaming.StreamingQueryException;

public class StructuredStreamingKafkaSample {
    /**
     * 定义主题
     */
    private static String TOPIC = "test_topic";

    public static void main(String[] args) throws TimeoutException,
StreamingQueryException {
        SparkSession sparkSession = SparkSession.builder()
            // 设置应用名称
            .appName("StructuredStreamingKafkaSample")
            // 本地单线程运行
            .master("local").getOrCreate();

        // 创建一个流式DataFrame，该流式DataFrame表示从Kafka接收数据
        Dataset<Row> df = sparkSession
```

```
            // 返回一个DataStreamReader，可用于将流数据作为DataFrame读取
            .readStream()
            // 设置数据源格式
            .format("kafka")
            // 服务器地址
            .option("kafka.bootstrap.servers", "192.168.1.78:9094")
            // 主题
            .option("subscribe", TOPIC).load();

        // 解析 Kafka 的 value 列
        df = df.selectExpr("CAST(value AS STRING)");

        // 开始运行查询，将查询结果打印到控制台
        StreamingQuery query = df.writeStream()
            // append模式
            .outputMode("append")
            // 输出到控制台
            .format("console").start();

        // 等待StreamingQuery被中断
        query.awaitTermination();
    }

}
```

上述代码创建了一个流式DataFrame，该流式DataFrame表示从Kafka接收数据。然后将查询结果append模式打印到控制台。

8.12.3 运行

在Kafka服务器已经启动的前提下，先启动运行第7章的示例CustomKafkaProducerr，执行命令如下：

```
    spark-submit --class com.waylau.spark.java.samples.streaming.CustomKafkaProducer
spark-java-samples-1.0.0.jar
```

此时会打印如下日志信息：

```
    send: Hi, 0
    send: Hi, 1
    send: Hi, 2
    send: Hi, 3
    send: Hi, 4
    send: Hi, 5
    send: Hi, 6
    send: Hi, 7
    send: Hi, 8
    send: Hi, 9
    send: Hi, 10
    send: Hi, 11
    send: Hi, 12
```

```
send: Hi, 13
send: Hi, 14
send: Hi, 15
send: Hi, 16
send: Hi, 17
send: Hi, 18
send: Hi, 19
send: Hi, 20
send: Hi, 21
    ...
// 为节约篇幅，省略部分内容
```

再启动StructuredStreamingKafkaSample，执行命令如下：

```
spark-submit --class
com.waylau.spark.java.samples.sql.streaming.StructuredStreamingKafkaSample spark-java-samples-1.0.0.jar
```

执行完成之后，此时会打印如下日志信息：

```
-------------------------------------------
Batch: 66
-------------------------------------------
+------+
| value|
+------+
|Hi, 65|
+------+

-------------------------------------------
Batch: 67
-------------------------------------------
+------+
| value|
+------+
|Hi, 66|
+------+



-------------------------------------------
Batch: 68
-------------------------------------------
+------+
| value|
+------+
|Hi, 67|
+------+



-------------------------------------------
```

```
Batch: 69
-------------------------------------------
+-------+
| value|
+-------+
|Hi, 68|
+-------+


-------------------------------------------
Batch: 70
-------------------------------------------
+-------+
| value|
+-------+
|Hi, 69|
+-------+
```

上述日志说明，StructuredStreamingKafkaSample能实时处理Kafka数据。

8.13　动手练习

练习 1：使用 Structured Streaming 统计来自 Socket 数据流的词频

1）任务要求

使用Structured Streaming统计来自Socket数据流的词频。

2）操作步骤

（1）创建一个Spark应用程序，使用Java语言编写。

（2）使用Structured Streaming API读取Socket数据流。

（3）对数据进行分词处理。

（4）统计每个单词出现的次数。

（5）输出结果到控制台。

3）示例代码

```
import org.apache.spark.sql.*;
import org.apache.spark.sql.streaming.StreamingQuery;
import org.apache.spark.sql.streaming.StreamingQueryException;
import static org.apache.spark.sql.functions.*;

public class WordCount {
    public static void main(String[] args) throws StreamingQueryException {
        // 创建SparkSession
        SparkSession spark = SparkSession.builder()
```

```
                .appName("Word Count")
                .master("local[*]")
                .getOrCreate();

        // 读取Socket数据流
        Dataset<Row> lines = spark.readStream()
                .format("socket")
                .option("host", "localhost")
                .option("port", 9999)
                .load();

        // 分词并计算词频
        Dataset<Row> wordCounts = lines.as(Encoders.STRING())
                .flatMap((FlatMapFunction<String, String>) x ->
Arrays.asList(x.split(" ")).iterator(), Encoders.STRING())
                .groupBy("value")
                .count();

        // 输出结果到控制台
        StreamingQuery query = wordCounts.writeStream()
                .outputMode("complete")
                .format("console")
                .start();

        query.awaitTermination();
    }
}
```

4）小结

通过上述代码，我们实现了一个使用Structured Streaming统计来自Socket数据流的词频的例子。首先，创建了一个SparkSession，然后使用Structured Streaming API读取Socket数据流。接着，对数据进行了分词处理，并统计了每个单词出现的次数。最后，将结果输出到控制台。这个例子可以帮助我们了解如何使用Structured Streaming处理实时数据流。

练习 2：使用 Structured Streaming 进行窗口操作

1）任务要求

使用Structured Streaming进行窗口操作，统计每个窗口内的数据量。

2）操作步骤

（1）创建一个Spark应用程序，使用Java语言编写。

（2）使用Structured Streaming API读取数据流。

（3）定义一个窗口，例如每5秒一个窗口。

（4）对每个窗口内的数据进行计数。

（5）输出结果到控制台。

3）参考代码

```
import org.apache.spark.sql.*;
import org.apache.spark.sql.streaming.StreamingQuery;
import org.apache.spark.sql.streaming.StreamingQueryException;
import static org.apache.spark.sql.functions.*;

public class WindowedCount {
    public static void main(String[] args) throws StreamingQueryException {
        // 创建SparkSession
        SparkSession spark = SparkSession.builder()
                .appName("Windowed Count")
                .master("local[*]")
                .getOrCreate();

        // 读取Socket数据流
        Dataset<Row> lines = spark.readStream()
                .format("socket")
                .option("host", "localhost")
                .option("port", 9999)
                .load();

        // 定义窗口大小为5秒，滑动间隔为1秒
        Dataset<Row> windowedCounts = lines.groupBy(window(col("timestamp"), "5
seconds", "1 seconds"))
                .count();

        // 输出结果到控制台
        StreamingQuery query = windowedCounts.writeStream()
                .outputMode("complete")
                .format("console")
                .start();

        query.awaitTermination();
    }
}
```

4）小结

通过上述代码，我们实现了一个使用Structured Streaming进行窗口操作的例子。首先，创建了一个SparkSession，然后使用Structured Streaming API读取Socket数据流。接着，定义了一个大小为5秒、滑动间隔为1秒的窗口。然后，对每个窗口内的数据进行计数。最后，将结果输出到控制台。这个例子可以帮助我们了解如何使用Structured Streaming进行窗口操作。

练习 3：使用 Structured Streaming 与 Kafka 集成

1）任务要求

使用Structured Streaming与Kafka集成，从Kafka中读取数据流并进行简单的处理。

2）操作步骤

（1）创建一个Spark应用程序，使用Java语言编写。
（2）配置Kafka相关参数，包括broker地址、topic等。
（3）使用Structured Streaming API从Kafka中读取数据流。
（4）对数据进行简单的处理，例如计算每个单词出现的次数。
（5）输出结果到控制台或保存到外部存储系统。

3）示例代码

```
import org.apache.spark.sql.*;
import org.apache.spark.sql.streaming.StreamingQuery;
import org.apache.spark.sql.streaming.StreamingQueryException;
import static org.apache.spark.sql.functions.*;

public class KafkaIntegration {
    public static void main(String[] args) throws StreamingQueryException {
        // 创建SparkSession
        SparkSession spark = SparkSession.builder()
                .appName("Kafka Integration")
                .master("local[*]")
                .getOrCreate();

        // 配置Kafka参数
        String kafkaBrokers = "localhost:9092";
        String kafkaTopic = "test-topic";

        // 从Kafka中读取数据流
        Dataset<Row> df = spark.readStream()
                .format("kafka")
                .option("kafka.bootstrap.servers", kafkaBrokers)
                .option("subscribe", kafkaTopic)
                .load();

        // 解析JSON数据并计算词频
        Dataset<Row> wordCounts = df.selectExpr("CAST(value AS STRING)")
                .as(Encoders.STRING())
                .flatMap((FlatMapFunction<String, String>) x ->
Arrays.asList(x.split(" ")).iterator(), Encoders.STRING())
                .groupBy("value")
                .count();

        // 输出结果到控制台
        StreamingQuery query = wordCounts.writeStream()
                .outputMode("complete")
                .format("console")
                .start();

        query.awaitTermination();
    }
}
```

4）小结

通过上述代码，我们实现了一个使用Structured Streaming与Kafka集成的例子。首先，创建了一个SparkSession，然后配置了Kafka的相关参数。接着，使用Structured Streaming API从Kafka中读取数据流。我们对数据进行了简单的处理，并计算了每个单词出现的次数。最后，将结果输出到控制台。这个例子可以帮助我们了解如何使用Structured Streaming与Kafka集成进行实时数据处理。

8.14 本章小结

本章全面介绍了Spark Structured Streaming的核心概念和应用实践。首先，我们学习了Structured Streaming的基础知识，包括其基本概念、处理事件时间和延迟数据的方式、容错语义，以及与传统Spark Streaming的区别。随后，掌握了如何从不同的输入源创建流式DataFrame/Dataset，并了解其模式推理与分区机制。在Structured Streaming操作部分，我们深入学习了基本操作、窗口操作、连接操作，以及不支持的操作，并通过实战案例加深了对Structured Streaming的理解。此外，还探讨了输出接收器的多种类型、消除重复数据的策略、状态存储的管理，以及如何启动和管理流式查询。最后，我们了解了异步进度跟踪的重要性和实现机制，以及连续处理的概念和启用方法。通过本章的学习，我们应能够熟练运用Structured Streaming进行复杂的流数据处理任务，并能够有效地整合到现有的大数据架构中。

第9章 MLlib

Apache Spark作为一个高速、通用和支持多种语言的大数据处理框架，其内置的机器学习库MLlib为开发者提供了丰富的机器学习功能和接口。本章将深入探讨MLlib的架构、算法、应用实例以及如何使用Spark的RDD API和DataFrame API实现机器学习任务。我们将从MLlib的基本概念开始，逐步过渡到如何构建和运行机器学习流水线，最后通过实战案例加深对理论知识的理解和应用能力。

9.1 MLlib概述

Spark内置的MLlib（Machine Learning library）机器学习库为数据科学家和机器学习工程师提供了强大而灵活的机器学习算法和工具。MLlib不仅简化了机器学习的工程实践工作，还方便地扩展到了更大规模的数据集处理。本节将对MLlib进行全面的概述，包括其背景、功能、算法、应用实例等。

9.1.1 功能简介

MLlib是Spark项目中的一个子项目，旨在提供一套高效、可扩展的机器学习算法和工具。它基于Spark的分布式计算框架，可以处理大规模数据集，并支持各种常见的机器学习问题，如分类、回归、聚类和协同过滤等。MLlib的设计初衷是简化机器学习的工程实践工作，使得数据科学家和机器学习工程师可以更加专注于算法的选择和调优，而无须过多关注底层计算框架的实现细节。

MLlib提供了丰富的机器学习算法和工具，具体介绍如下。

- 学习算法：MLlib支持多种常见的机器学习算法，如分类算法（逻辑回归、决策树、随机森林等）、回归算法（线性回归、决策树回归等）、聚类算法（K-Means、谱聚类等）以及协同过滤算法等。这些算法可以应用于各种机器学习任务，如预测、分类和聚类分析等。

- 特征化工具：MLlib提供了特征提取、转换、降维和选择等功能，可以帮助用户处理和准备数据，以便更好地应用机器学习算法。这些功能可以自动处理数据中的缺失值、异常值等问题，以提高数据的质量和算法的准确性。
- 管道（Pipeline）：MLlib提供了用于构建、评估和调整机器学习管道的工具。管道是一系列预定义的步骤，用于从数据中提取特征、训练模型并对新数据进行预测。通过管道，用户可以将多个机器学习算法组合在一起，形成一个完整的机器学习流程，从而提高模型的准确性和效率。
- 持久性：MLlib支持保存和加载算法、模型和管道的功能。这使得用户可以轻松地保存和加载训练好的模型，并在需要时进行预测。此外，MLlib还支持将模型导出为多种格式，如PMML（Predictive Model Markup Language）等，以便与其他系统进行集成和交互。
- 实用工具：MLlib还提供了一些实用的工具，如线性代数、统计和数据处理等。这些工具可以帮助用户更轻松地完成各种机器学习任务，并提高算法的效率和准确性。

9.1.2　重要算法

MLlib涉及以下几类算法。

- 分类算法：分类算法是机器学习中最为常见的一类算法，用于将数据集划分为不同的类别。MLlib支持多种分类算法，如逻辑回归、决策树、随机森林等。这些算法各有特点，适用于不同的场景和数据集。例如，逻辑回归适用于二分类问题，决策树和随机森林则适用于多分类问题。
- 回归算法：回归算法用于预测连续值，如股票价格、气温等。MLlib提供了线性回归、决策树回归等回归算法。这些算法可以帮助用户预测未来的趋势和变化，并做出相应的决策。
- 聚类算法：聚类算法用于将数据集划分为多个不同的簇，使得同一簇内的数据相似度较高，不同簇之间的数据相似度较低。MLlib支持K-Means、谱聚类等聚类算法。这些算法可以帮助用户发现数据中的潜在结构和规律，并为进一步的分析和挖掘提供基础。
- 协同过滤算法：协同过滤算法广泛应用于推荐系统中，用于根据用户的历史行为数据为其推荐相似的物品或用户。MLlib提供了基于矩阵分解的协同过滤算法，如交替最小二乘法（Alternating Least Squares，ALS）等。这些算法可以帮助用户提高推荐的准确性和效率，并提升用户体验和满意度。

9.1.3　应用状况

MLlib在各个领域都有着广泛的应用。例如，在垃圾邮件识别中，可以使用MLlib中的逻辑回归算法来构建一个垃圾邮件识别模型。通过训练模型并不断优化参数，可以提高模型的准确性和效率，并有效地识别出垃圾邮件。此外，在推荐系统中，MLlib的协同过滤算法也可以为用户推荐相似的物品或用户，提高用户的满意度和忠诚度。

9.2　机器学习基础知识

机器学习是人工智能领域的一个重要分支，它专注于研究如何使计算机系统能够像人类一样通过学习数据中的模式和规律来不断提升自身性能。机器学习的发展离不开统计学、计算机科学、优化理论等多个学科的支撑，并在近年来随着大数据和云计算技术的兴起而得到了快速的发展。本节主要介绍机器学习的定义、分类、基本流程、常见算法以及应用场景等。

9.2.1　机器学习的定义

机器学习是一门跨学科的领域，它涉及概率论、统计学、逼近论、凸分析、算法复杂度理论等多门学科，专门研究计算机怎样模拟或实现人类的学习行为，以获取新的知识或技能，重新组织已有的知识结构，使之不断改善自身的性能。它是人工智能的核心，是使计算机具有智能的根本途径，其应用遍及人工智能的各个领域，它主要使用归纳、综合而不是演绎。

机器学习研究的基本问题是如何利用经验来改善系统自身的性能。在计算机系统中，“经验”通常以“数据”形式存在。因此，机器学习研究的主要内容是在计算机上从数据中产生“模型”（Model）的算法，即“学习算法”（Learning Algorithm）。有了学习算法，我们把经验数据提供给它，就能基于这些数据产生模型；在面对新的情况（例如一个机器人被要求在一个新的环境中行走或一台计算机被要求识别从未见过的图像）时，这个模型能够提供相应的判断或预测。

9.2.2　机器学习的分类

机器学习可以按照不同的方式进行分类，常见的分类方式有以下几种。

- 监督学习（Supervised Learning）：监督学习是机器学习中最常见的一种学习方式。在监督学习中，训练数据包括输入和对应的输出（标签），算法通过学习这些输入输出对之间的关系来建立一个模型，然后用这个模型对新的输入进行预测。常见的监督学习算法有线性回归、逻辑回归、决策树、支持向量机、神经网络等。
- 非监督学习（Unsupervised Learning）：非监督学习是指在没有标签的情况下，算法通过学习数据中的内在结构或规律来建立模型。常见的非监督学习算法有聚类分析、降维算法（如PCA、t-SNE等）、关联规则学习等。
- 半监督学习（Semi-Supervised Learning）：半监督学习是介于监督学习与非监督学习之间的一种学习方式。在半监督学习中，部分训练数据具有标签，而部分数据则没有标签。算法通过同时利用有标签和无标签的数据来建立模型，以提高模型的泛化能力。
- 强化学习（Reinforcement Learning）：强化学习是一种通过试错来学习的方式。在强化学习中，算法通过与环境的交互来不断尝试不同的行为，并根据行为的结果（奖励或惩罚）来调整自己的行为策略。强化学习在机器人控制、游戏AI等领域有着广泛的应用。

9.2.3 机器学习的基本流程

机器学习的基本流程通常包括以下几个步骤。

01 数据收集与预处理：机器学习的基础是数据，因此首先需要收集足够的数据。在收集到数据后，还需要对数据进行预处理，包括数据清洗、特征提取、数据转换等步骤，以便更好地适应机器学习算法的要求。

02 选择合适的算法：根据问题的特点和数据的情况，选择合适的机器学习算法。不同的算法适用于不同的场景和数据集，因此需要根据实际情况进行选择。

03 训练模型：使用训练数据对选定的算法进行训练，以建立一个能够拟合数据的模型。在训练过程中，还需要对模型进行调优，以提高模型的性能和泛化能力。

04 评估模型：使用测试数据对训练好的模型进行评估，以检验模型的性能和泛化能力。常见的评估指标有准确率、召回率、F1值、AUC等。

05 部署与应用：将训练好的模型部署到实际应用场景中，并使用新的数据对模型进行预测或决策。

9.2.4 常见的机器学习算法

要想用机器学习解决问题，必须掌握机器学习算法，常见的机器学习算法包括以下几种。

- 线性回归：线性回归是一种用于预测数值型输出的监督学习算法。它通过拟合一个线性函数来描述输入与输出之间的关系，并基于训练数据来估计函数的参数。
- 逻辑回归：逻辑回归是一种用于分类问题的监督学习算法。它通过对输入数据进行线性变换，使用Sigmoid函数将结果映射到0和1之间，表示某个类别的概率。
- 决策树：决策树是一种基于树形结构的分类和回归算法。它通过递归地选择最优特征进行划分，将数据集划分为不同的子集，并在每个子集上构建子树，直到满足停止条件为止。
- 随机森林：随机森林是一种基于集成学习的分类和回归算法。它通过构建多个决策树并将它们的预测结果进行集成来提高模型的性能。随机森林具有较好的泛化能力和抗过拟合能力。
- 支持向量机（Support Vector Machine，SVM）：支持向量机是一种用于分类问题的监督学习算法。它通过寻找一个超平面来将数据集划分为不同的类别，并使得不同类别之间的间隔最大化。支持向量机用于处理高维数据和复杂分类。

9.3 MLlib 的 RDD API 和 DataFrame API

早期的MLlib是基于RDD API的。从Spark 2.0开始，spark.mllib包中的RDD API已经转入维护模式。目前，Spark的主要机器学习API位于基于DataFrame API spark.ml包中。

因此，广义上的MLlib实际上包括以下两部分：

- 基于RDD API的MLlib，位于spark.mllib包，现在处于维护模式。MLlib仍将支持spark.mllib包中的RDD API，并修复了错误，但不会向RDD API添加新功能。
- 基于DataFrame API的MLlib，位于spark.ml包中，现在及未来主推的模式。DataFrames提供了比RDD更友好的API。DataFrames的优点包括Spark数据源、SQL/DataFrame查询、Tungsten和Catalyst优化以及跨语言的统一API。

9.4 MLlib 流水线

本节将介绍MLlib流水线（Pipeline）的概念。MLlib流水线提供了一套统一的高级API，构建在DataFrame之上，可以帮助用户创建和调整实用的机器学习流水线。

MLlib标准化了用于机器学习算法的API，使得将多个算法合并到单个流水线或工作流中更加容易。

9.4.1 MLlib流水线的核心概念

流水线主要涉及DataFrame和Pipeline组件。

1. DataFrame

机器学习可以应用于各种各样的数据类型，如向量、文本、图像和结构化数据。MLlib API采用Spark SQL中的DataFrame，以支持各种数据类型。有关DataFrame的用法，参见前面章节关于Spark SQL的部分。

2. Pipeline 组件

Pipeline组件主要由Transformer和Estimator组成。

- Transformer包括特征转换器（Feature Transformer）和学习模型。从技术角度来看，Transformer实现了一个transform()方法，该方法将一个DataFrame转换为另一个DataFrame。
- Estimator抽象出了学习算法或任何适用于拟合或训练数据的算法。在技术上，Estimator实现了一个fit()方法，该方法接受一个DataFrame作为输入，并产生一个模型（Model），该模型本身也是一个Transformer。例如，一个学习算法如逻辑回归（Logistic Regression）是一个Estimator。调用其fit()方法可以训练出一个逻辑回归模型（LogisticRegressionModel），这个模型既是一个Estimator的产物，也是一个Transformer。

9.4.2 Pipeline

在机器学习中，通常运行一系列的算法来处理和学习数据。例如，一个简单的文本文档处理工作流可能包括以下几个阶段：

（1）将每个文档的文本拆分为文字。

（2）将每个文档的文字转换为数字特征向量。

（3）使用特征向量和标签学习预测模型。

MLlib将这样的工作流表示为Pipeline，它由PipelineStage（Transformer和Estimator）序列组成，以特定的顺序运行。

运行原理

Pipeline被指定为一个阶段序列，每个阶段要么是一个Transformer，要么是一个Estimator。这些阶段按顺序运行，输入DataFrame在每个阶段经过时进行转换。对于Transformer阶段，将在DataFrame上调用transform()方法。对于Estimator阶段，将调用fit()方法来生成一个Transformer，并在DataFrame上调用Transformer的transform()方法。

图9-1展示了Pipeline"训练时间"的例子，该例子是一个文本文档工作流。

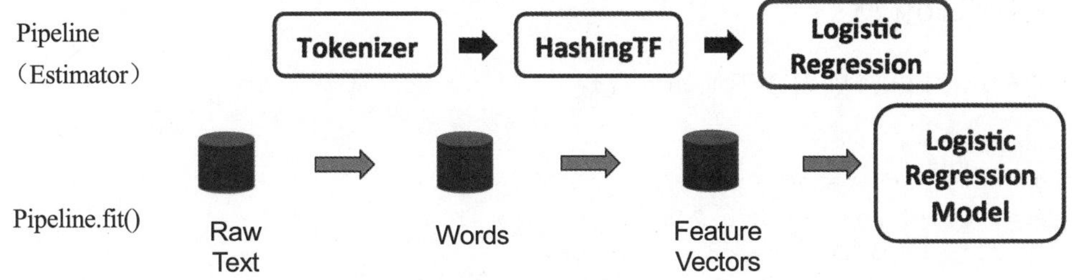

图 9-1　Pipeline"训练时间"的例子

图9-1上面一行代表一个三个阶段的Pipeline。前两个Tokenizer和HashingTF是Transformer，第三个LogisticRegression是一个Estimator。下面一行表示流经Pipeline的数据，其中圆柱表示DataFrame。在原始DataFrame上调用Pipeline.fit()方法，它具有原始文本（Raw Text）的文档和标签。Tokenizer.transform()方法将原始文本文档拆分为单词（Words），并在DataFrame中添加一个带有单词的新列。HashingTF.transform()方法将单词列转换为特征向量（Feature Vectors），将新列与这些向量一起添加到DataFrame。现在，由于LogisticRegression是一个Estimator，Pipeline首先调用LogisticRegression.fit()来生成LogisticRegressionModel。如果Pipeline有更多的Estimator，它将在把DataFrame传递到下一阶段之前，对DataFrame调用LogisticRegressionModel的transform()方法。

Pipeline是一个Estimator。因此，在Pipeline的fit()方法运行后，将产生一个PipelineModel，它是一个Transformer。此PipelineModel用于"测试时间"。图9-2展示了这种用法。

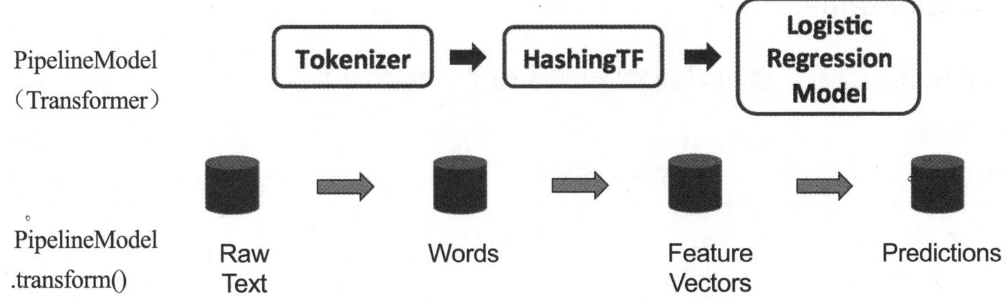

图 9-2　PipelineModel 用于"测试时间"

在图9-2中，PipelineModel与原始Pipeline具有相同的阶段数，但在原来的Pipeline中所有的Estimator都变成了Transformer。在测试数据集上调用PipelineModel的transform()方法时，数据将按顺序传递到拟合的Pipeline中。每个阶段的transform()方法都会更新数据集并将其传递到下一阶段。

Pipeline和PipelineModel有助于确保训练和测试数据经过相同的特征处理步骤。

9.5 实战：MLlib 的 Estimator 例子

本节将演示如何编写MLlib程序EstimatorTransformerParamExample来展示Estimator的用法。

9.5.1 使用MLlib依赖

如果要使用MLlib，则需要添加如下依赖：

```
<dependency>
    <groupId>org.apache.spark</groupId>
    <artifactId>spark-mllib_${scala.version}</artifactId>
    <version>${spark.version}</version>
    <scope>provided</scope>
</dependency>
```

需要注意的是，上述依赖使用了provided，这意味着MLlib依赖项不需要捆绑到应用程序JAR中，因为它们是由集群管理器在运行时提供的。

9.5.2 创建SparkSession

创建一个本地的SparkSession，这是与MLlib相关的所有功能的起点。

```
SparkSession sparkSession = SparkSession.builder()
        // 设置应用名称
        .appName("EstimatorTransformerParamExample")
        // 本地单线程运行
        .master("local")
        .getOrCreate();
```

9.5.3 创建DataFrame

有了SparkSession之后，就可以创建DataFrame了，代码如下：

```
// 准备训练数据
List<Row> dataTraining = Arrays.asList(
        RowFactory.create(1.0,
                Vectors.dense(0.0, 1.1, 0.1)),
        RowFactory.create(0.0,
                Vectors.dense(2.0, 1.0, -1.0)),
        RowFactory.create(0.0,
```

```
                Vectors.dense(2.0, 1.3, 1.0)),
        RowFactory.create(1.0,
                Vectors.dense(0.0, 1.2, -0.5))

);

StructType schema = new StructType(
        new StructField[]{
                new StructField("label",
                        DataTypes.DoubleType, false,
                        Metadata.empty()),

                new StructField("features",
                        new VectorUDT(), false,
                        Metadata.empty())
        });

Dataset<Row> training = sparkSession
        .createDataFrame(dataTraining, schema);
```

上述代码将准备训练数据并将其转换为DataFrame。

9.5.4　使用Estimator

创建一个LogisticRegression实例lr，该实例是一个Estimator。同时，使用存储在lr中的参数学习LogisticRegression模型。代码如下：

```
// 创建一个LogisticRegression实例lr，该实例是一个Estimator
LogisticRegression lr = new LogisticRegression();

// 打印lr参数
System.out
        .println("LogisticRegression parameters:\n"
                + lr.explainParams() + "\n");

// 设置lr参数
lr.setMaxIter(10).setRegParam(0.01);

// 学习LogisticRegression模型。这个模型使用存储在lr中的参数
LogisticRegressionModel model1 = lr.fit(training);

// 打印model1参数
System.out.println(
        "Model 1 was fit using parameters: "
                + model1.parent()
                .extractParamMap());
```

另一种学习LogisticRegression模型的方式是使用ParamMap指定参数。代码如下：

```
// 也可以使用ParamMap指定参数
ParamMap paramMap = new ParamMap()
```

```
        .put(lr.maxIter().w(20))              // 指定参数
        .put(lr.maxIter(), 30)                // 覆盖已有的参数
        .put(lr.regParam().w(0.1),
            lr.threshold().w(0.55));      // 指定多个参数

// 可以合并ParamMap参数
ParamMap paramMap2 = new ParamMap()
        .put(lr.probabilityCol()
            .w("myProbability"));         // 更改输出列名

ParamMap paramMapCombined = paramMap
        .$plus$plus(paramMap2);

// 现在使用paramMapCombined参数学习一个新模型
// paramMapCombined覆盖之前通过lr.set*方法设置的所有参数
LogisticRegressionModel model2 = lr.fit(training,
        paramMapCombined);

System.out.println(
        "Model 2 was fit using parameters: "
            + model2.parent()
            .extractParamMap());
```

9.5.5　运行

执行以下命令来运行EstimatorTransformerParamExample：

```
spark-submit --class
com.waylau.spark.java.samples.ml.EstimatorTransformerParamExample spark-java-
samples-1.0.0.jar
```

可以看到，控制台输出如下：

```
Model 1 was fit using parameters: {
        logreg_26e3c2968928-aggregationDepth: 2,
        logreg_26e3c2968928-elasticNetParam: 0.0,
        logreg_26e3c2968928-family: auto,
        logreg_26e3c2968928-featuresCol: features,
        logreg_26e3c2968928-fitIntercept: true,
        logreg_26e3c2968928-labelCol: label,
        logreg_26e3c2968928-maxBlockSizeInMB: 0.0,
        logreg_26e3c2968928-maxIter: 10,
        logreg_26e3c2968928-predictionCol: prediction,
        logreg_26e3c2968928-probabilityCol: probability,
        logreg_26e3c2968928-rawPredictionCol: rawPrediction,
        logreg_26e3c2968928-regParam: 0.01,
        logreg_26e3c2968928-standardization: true,
        logreg_26e3c2968928-threshold: 0.5,
        logreg_26e3c2968928-tol: 1.0E-6
}
```

9.6　实战：MLlib 的 Transformer 例子

本节将展示Transformer的用法。相关示例基于9.5节的EstimatorTransformerParamExample程序进行补充。

9.6.1　创建DataFrame

有了SparkSession之后，就可以创建DataFrame了，代码如下：

```
// 准备测试文档
List<Row> dataTest = Arrays.asList(
        RowFactory.create(1.0,
                Vectors.dense(-1.0, 1.5, 1.3)),
        RowFactory.create(0.0,
                Vectors.dense(3.0, 2.0, -0.1)),
        RowFactory.create(1.0,
                Vectors.dense(0.0, 2.2, -1.5))
);

Dataset<Row> test = sparkSession
        .createDataFrame(dataTest, schema);
```

上述代码将准备训练数据并将其转换为DataFrame。

9.6.2　使用Transformer

使用Transformer.transform()方法对测试文档进行预测，代码如下：

```
// 使用Transformer.transform()方法对测试文档进行预测
// LogisticRegression.transform将仅使用features列
// 注意，model2.transform()输出一个myProbability列，而不是通常的probability列
// 因为我们之前重命名了lr.probabilityCol参数
Dataset<Row> results = model2.transform(test);
Dataset<Row> rows = results.select("features",
        "label", "myProbability", "prediction");

for (Row r : rows.collectAsList()) {
        System.out.println("(" + r.get(0) + ", "
                + r.get(1) + ") -> prob=" + r.get(2)
                + ", prediction=" + r.get(3));

}
```

上述代码中：

- LogisticRegression.transform将仅使用features列。

- model2.transform()输出一个myProbability列。

9.6.3 运行

执行以下命令来运行EstimatorTransformerParamExample：

```
    spark-submit --class
com.waylau.spark.java.samples.ml.EstimatorTransformerParamExample spark-java-
samples-1.0.0.jar
```

可以看到，控制台输出如下：

```
    Model 2 was fit using parameters: {
            logreg_26e3c2968928-aggregationDepth: 2,
            logreg_26e3c2968928-elasticNetParam: 0.0,
            logreg_26e3c2968928-family: auto,
            logreg_26e3c2968928-featuresCol: features,
            logreg_26e3c2968928-fitIntercept: true,
            logreg_26e3c2968928-labelCol: label,
            logreg_26e3c2968928-maxBlockSizeInMB: 0.0,
            logreg_26e3c2968928-maxIter: 30,
            logreg_26e3c2968928-predictionCol: prediction,
            logreg_26e3c2968928-probabilityCol: myProbability,
            logreg_26e3c2968928-rawPredictionCol: rawPrediction,
            logreg_26e3c2968928-regParam: 0.1,
            logreg_26e3c2968928-standardization: true,
            logreg_26e3c2968928-threshold: 0.55,
            logreg_26e3c2968928-tol: 1.0E-6
    }

    ([-1.0,1.5,1.3], 1.0) -> prob=[0.0570730499357254,0.9429269500642746],
prediction=1.0
    ([3.0,2.0,-0.1], 0.0) -> prob=[0.9238521956443227,0.07614780435567725],
prediction=0.0
    ([0.0,2.2,-1.5], 1.0) -> prob=[0.10972780286187792,0.8902721971381221],
prediction=1.0
```

9.7 实战：MLlib 的 Pipeline 例子

本节将演示如何编写MLlib程序PipelineExample来展示Pipeline的用法。

9.7.1 准备JavaBean

首先准备两个JavaBean，一个是JavaDocument，代码如下：

```
    package com.waylau.spark.java.samples.common;
```

```
public class JavaDocument {
    private long id;

    private String text;

    public JavaDocument(long id, String text) {
        this.id = id;
        this.text = text;
    }

    public long getId() {
        return this.id;
    }

    public String getText() {
        return this.text;
    }
}
```

另一个是JavaLabeledDocument，代码如下：

```
package com.waylau.spark.java.samples.common;

public class JavaLabeledDocument extends JavaDocument {

    private double label;

    public JavaLabeledDocument(long id, String text,
            double label) {
        super(id, text);
        this.label = label;
    }

    public double getLabel() {
        return this.label;
    }

}
```

9.7.2　准备训练数据

准备训练数据training，数据格式为Dataset<Row>，代码如下：

```
SparkSession sparkSession = SparkSession.builder()
        // 设置应用名称
        .appName("PipelineExample")
        // 本地单线程运行
        .master("local")
        .getOrCreate();

// 准备带标签的训练文档
```

```
Dataset<Row> training = sparkSession
        .createDataFrame(Arrays.asList(
                new JavaLabeledDocument(0L,
                        "a b c d e spark", 1.0),
                new JavaLabeledDocument(1L, "b d",
                        0.0),
                new JavaLabeledDocument(2L,
                        "spark f g h", 1.0),
                new JavaLabeledDocument(3L,
                        "hadoop mapreduce", 0.0)
        ), JavaLabeledDocument.class);
```

9.7.3 配置Pipeline

配置Pipeline，由tokenizer、hashingTF、lr三个阶段组成，代码如下：

```
// 配置ML Pipeline，由tokenizer、hashingTF、lr三个阶段组成
Tokenizer tokenizer = new Tokenizer()
        .setInputCol("text")
        .setOutputCol("words");

HashingTF hashingTF = new HashingTF()
        .setNumFeatures(1000)
        .setInputCol(tokenizer.getOutputCol())
        .setOutputCol("features");

LogisticRegression lr = new LogisticRegression()
        .setMaxIter(10)
        .setRegParam(0.001);

Pipeline pipeline = new Pipeline()
        .setStages(new PipelineStage[]{tokenizer,
                hashingTF, lr});
```

9.7.4 学习PipelineModel

PipelineModel是Transformer的子类。PipelineModel代码如下：

```
// 学习PipelineModel
PipelineModel model = pipeline.fit(training);

// 准备不带标签的训练文档
Dataset<Row> test = sparkSession
        .createDataFrame(Arrays.asList(
                new JavaDocument(4L, "spark i j k"),
                new JavaDocument(5L, "l m n"),
                new JavaDocument(6L,
                        "spark hadoop spark"),
                new JavaDocument(7L,
                        "apache hadoop")
        ), JavaDocument.class);
```

```
// 对测试文档进行预测
Dataset<Row> predictions = model.transform(test);
for (Row r : predictions.select("id", "text",
            "probability", "prediction")
        .collectAsList()) {
    System.out.println("(" + r.get(0) + ", "
            + r.get(1) + ") --> prob=" + r.get(2)
            + ", prediction=" + r.get(3));
}

// 关闭SparkSession
sparkSession.stop();
```

9.7.5 运行

执行以下命令来运行PipelineExample：

```
spark-submit --class com.waylau.spark.java.samples.ml.PipelineExample spark-java-samples-1.0.0.jar
```

可以看到，控制台输出如下：

```
(4, spark i j k) --> prob=[0.6292098489668487,0.37079015103315127], prediction=0.0
(5, l m n) --> prob=[0.984770006762304,0.015229993237696027], prediction=0.0
(6, spark hadoop spark) --> prob=[0.13412348342566105,0.865876516574339], prediction=1.0
(7, apache hadoop) --> prob=[0.9955732114398529,0.00442678856014711], prediction=0.0
```

9.8 动手练习

练习 1：使用 Spark MLlib 中的 Estimator 进行线性回归模型的训练

1）任务要求

使用Spark MLlib中的Estimator进行线性回归模型的训练。

2）操作步骤

（1）导入所需的库和类。
（2）创建SparkSession对象。
（3）读取数据集并将其转换为DataFrame格式。
（4）定义特征列和标签列。
（5）划分训练集和测试集。
（6）创建线性回归模型的Estimator实例。

（7）使用训练集拟合模型。

（8）对测试集进行预测并评估模型性能。

（9）输出结果。

3）参考代码

```
import org.apache.spark.ml.Pipeline;
import org.apache.spark.ml.PipelineModel;
import org.apache.spark.ml.PipelineStage;
import org.apache.spark.ml.evaluation.RegressionEvaluator;
import org.apache.spark.ml.feature.VectorAssembler;
import org.apache.spark.ml.regression.LinearRegression;
import org.apache.spark.sql.Dataset;
import org.apache.spark.sql.Row;
import org.apache.spark.sql.SparkSession;

public class LinearRegressionExample {
    public static void main(String[] args) {
        // 创建SparkSession对象
        SparkSession spark = SparkSession.builder()
                .appName("Linear Regression Example")
                .master("local[*]")
                .getOrCreate();

        // 读取数据集并转换为DataFrame格式
        // 划分训练集和测试集
        Dataset<Row>[] splits = data.randomSplit(new double[]{0.7, 0.3});
        Dataset<Row> trainingData = splits[0];
        Dataset<Row> testData = splits[1];

            // 创建线性回归模型的Estimator实例
            Dataset<Row> data = spark.read().format("csv")
                .option("header", "true")
                .option("inferSchema", "true")
                .load("data/regression_data.csv");

        // 定义特征列和标签列
        String[] featureColumns = new String[]{"feature1", "feature2",
"feature3"};
        VectorAssembler vectorAssembler = new VectorAssembler()
                .setInputCols(featureColumns)
                .setOutputCol("features");

    LinearRegression lr = new LinearRegression()
                .setLabelCol("label")
                .setFeaturesCol("features");

        // 构建Pipeline，包括特征转换和线性回归模型训练
        Pipeline pipeline = new Pipeline()
                .setStages(new PipelineStage[]{vectorAssembler, lr});
```

```
        // 使用训练集拟合模型
        PipelineModel model = pipeline.fit(trainingData);

        // 对测试集进行预测
        Dataset<Row> predictions = model.transform(testData);

        // 评估模型性能
        RegressionEvaluator evaluator = new RegressionEvaluator()
                .setLabelCol("label")
                .setPredictionCol("prediction")
                .setMetricName("rmse"); // Root Mean Squared Error (RMSE)
        double rmse = evaluator.evaluate(predictions);
        System.out.println("Root Mean Squared Error (RMSE) on test data: " +
rmse);

        // 关闭SparkSession
        spark.stop();
    }
}
```

4）小结

通过上述代码，我们实现了一个使用Spark MLlib中的Estimator进行线性回归模型训练的例子。首先，创建了一个SparkSession对象，然后读取了CSV格式的数据集并将其转换为DataFrame格式。接着，定义了特征列和标签列，并将数据划分为训练集和测试集。之后，创建了一个线性回归模型的Estimator实例，并通过Pipeline将特征转换和模型训练整合在一起。最后，使用训练好的模型对测试集进行预测，并计算了模型的RMSE（Root Mean Square Error，均方根误差）作为性能评估指标。

练习 2：使用 Spark MLlib 中的 Transformer 进行特征转换

1）任务要求

使用Spark MLlib中的Transformer进行特征转换。

2）操作步骤

（1）导入所需的库和类。
（2）创建SparkSession对象。
（3）读取数据集并转换为DataFrame格式。
（4）定义特征列和标签列。
（5）划分训练集和测试集。
（6）创建特征转换器的实例。
（7）使用训练集拟合模型。
（8）对测试集进行预测并评估模型性能。
（9）输出结果。

3）参考代码

```
import org.apache.spark.ml.Pipeline;
import org.apache.spark.ml.PipelineModel;
import org.apache.spark.ml.PipelineStage;
import org.apache.spark.ml.feature.VectorAssembler;
import org.apache.spark.ml.feature.StandardScaler;
import org.apache.spark.sql.Dataset;
import org.apache.spark.sql.Row;
import org.apache.spark.sql.SparkSession;

public class FeatureTransformExample {
    public static void main(String[] args) {
        // 创建SparkSession对象
        SparkSession spark = SparkSession.builder()
                .appName("Feature Transform Example")
                .master("local[*]")
                .getOrCreate();

        // 读取数据集并转换为DataFrame格式
        Dataset<Row> data = spark.read().format("csv")
                .option("header", "true")
                .option("inferSchema", "true")
                .load("data/regression_data.csv");

        // 定义特征列和标签列
        String[] featureColumns = new String[]{"feature1", "feature2",
"feature3"};
        VectorAssembler vectorAssembler = new VectorAssembler()
                .setInputCols(featureColumns)
                .setOutputCol("features");

        // 划分训练集和测试集
        Dataset<Row>[] splits = data.randomSplit(new double[]{0.7, 0.3});
        Dataset<Row> trainingData = splits[0];
        Dataset<Row> testData = splits[1];

        // 创建特征标准化的Transformer实例
        StandardScaler standardScaler = new StandardScaler()
                .setInputCol("features")
                .setOutputCol("scaledFeatures")
                .setWithStd(true)
                .setWithMean(true);

        // 构建Pipeline，包括特征转换和线性回归模型训练
        Pipeline pipeline = new Pipeline()
                .setStages(new PipelineStage[]{vectorAssembler, standardScaler});

        // 使用训练集拟合模型
        PipelineModel model = pipeline.fit(trainingData);
```

```
        // 对测试集进行预测
        Dataset<Row> predictions = model.transform(testData);

        // 评估模型性能（此处省略）

        // 关闭SparkSession
        spark.stop();
    }
}
```

4）小结

通过上述代码，我们实现了一个使用Spark MLlib中的Transformer进行特征标准化的例子。首先，创建了一个SparkSession对象，然后读取了CSV格式的数据集并将其转换为DataFrame格式。接着，定义了特征列和标签列，并将数据划分为训练集和测试集。之后，创建了一个特征标准化的Transformer实例，并通过Pipeline将特征转换整合在一起。最后，使用训练好的模型对测试集进行预测，并可以进一步评估模型的性能。

练习 3：使用 Spark MLlib 中的 Pipeline 进行特征转换和模型训练

1）任务要求

使用Spark MLlib中的Pipeline进行特征转换和模型训练。

2）操作步骤

（1）导入所需的库和类。
（2）创建SparkSession对象。
（3）读取数据集并转换为DataFrame格式。
（4）定义特征列和标签列。
（5）划分训练集和测试集。
（6）创建特征转换器的实例。
（7）创建机器学习模型的Estimator实例。
（8）构建Pipeline，包括特征转换和模型训练。
（9）使用训练集拟合Pipeline。
（10）对测试集进行预测并评估模型性能。
（11）输出结果。

3）参考代码

```
import org.apache.spark.ml.Pipeline;
import org.apache.spark.ml.PipelineModel;
import org.apache.spark.ml.PipelineStage;
import org.apache.spark.ml.feature.VectorAssembler;
import org.apache.spark.ml.regression.LinearRegression;
import org.apache.spark.sql.Dataset;
import org.apache.spark.sql.Row;
import org.apache.spark.sql.SparkSession;
```

```
public class PipelineExample {
    public static void main(String[] args) {
        // 创建SparkSession对象
        SparkSession spark = SparkSession.builder()
                .appName("Pipeline Example")
                .master("local[*]")
                .getOrCreate();

        // 读取数据集并转换为DataFrame格式
        Dataset<Row> data = spark.read().format("csv")
                .option("header", "true")
                .option("inferSchema", "true")
                .load("data/regression_data.csv");

        // 定义特征列和标签列
        String[] featureColumns = new String[]{"feature1", "feature2",
"feature3"};
        VectorAssembler vectorAssembler = new VectorAssembler()
                .setInputCols(featureColumns)
                .setOutputCol("features");

        // 划分训练集和测试集
        Dataset<Row>[] splits = data.randomSplit(new double[]{0.7, 0.3});
        Dataset<Row> trainingData = splits[0];
        Dataset<Row> testData = splits[1];

        // 创建线性回归模型的Estimator实例
        LinearRegression lr = new LinearRegression()
                .setLabelCol("label")
                .setFeaturesCol("features");

        // 构建Pipeline，包括特征转换和线性回归模型训练
        Pipeline pipeline = new Pipeline()
                .setStages(new PipelineStage[]{vectorAssembler, lr});

        // 使用训练集拟合Pipeline
        PipelineModel model = pipeline.fit(trainingData);

        // 对测试集进行预测
        Dataset<Row> predictions = model.transform(testData);

        // 评估模型性能（此处省略）

        // 关闭SparkSession
        spark.stop();
    }
}
```

4）小结

通过上述代码，我们实现了一个使用Spark MLlib中的Pipeline进行特征转换和模型训练的例子。首先，创建了一个SparkSession对象，然后读取了CSV格式的数据集并将其转换为DataFrame格式。接着，定义了特征列和标签列，并将数据划分为训练集和测试集。之后，创建了一个特征转换器的实例和一个线性回归模型的Estimator实例。最后，构建了一个Pipeline，包括特征转换和模型训练，并使用训练集拟合Pipeline。我们还可以使用拟合好的模型对测试集进行预测，并进一步评估模型的性能。

9.9 本章小结

本章首先介绍了MLlib的背景、功能以及支持的算法，并展示了MLlib的实际应用案例，同时对其未来的发展进行了展望。接着，回顾了机器学习的基础知识，包括其定义、分类、基本流程以及常见的算法。随后，详细讲解了如何在Spark MLlib中使用RDD API和DataFrame API，并重点讨论了MLlib流水线的核心概念和Pipeline的使用。

通过几个实战例子，包括使用Estimator、Transformer和Pipeline，我们可以学会如何在Spark中准备数据、构建和训练机器学习模型，以及如何评估模型性能。这些实战例子不仅巩固了理论知识，也提供了实际操作的经验，可以帮助读者更好地理解和利用Spark MLlib进行机器学习任务的开发。

第 10 章

GraphX

在当今的大数据时代，图计算已经成为处理和分析复杂数据关系的重要工具。Spark作为一个高效的大数据处理框架，其内置的GraphX模块为图计算提供了强大的支持。本章将深入探讨GraphX的核心概念、主要功能、实现原理以及应用场景，同时通过实战示例来展示如何使用GraphX进行图构建和优化。

10.1 GraphX 概述

GraphX是Spark中的一个重要组件，这是一个基于图的分布式计算框架。GraphX的主要作用在于处理和分析大规模的图数据，这些图数据通常用于表示社交网络、知识图谱、网络拓扑等实际场景。GraphX通过引入弹性分布式属性图（Property Graph）来扩展RDD的抽象，从而实现对图数据的高效处理和分析。

10.1.1 GraphX的核心概念

1. 属性图

属性图是GraphX的核心数据结构，它是一个有向多重图，其中顶点和边都可以包含属性信息。这种数据结构使得GraphX能够灵活地表示各种复杂的图数据，并且支持在分布式环境中进行高效的图计算。

2. 顶点和边

在GraphX中，图由顶点（Vertex）和边（Edge）组成。顶点表示图中的节点，可以包含各种属性信息，如节点的ID、标签、权重等。边表示节点之间的连接关系，同样可以包含属性信息，如边的权重、类型等。

10.1.2 GraphX的主要功能

1. 图的创建和转换

GraphX提供了一套丰富的API，用于创建和转换图数据。用户可以通过这些API来定义图的顶点、边以及它们之间的连接关系，从而构建出符合自己需求的图数据。同时，GraphX还支持对图数据进行各种转换操作，如添加或删除顶点、边，合并多个图等。

2. 图的操作和分析

GraphX支持多种图操作和分析算法，如图搜索、图聚类、图剪枝、图遍历等。这些算法可以帮助用户挖掘图数据中的潜在信息和规律，从而解决各种实际问题。例如，在社交网络分析中，可以通过GraphX的图操作和分析算法来找出具有影响力的用户和他们之间的关系；在推荐系统中，可以利用GraphX的图算法来预测用户的兴趣偏好和推荐内容。

3. 自定义图计算算法

除内置的图计算算法外，GraphX还支持用户自定义图计算算法。用户可以通过Spark的DSL（Domain Specific Language，领域特定语言）来编写自己的图计算算法，并将其集成到GraphX中。这使得GraphX具有更广泛的适用性和灵活性。

10.1.3 GraphX的实现原理

GraphX的实现基于Spark的分布式计算引擎，它利用Spark的RDD和DStream等核心概念来实现对图数据的分布式存储和计算。具体来说，GraphX将图数据划分为多个子图（Subgraph），并将这些子图分发到不同的计算节点上进行并行处理。在计算过程中，GraphX利用Spark的RDD操作符来实现对图数据的各种操作和分析算法。同时，GraphX还引入了一个优化了的Pregel API变体来支持迭代式的图计算任务。

10.1.4 GraphX的应用场景

GraphX的应用场景非常广泛，包括但不限于以下几个方面。

- 社交网络分析：GraphX可以用于分析社交网络中的用户关系、信息传播等问题，从而帮助企业更好地理解用户需求和行为。
- 推荐系统：GraphX可以利用图数据中的用户行为和兴趣偏好信息来构建推荐模型，并为用户推荐符合其兴趣的内容。
- 网络安全分析：GraphX可以用于分析网络拓扑结构、检测异常流量等问题，从而帮助用户保护网络安全。
- 知识图谱构建：GraphX可以用于构建知识图谱，并将各种实体和关系以图的形式进行表示和存储。

总之，GraphX作为Spark中的一个重要组件，为大规模图数据的处理和分析提供了高效的解决方案。随着大数据技术的不断发展和应用场景的不断拓展，GraphX的应用前景也将越来越广阔。未来，我们可以期待GraphX在更多领域的应用和发展，为人类社会带来更多的便利和价值。

10.2 属 性 图

属性图是GraphX中的一个核心概念，它代表了一个有向多边图，其中的顶点和边都可以有自定义的属性。这种数据结构适用于处理大规模的图数据，并提供了丰富的图计算和分析功能。

10.2.1 属性图的基本结构

如图10-1所示，属性图可以表示为一个二元组(V, E)，其中V表示顶点集合，E表示边集合。每个顶点都有一个唯一的64位ID（VertexId），用于在图中唯一标识该顶点。同时，每个顶点和每条边都可以附加一个用户定义的对象，这些对象可以是任何数据类型，包括基本数据类型、复杂对象等。这些附加的对象被称为属性，它们提供了关于顶点和边的额外信息。

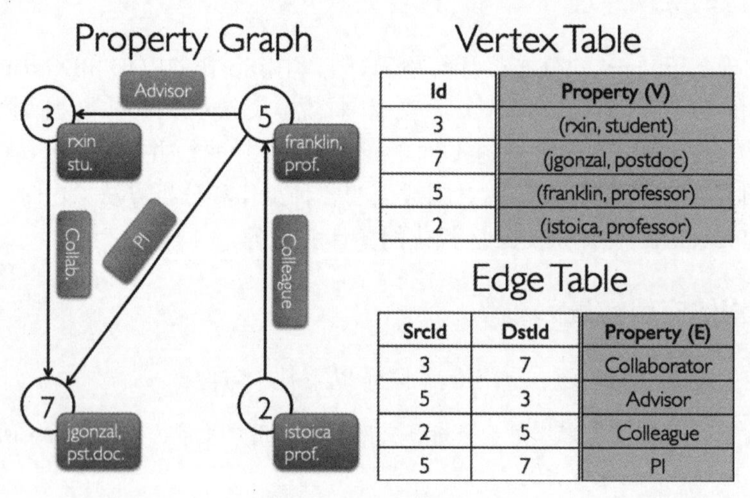

图 10-1　属性图

在属性图中，边是有方向的，并且允许多个边连接两个节点。这意味着在两个顶点之间可以并行存在多条边，每条边都有自己的属性和方向。这种有向多边图的表示方式使得属性图能够灵活地表示各种复杂的图结构。

10.2.2 属性图的存储与处理

在GraphX中，属性图是RDD来存储和处理的。RDD是Spark中的基本数据结构，它提供了一种分布式计算和容错机制。通过将属性图表示为RDD，GraphX能够利用Spark的分布式计算能力来高效地处理大规模的图数据。

具体来说，GraphX使用两种类型的RDD来表示属性图：VertexRDD和EdgeRDD。

- VertexRDD用于存储顶点及其属性，它是一个键－值对RDD，其中键是顶点的ID，值是顶点的属性。
- EdgeRDD用于存储边及其属性，它是一个包含Edge对象的RDD，每个Edge对象都包含起始顶点的ID、终止顶点的ID和边的属性。

通过这两种RDD，GraphX能够方便地对属性图进行各种操作，如添加顶点、删除边、查询顶点的属性等。同时，由于RDD的分布式特性，GraphX能够自动将计算任务分配到多个节点上并行执行，从而充分利用集群的计算资源来提高计算效率。

10.2.3　属性图的图计算功能

GraphX为属性图提供了一组丰富的图计算功能，包括基本的图操作、图算法和图构建器等。这些功能使得用户能够方便地对属性图进行各种分析和挖掘。

- 基本的图操作：GraphX提供了一组基本的图操作符，如subgraph（子图）、joinVertices（连接顶点）和aggregateMessages（聚合消息）等。这些操作符可以用于提取图的子结构、合并顶点属性、计算边的聚合值等。
- 图算法：GraphX包含很多常用的图算法，如PageRank、最短路径、图着色等。这些算法可以用于分析图的结构和性质，发现图中的模式和规律。
- 图构建器：GraphX还提供了一些图构建器，用于从原始数据中构建属性图。这些构建器可以处理各种类型的数据源，如CSV文件、数据库表等，并将它们转换为属性图的形式。

10.2.4　属性图的优化

为了进一步提高属性图的性能和可扩展性，GraphX还提供了一些优化机制和技术。

- 分区和缓存：通过将属性图的顶点和边划分为多个分区，并将它们缓存到内存中，GraphX可以减少磁盘I/O操作和跨节点通信的开销，从而提高计算效率。
- 并行计算：GraphX利用Spark的分布式计算能力，将计算任务分配到多个节点上并行执行。这种并行计算方式可以充分利用集群的计算资源，加速计算过程。
- Pregel API：Pregel是一个用于大规模图计算的并行计算框架。GraphX提供了对Pregel API的支持，使得用户可以使用Pregel的编程模型来编写高效的图计算程序。

总之，Spark的属性图是一个功能强大的图数据结构，它使用有向多边图来表示图数据，并允许顶点和边具有自定义的属性。通过引入RDD作为底层存储和处理机制，GraphX能够高效地处理大规模的图数据，并提供丰富的图计算和分析功能。这些功能使得用户能够方便地对属性图进行各种分析和挖掘，发现图中的模式和规律，为各种应用场景提供支持。

10.3　实战：GraphX 从边构建图

本节演示GraphX图计算的使用示例。有多种构建图的方式，本例程序JavaRddGraphXSample演示的是从边构建图的过程。假设图如图10-2所示。

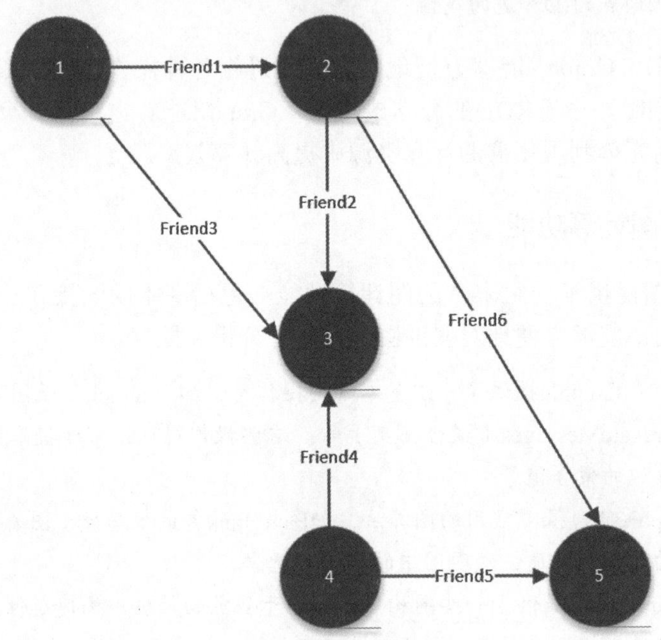

图 10-2　从边构建图

GraphX是基于RDD API的，因此不需要额外的依赖。

10.3.1　初始化JavaSparkContext

与使用基本的RDD API的一样，需要先初始化JavaSparkContext：

```
// 构建一个包含Spark应用程序信息的SparkConf对象
SparkConf conf = new SparkConf()
    // 设置应用名称
    .setAppName("JavaRddGraphXSample")
    // 本地4核运行
    .setMaster("local[4]");

// 创建一个JavaSparkContext对象，告诉Spark如何访问群集
JavaSparkContext sparkContext = new JavaSparkContext(conf);
```

10.3.2　初始化Edge

本例演示从边构建图的过程，因此先初始化Edge：

```
// 初始化Edge，属性是String类型
List<Edge<String>> edges = new ArrayList<>();
edges.add(new Edge<String>(1, 2, "Friend1"));
edges.add(new Edge<String>(2, 3, "Friend2"));
edges.add(new Edge<String>(1, 3, "Friend3"));
edges.add(new Edge<String>(4, 3, "Friend4"));
edges.add(new Edge<String>(4, 5, "Friend5"));
edges.add(new Edge<String>(2, 5, "Friend6"));

JavaRDD<Edge<String>> edgeRDD = sparkContext.parallelize(edges);
```

10.3.3　初始化Graph

通过Graph.fromEdges()方法从边构建图：

```
ClassTag<String> stringTag = scala.reflect.ClassTag$.MODULE$.apply(String.class);

// 从Edge初始化Graph
Graph<String, String> graph = Graph.fromEdges(edgeRDD.rdd(),
    // 默认Vertex属性值
    "v",
    // 存储级别为内存
    StorageLevel.MEMORY_ONLY(),
    // 存储级别为内存
    StorageLevel.MEMORY_ONLY(),
    // 属性是String类型
    stringTag,
    // 属性是String类型
    stringTag);
```

从边构建图的方法fromEdges()的参数说明如下。

- edges：包含图形中的一组边的RDD。
- defaultValue：用于每个顶点的默认顶点属性。
- edgeStorageLevel：必要时缓存边所需的存储级别。
- vertexStorageLevel：必要时缓存顶点所需的存储级别。
- evidence$16：属性类型。
- evidence$17：属性类型。

10.3.4　输出Graph的内容

假设要输出Vertex，代码如下：

```
// 打印Vertex
graph.vertices().toJavaRDD().collect().forEach(System.out::println);
```

10.3.5　运行

执行以下命令来运行JavaRddGraphXSample：

```
    spark-submit --class com.waylau.spark.java.samples.rdd.JavaRddGraphXSample
spark-java-samples-1.0.0.jar
```

可以看到，控制台输出如下：

```
(4,v)
(1,v)
(5,v)
(2,v)
(3,v)
```

10.4 GraphX 分区优化

本节介绍GraphX的分区优化，以帮助读者设计可扩展算法以及优化使用API。

如图10-3所示，GraphX采用顶点切割（Vertex Cut）方法进行图分区。

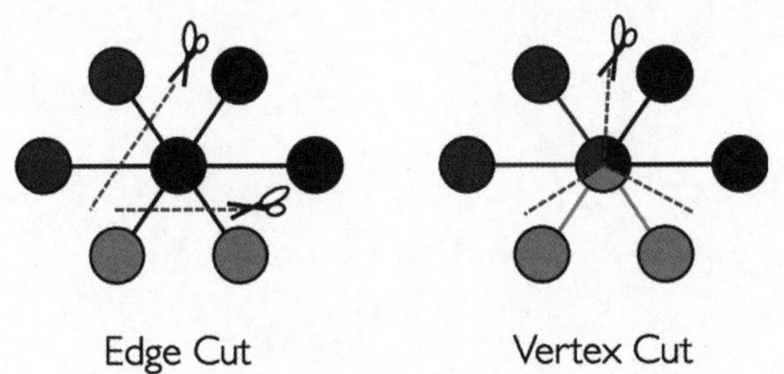

图 10-3 边切割与顶点切割

GraphX不是通过边切割（Edge Cut）的，而是采用顶点切割的方式对图进行分区，这有助于减少通信和存储开销。从逻辑上讲，这种方式相当于将边分配给不同的机器，同时允许顶点分布在多台机器上。边的分配方法取决于PartitionStrategy，不同的启发式方法之间存在权衡。用户可以利用Graph的partitionBy运算符对图进行重新分区，并在不同的策略中做出选择。默认的分区策略基于图构建时提供的边的初始分区。然而，用户可以轻松地切换到GraphX内置的2D分区或其他启发式方法。

边分区完成后，实现有效的图并行计算的一个关键挑战是高效地将顶点属性与边关联起来。由于现实世界的图通常具有比顶点更多的边，GraphX将顶点属性移动到边。由于不是所有分区都包含与所有顶点相邻的边，因此GraphX内部维护了一个路由表（见图10-4），该表用于确定在执行三元组生成和聚合消息等操作时，需要广播的顶点位置。

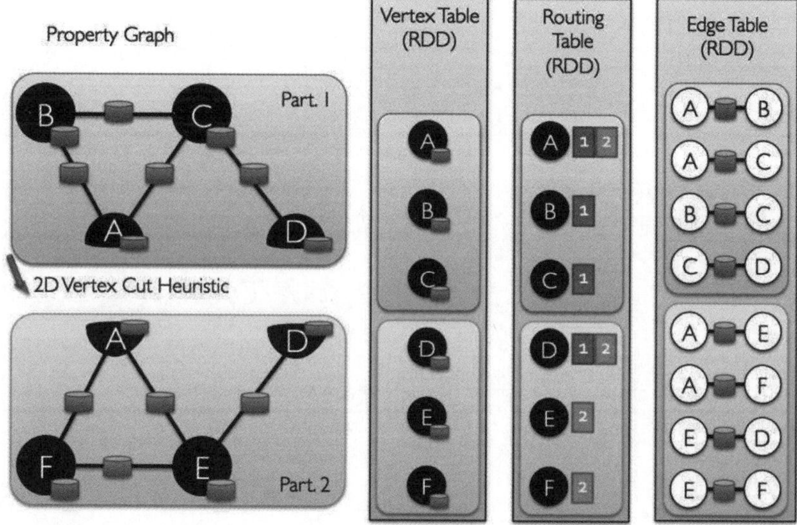

图 10-4　路由表

10.5　动 手 练 习

练习：使用 GraphX 库

1）任务要求

使用GraphX库构造一个简单的图，并输出其节点和边的信息。

2）操作步骤

（1）安装并配置Spark环境。
（2）创建一个新的Java项目，并将Spark相关的JAR包添加到项目的类路径中。
（3）编写Java代码，使用GraphX构建一个图，并输出其节点和边的信息。
（4）运行Java程序，查看输出结果。

3）示例代码

```
import org.apache.spark.SparkConf;
import org.apache.spark.api.java.JavaSparkContext;
import org.apache.spark.graphx.*;
import org.apache.spark.storage.StorageLevel;
import java.util.ArrayList;
import java.util.List;

public class GraphXExample {
    public static void main(String[] args) {
        // 初始化Spark配置和上下文
        SparkConf conf = new SparkConf().setAppName("GraphX Example").setMaster
("local[*]");
```

```
        JavaSparkContext sc = new JavaSparkContext(conf);

        // 定义顶点数据
        List<Tuple2<Object, String>> vertices = new ArrayList<>();
        vertices.add(new Tuple2<>(1L, "Alice"));
        vertices.add(new Tuple2<>(2L, "Bob"));
        vertices.add(new Tuple2<>(3L, "Charlie"));
        vertices.add(new Tuple2<>(4L, "David"));

        // 定义边数据
        List<Edge<String>> edges = new ArrayList<>();
        edges.add(new Edge<>(1L, 2L, "friend"));
        edges.add(new Edge<>(2L, 3L, "friend"));
        edges.add(new Edge<>(3L, 4L, "friend"));
        edges.add(new Edge<>(4L, 1L, "friend"));

        // 创建图
        Graph<String, String> graph = Graph.apply(sc.parallelizePairs(vertices),
sc.parallelize(edges));

        // 输出图的顶点和边信息
        graph.vertices().collect().forEach(System.out::println);
        graph.edges().collect().forEach(System.out::println);

        // 关闭Spark上下文
        sc.close();
    }
}
```

4）小结

通过上述示例代码，我们使用GraphX库创建了一个包含4个顶点和4条边的简单图。首先，定义了顶点和边的数据，然后使用Graph.apply()方法将它们转换为一个图对象。最后，分别输出了图中的顶点和边的信息。这个例子展示了如何使用GraphX库来构建和处理图数据的基本操作。

10.6　本章小结

本章对Spark中的GraphX模块进行了全面深入的探讨。首先，介绍了GraphX的核心概念，包括节点、边和图的基本定义，这些都是图计算中的基础元素。接着，详细讨论了GraphX的主要功能，如图构建、图转换和图分析，这些功能为用户提供了丰富的工具来处理和分析图数据。

在实现原理部分，我们了解到GraphX如何基于Spark的RDD来实现图数据的存储和计算优化，以及如何通过点切割和边分区策略来提高大规模图计算的效率。此外，还探索了GraphX在社交网络分析、网络安全和商业智能等多个领域的应用场景，展示了其广泛的适用性。

在属性图部分，我们学习了属性图的基本结构及其存储与处理方法，这对于高效管理和查询图数据至关重要。GraphX提供的图计算功能和优化策略，如点切割和边分区，进一步增加了处理复杂图数据的灵活性和效率。

在实战部分，通过详细的步骤，我们学习了如何使用JavaSparkContext、初始化边和图，以及如何输出和运行GraphX作业。这一实战案例不仅巩固了理论知识，还提供了实际操作的经验。

最后，我们对GraphX的分区优化进行了简要介绍，这部分内容是提高图计算性能的关键。通过本章的学习，读者应该能够掌握使用GraphX进行图数据处理和分析的基本技能，并且能够运用这些知识解决实际问题。

参 考 文 献

[1] 柳伟卫．跟老卫学Apache Spark开发[EB/OL].https://github.com/waylau/apache-spark-tutorial，2021-07-11/2024-05-02.

[2] Apache Spark文档[EB/OL].https://spark.apache.org/docs/3.5.1/，2024-05-01/2024-05-24.

[3] Docker文档[EB/OL].https://docs.docker.com/guides/，2024-05-01/2024-05-24.

[4] 柳伟卫. 分布式系统开发实战[M]. 北京：人民邮电出版社，2021.

[5] Getting started with Bitnami package for Apache Spark container[EB/OL].https://github.com/bitnami/containers/tree/main/bitnami/spark#how-to-use-this-image，2024-05-01/2024-05-24.

[6] Zaharia M，Chowdhury M，Das T等. Resilient distributed datasets: A fault-tolerant abstraction for in-memory cluster computing[J]. Usenix Conference on Networked Systems Design & Implementation. 2012，15-28.

[7] 柳伟卫. 分布式系统常用技术及案例分析[M]. 北京：北京大学出版社，2017.

质检06